• 医学人文素养涵育丛书 •

点石成金

——医学生创新思维

许中华　主　编

赵小虎　副主编

中国协和医科大学出版社

图书在版编目（CIP）数据

点石成金：医学生创新思维／许中华主编. —北京：中国协和医科大学出版社，2008.9

ISBN 978-7-81136-067-7

Ⅰ. 点…　Ⅱ. 许…　Ⅲ. 创造性思维-思维方法　Ⅳ. B804.4

中国版本图书馆CIP数据核字（2008）第121480号

点石成金

——医学生创新思维

主　　编： 许中华
责任编辑： 韩　鹏

出版发行： 中国协和医科大学出版社
（北京东单三条九号　邮编100730　电话65260378）
网　　址： www.pumcp.com
经　　销： 新华书店总店北京发行所
印　　刷： 北京丽源印刷厂

开　　本： 700×1000毫米　1/16开
印　　张： 15
字　　数： 200千字
版　　次： 2008年9月第一版　2008年9月第一次印刷
印　　数： 1—4000
定　　价： 28.00元

ISBN 978-7-81136-067-7/R·067

序　言

为表述医学与人文的书作序，更准确地说，为与医学教育相关的人文素质培养的书作序，不是一件容易的事。但当我看到这样一群为医学人才培养而耕耘于人文田园的园丁，无怨无悔地劳作，默默地奉献出他们的成果，我被深深地感动了，感动之余也想说点什么，权当这一套丛书的序吧。

这里说到的医学不仅仅是在病房、在门诊、在实验室、在课堂中感悟到的有形的医学事物，更应该是在人类社会中敬畏生命和珍重健康的医学理念之集合。这里说到的人文也不仅仅是学科分类中所表述的人文概念，还应该是与医学教育和医学实践相关的人类社会文化和传统的集成。

医学从来就不是一门单一的自然科学，而是自然科学与社会科学的有机统一。医学以科学的知识与技术探索生命的奥秘，维护健康之完美，挽救生命于危难；医学也以人文的理念与精神培育人类的良知，滋养人群的和谐，推动社会的进步。所以说，没有人文的医学不是真正的医学，没有医学的人文也不是完整的人文。

医学的本质是人与人的关怀。人与人的关怀既包括了深刻的生命与健康的科学属性，也包含了极其丰富的社会人文属性，而医学的终极价值正是敬畏生命珍重健康的人文价值理念，这一医学终极人文价值理念在汶川大地震救援中得以震撼性地展示。

医学的人文内涵是医学起源的重要组成部分。医学起源于人类文明产生而科学技术不发达的时代，人类对患病者开始关心而不再听任自然。但由于医学的生物科学技术并不发达，人们仅仅能够运用生活实践中的经验来处理疾病，更多的时候是用一种温暖的人文关怀来鼓励病人度过疾病期，甚至借助于信仰的力量来激励病者。这种医学人文关怀作为医学的内涵构成一直伴随着医学的发展过程，在祖国医学和西方现代医学发展进程中都是如此，因而也形成了内涵本质相同表现形式各具特色的医学人文精神体系。

医学的人文内涵推动了医学的进步和发展。在研究健康、认识疾病和拯救生命的实践中，医学的生物科学技术层面不断发展，医学的人文理念精神也不断积淀，甚至人文医学的发展推动了生物医学的进步。在医学发展的进程中，医学科学技术的进步使医疗效果明显提高，医学人文关怀的影响偶尔有减弱甚至淡化的征象。但是对于聪明的人类，这种情况并没有持续下去，人们很快在医学的研究和实践中意识到了人文医学与生物医学同等重要，两者都是医学不可缺少的构成部分。新的医学模式以医学文化理念为医学哲学思想基础，准确阐明了医学过程中人与人之间关怀的定位，为医学人文理念精神明确了方向，为医学科学技术发展拓展了空间，这一模式的准确表述应该是“生物－心理－社会－环境”医学模式。

医学作为生物医学和人文医学的集合，在发生和发展中充分体现了生物科学技术和人文理念精神的有机完美结合，而这正是一代代医学人在人类社会发展进程的医学研究与实践里演进和传承中完成的。所以，“有机完美的结合”、“一代代医学人”与“演进和传承”就是医学全面发展的基础，其中核心的问题就是高等医学教育医学生物科学技术和医学人文理念精神教育培养的状态和效果，这正是当前高等医学教育改革建设发展面临的必须解决的问题。

那么，如何告诉一代代医学人的后来者，怎么敬畏生命、怎么珍重健康、怎么追求真理、怎么奉献事业、怎么热爱病人、怎么适应社会、怎么塑造自已、怎么实现幸福？一句话就是如何把医学的生物要求和人文内涵、医学的终极价值观念通过教育培养过程变成医学后来者的素质构成？在医学科学技术素质培养日趋成熟的当前，医学人文理念精神培养就显得尤为重要。那么，怎么实现这一素质构成过程呢？把这样一个过程描述为“教育”不如表达为“培养”和“熏陶”更贴切。说到这里，就不能不提一提医学人文素质培养的“冰山理论”和“超市理论”。所谓“冰山理论”，提示的是一个医务工作者表现出来的素质只是其素质积淀的十分之一，要想成为一个合格的医务工作者就必去加强包括医学人文理念精神在内的综合素质积累，强调了医学人文素质培养的重要性；所谓“超市理论”，说明的是医学人文素质培养不要灌输，要建立一个医学人文素质培养元素的“超级市场”，同时启发学生医学素质增强的“消费需求”，让学生自觉地进入“市场”去选取他需要的东西，把医学人文素质教育的被动“接收”过程变成一个医学人文素质培养的主动“汲取”过程，这样就会实现医学人文理念精神培养的最高境界。

我认为，《医学人文素养涵育丛书》正是这样的“素质元素超市”的构成之一。这套丛书秉承了《中国高等医学教育标准》及《中国医学教育认证办法》中有关基本综合素质的要求，以素质的标准表述和案例分析的方式，对医学生综合素质的培养提出了要求，也提供了可能，既可以供学生阅读，也可以为教师参考。这套丛书共有5册，分别从学生的学习能力、沟通能力、领导能力、创新能力和情感控制等5个方面涉及了素质培养与提高的问题，有深度也很有新意，特别是案例分析很有启示作用，值得一读。当然，对于医学生素质培养来说，这5册书构成的只是一个小的素质库，之所以是丛书就是为了它的开放性，随着医学生人文素质培养的研究和实践，丛书的册数会不断增多，这个“素质元素超市”就会不断丰富以满足学生的需要。这套丛书是由首都医科大学、北京大学医学部、北京协和医学院、北京中医药大学四所学校的医学教育工作者经过潜心研究和辛勤劳动奉献出来的，初步搭建了医学人文素质和能力培养的框架，为医学人文素质培养的学科建设和课程建设作出了贡献。

期望这套丛书在医学教育中发挥应有的作用。

《医学人文素养涵育丛书》编委会主任
首都医科大学校长
吕兆丰
2008年7月

丛书前言

在中国传统文化中，“人文”概念起源于传播《周易》思想的《易传》。《易传》的《贲·彖传》里有一句话：“刚柔交错，天文也。文明以止，人文也。观乎天文，以察时变；观乎人文，以化天下”，魏晋时代王弼强调“止物不以威武，而以文明，人之文也”。在古代，“人文”的主要含义是通过教化使得社会和谐，建立有序的理想文明社会。

科学的发展，特别是现代高科技的发展，使得整个社会发生了巨变。在科技给人类带来便利、舒适、快捷的同时，也给人们的思想、精神带来了很多问题。人的主体性、能动性被高科技发展所制约，对高科技的依赖，甚至使人沦为机器的奴隶。当人类走入新的世纪，信息科技时代扑面而来，人类对高科技的依赖，对信息网络的依赖使得“工具理性”越来越占据重要的地位。

这正是人类所面临的新的危机，哲学意义上的“异化”大致源于此。20 世纪后半期，面临科技发展带来的问题，西方掀起了新人文主义的思潮，人文的文化与科学的文化被提高到了同等重要的地位。随着人文研究的深入，全世界的高等学府更多地将目光集中到东方，试图从东方特别是中国的传统文化和历史中谋得良方。

其实，今天的教育所讲的“人文”与我国古代的“人文”同出一源，不过范围更见其广，内涵更见其深。从唐代韩愈的“传道、授业、解惑”，到今天世界各国高等教育所倡导的“通识教育、专业知识、人文素养”，都更加强调教育对人文素养的涵育功能。“传道、解惑”、“通识、人文”更加强调了相对于“授业、专业知识”的重要地位。实质上，人文素质教育的重点是精神成人，即在价值根基上习得做人的道理，内化为德行，进而规范行为，提升心灵，这才是人文素质教育的真正内核。正如蔡元培所说“教育者，养成人格之事业也。使仅仅灌注知识、练习技能之作用，而不贯之以理想，则是机械之教育，非所以施于人类也”。

医学教育亦如此。医学是以人、人的生命、人的健康为研究、服务对象的，其本质为“人性化的医疗”，因此，从一开始医学就是一门与人文社会科学相统一的自然科学。孙思邈的“精诚合一”、希波克拉底的“德术合一”都是对这种结合的最好概括。关于医学与人文之间的密切联系，医学职业本身浓厚的人文特性，论述文章已汗牛充栋。人文素养之于医学生、人文精神之于医学职业，就像鱼之于水，火之于柴。缘于此，医学人才培养须专业知识、临床技能、人文素养三驾马车共驭前行，不可有任何偏倚。

医学生人文素质教育以人文学科为主要内容，但人文素质教育不等于人文知识教育。人文素质教育不仅仅是人文知识的灌输，更是人文学科内涵的价值——人文精神向个体身心的内化。因此，医学生人文素质培养既有赖于医学院校人文课程体系的建设，更要突出能力培养和实践环节，使学生通过知识学习、能力培养和实践体验加强人文素养的内化，努力促进学生人文素质的拓展。

本套丛书应医学教育改革大潮之呼唤，为成就医学生强烈成才需求之心愿，以医学生为未来医学主体的成功者之要求，凝聚了北京优质医学人文教育资源，由老、中、青三代医学教育专家的心血汇聚而成。在深入研究国际医学教育标准和国内医学教育现状基础上，在各高等医学院校人文教育核心课程不断完善的基础上，从医学生能力培养入手，编写了《医学人文素养涵育丛书》。丛书为开放性读本，《化茧成蝶——医学生学习之路》，《知情达意——医学生情绪管理》，《妙语仁心——医学生人际沟通》，《点石成金——医学生创新思维》，《星级智慧——医学生领导力》五本书先期出版，随着研究和实践的不断深入，丛书将得到不断的丰富。

《化茧成蝶——医学生学习之路》从医学人才培养目标出发，从对教育教学大纲的深入学习分析入手，从学习者角度解读医学学习过程的艰辛与欢乐，在每一个学习节点辅之以医学教育专家的点评和学生的学习心得，是医学生认识学习，学会学习的良师益友。

《知情达意——医学生情绪管理》针对大学期间医学生面对的种种心理和情绪困惑，以“吹皱一池春水”的“和风”式的语言，娓娓道来破解情绪难题的“锦囊妙计”，是医学生心理成长过程中不可或缺的枕边书、手中卷。

《妙语仁心——医学生人际沟通》切中医患沟通中的重点难点，关爱病人，关心医者，在人际沟通理论的支持下，结合各位作者多年医学实践的经验和成功的医患沟通范例，向医学生指出了和谐医患关系、完美医患沟通的必由之路。

创新是今天社会一个出现频率极高的词汇。《点石成金——医学生创新思维》向医学生展示了多彩的创新之路，医学的生命力在于创新，作为未来成功医学大家的医学生，经过刻苦的训练、严谨的继承、寂寞的探究，必将获得批判的智慧和创新的思维。

世界卫生组织明确要求：21 世纪的医生，应是优秀的卫生管理人才。无论面对社区的管理还是病区的管理，抑或是一个医疗团队，都需要医学生具备较强的领导力，从而在医疗过程中发挥重要的影响作用。《星级智慧——医学生领导力》是对未来星级医生智慧的挑战。

本套丛书力求从医学生实际需求出发，从医学人文素质培养入手，贴近学生学习生活实际，达到注重教育实效，增强可读性和实用性的目的，丛书在写作中采取轻说教，重案例，轻灌输，重启发的原则，用大量丰富翔实的案例和生动优美的语言向医学生展示了人文素质培养的必由之路。相信此套丛书的出版必将带动医学人文教育的繁荣，必将成就更多成功的医学大家。

由衷感谢在写作过程中给我们以启迪并用以支持书中观点的所有引文作者和编者。

由衷感谢所有为丛书付出心血的编委会专家、每一位作者和所有未来的读者。

刘　芳　李义庭

于2008年初夏

目　录

第一章 人类的奇迹

第一节 萤火虫与发光植物——创新概述

“黑夜给了我黑色的眼睛，我却用它寻找光明。”顾城的诗带给我们的是人对光明的渴望。光明对于我们每一个人来说都很重要，一则它使我们能够看到周遭的景物，趋利避害，二则，光明的存在，使大自然能够形成今天我们能够赖以生存的一切自然环境。由此，我们人类一直对光明心存敬仰，也正因此，人类学会使用火就成为人类发展历程中一个重要的里程碑，因为学会使用火意味着人类对光明有了初步的掌控能力。随着时代的发展，人类的照明技术不断进步，由最初的火把，到后来的油灯、汽灯、电灯等等。然而，不论人类创造了多少发光物体，光明对于人类来说，似乎总是身外之物，但在大自然中却有不少生物自己随身带着一盏或多盏小灯。

萤火虫是我们经常见到的一种发光小虫，别看它小，却引得不少诗人的遐思：“相逢秋月满，更值夜萤飞”（［唐］王绩《秋夜喜遇王处士》）、“昼长吟罢蝉鸣树，夜深烬落萤入帏”（［南宋］翁森

《四时读书乐》)、“银烛秋光冷画屏，轻罗小扇扑流萤”（［唐］杜牧《秋夕》)。此外，大自然还有一些发光的生物，例如海底有一种鮟鱇鱼，它的头顶部有一根“钓竿”，钓竿的顶端有发光器，可以发出荧光，引诱附近的小鱼，当有小鱼追逐荧光时，鮟鱇鱼把“钓竿”向自己的口中甩动，随即吃掉尾随而来的小鱼。植物也有发光的现象，非洲有一种“照明树”，在夜晚从树干到树枝都能够发光，当地的居民甚至可以在树下读书阅报，做针线活。据科学家研究，这种树发光的原因在于树皮里含有大量的单质磷，单质磷与空气中的氧气接触就会发出荧光。

人能不能自己发光呢？这似乎是一个异想天开的问题，然而科学家正在研究通过基因技术把一种生物中的发光基因移植到另外一种生物中，产生新的发光生物。1983 年，美国加利福尼亚大学以赫林斯基教授为首的遗传工程小组提取了萤火虫的发光基因，并植入烟草遗传结构内，逐渐地烟草也能够发光了。无独有偶，日本宫城县农业中心也培育出一种发光烟草，一到夜晚，这种烟草的叶子就可发出熠熠光彩，他们还准备培育发光菊花和发光石竹花。美国除了培育发光烟草之外，还准备进一步培育发光夹竹桃种植到高速公路两旁，白天作行道树，夜晚做路灯。到那时，每当夜幕降临，公路两旁的夹竹桃荧光闪闪，树树相连，灯灯相通，公路将变成美丽的荧光世界。

大自然的光与人造的光，都非常绚烂，也都非常重要，但是它们却有本质的不同。大自然的光明是在自身运行规律支配下逐渐产生的，它无所谓目的，无所谓意义，只是一种自生自灭的现象；而人类的光则是有目的的，有意义的，是人类为了延长白天的时间，为了生活的美好的一种创新。很多时候，当我们看到神奇的自然奇观时，我们通常会用“鬼斧神工”来形容，意思是，一种神秘的力量运用人所无法理解和掌握的方法塑造了这一切。但是，我们人类也不必过于妄自菲薄，因为我们自己的双手也不逊色于“鬼斧神工”，人类既可以把原子排列成文字，也可以使长城绵亘万里。这一切，源于我们这本书将要探讨的问题——创新。

创新是什么？简而言之，创新就是创造新的事物或发现新的规律。但是，并非所有导致新事物产生的过程都是创新，创新有其独特的内涵。

1. 创新是金手指，但只有人类拥有

无中生有、点石成金，这就是创新，就好像传说中拥有金手指的人，所指之处，顽石化宝玉，粪土变黄金。不过，从我们现有的证据来看，拥有这种“创新”金手指的，遍览周遭，似乎只有人类而已。

人之所以能够从动物中脱颖而出，很大程度上是因为人有意识，人能够根据自己的需要和环境的条件使用和创造工具。在茹毛饮血的时代，尽管人类的生产力水平和科学技术水平很低，人类对大自然的理解还处于迷信的阶段，但是人们已经能够利用自然界的资源为自己服务，石器虽然粗糙，但其对于人类的意义并不亚于现代社会的电脑、卫星，因为它意味着人类运用自己的能动性制造出了自然界所没有的东西。

其实大自然也一直在创造新的事物。大到星系的形成，小到病毒的变异，新的事物一直都层出不穷。有的时候，大自然创造出的新事物往往令人头疼，比如近些年时不时爆发出来的禽流感疫情就令医务工作者们大伤脑筋，因为禽流感的病毒不仅种类多，而且变异速度还很快，给疫苗研制工作带来了困难。

但是，大自然创造新事物的过程并不能称为创新，因为我们很难说这种新事物的产生是大自然自觉、有意识的结果。我们不能说，鮟鱇鱼为了捕食而使自己进化出会发光的“钓竿”，我们也不能说萤火虫发光是为了照亮自己要飞的路；类似的，不能认为大自然是为了威胁禽鸟或人类的生存才产生了禽流感病毒，并且使它们快速地变异。

我们不妨再举一个例子。关于生物的进化，历史上曾经有两种不同的理论——拉马克的“用进废退”学说与达尔文的“自然选择”学说。拉马克的“用进废退”学说认为，环境对于生物的进化起着“诱导”的作用，但是起根本作用的是生物本身趋于完善的本性需求使得生物自发地产生变异以适应环境；而达尔文则认为，生物进化的根本作用仍然是生物的本性，但这种本性不是生物的需求，而是生物自身随时可能产生的，且无固定趋势的变异，这些变异要接受不断变化的环境的选择，如果适应，则生存；如不适应，则被淘汰。

我们可以看出，这两种理论的区别在于生物的变异是生物主动适应环境变化而产生的，还是我们看到的变异是已经经过环境选择的产物。从目前来看，似乎达尔文的自然选择学说在生物学的角度更为科学，因为生物尽管对环境有应激反应，但是它们还无法达到为了适应环境而主动发生变异的程度；只能说，生物的变异在不断地发生，只是适应环境的变异被保留了下来，不适应环境的变异被淘汰了。

拉马克的"用进废退"学说在生物学意义上虽然显得并不科学，但是在社会学领域却与社会达尔文主义相得益彰。我们知道，社会达尔文主义的主要内容是，社会中的人或组织如果不能适应社会的变化，那么将会被淘汰。那么反过来说，社会中的人或组织如果主动地改变自己去适应社会，那么就能够在社会中生存下来，这恰好与拉马克的"用进废退"学说是一致的。

进化论的差别与创新有什么联系呢？实际上，我们从上面的论述中可以看出，拉马克的理论之所以用于生物学上是不科学的，那就是因为现在还没有确凿的证据证明大自然能够有意识、有目的地去创造什么东西；但是，人类能够有意识、有目的地去创造新事物，使自己的生活更加美好，所以拉氏的理论就能够适用于人类社会了。

按照唯物主义的哲学观点，人类的意识和人类的创新活动是有其物质基础的。其中之一是大脑。大脑作为一个器官，在大自然中并不鲜见，很多动物都有类似的器官，但是在功能上说，人类大脑在自然界中是独一无二的。从大脑重量与体重的比例来说，人类的比例是最高的，达到1/40，与人类同属灵长目的猴也不过1/91，而体型较为庞大的象为1/440，海洋中的巨无霸鲸更是仅仅有1/10000。人类大脑的大脑皮层平均厚度为2.5毫米~3毫米，凸凹不平的表面构成的脑回与脑沟使大脑皮层的面积超过2000平方厘米，比人身体的表面积还大。由于人类的很多智力活动在大脑特别是大脑皮层完成，所以有比例如此之大的大脑和面积如此之大的大脑皮层，使人类成为目前为止已知的自然界中最高等的智慧生物。

曾经有科学家指出，人类大脑的潜力是非常巨大的，据说，能够贮存5亿本书的信息，相当于美国国会图书馆1000万册图书的50倍，或者可以同时掌握6门外语、上两所大学、熟记大百科全书人类依靠大脑产生意识，了解自己的需求，识别环境资源，设计新事物的理念，然后用双手实现新事物的形成。这就是人类创新活动与自然界产生新事物过程的本质不同。

10 万条词目内容。当然，目前还没有人能够把大脑的潜能利用得如此彻底。

有了这个能够产生意识的物质基础大脑，离创新还是有一段距离的。人类的创新离不开人类另一个功能独特的器官——手。虽然灵长类动物也具有同人类的手类似的器官，但是它们的灵巧程度与人类的手相比相差得太多，人类的双手可以编织地毯，可以修建房屋，还可以制造汽车、钟表等非常精细的产品。尽管人类在劳动的过程中需要借助很多工具，但从根本上来说，这些工具也都是人类双手劳动的结果。

功能独特的大脑和手是人类进行创新活动的物质基础。人类依靠大脑产生意识，了解自己的需求，识别环境资源，设计新事物的理念，然后用双手实现新事物的形成。这就是人类创新活动与自然界产生新事物过程的本质不同。

2. 无中生有，创造新的事物

创新当然要以创造新的事物为前提，也就是所谓的“无中生有”，这似乎是不言而喻的。但是，我们在理解创新的时候，不妨把眼界放得更宽些。创新固然要求制造出新的事物，可是如果我们能够发掘现有事物的新的功能也是创新；或者把其他组织或社会中应用的事物引进到我们的组织或社会中，并且能够成功地运用，不妨也称之为创新。

比如，随着量子力学的发展，人们发现原子核等粒子可以吸收磁场的能量跃迁到能量较高的激发态，然后释放能量回迁到基态，人们利用这一原理于 1939 年第一次成功进行了磁共振实验，1946 年以后磁共振已经在物理学领域进行实际应用；20 世纪 50 年代，磁共振技术开始应用于化学、生物等领域。1973 年，美国科学家保罗·劳特布尔和英国科学家彼得·曼斯菲尔德在用磁共振技术拍摄不同结构图像上获得关键发现，从而导致用于医学领域的磁共振成像仪的出现。现在，磁共振还应用于地球物理领域，成为唯一一种无需打钻就能确定地下是否存在地下水，含水层位置，以及每一含水层的含水量和平均孔隙度的方法，这种方法不仅能寻找地下水，还能监测地下水环境的污染状况。这种方法还应用于监测滑坡，因为它可以确定滑坡面的位置、深度、分布范围等信息，从而对滑坡体进行稳定性评价，并对滑坡体的治理提出科学依据；与此类似，这一技术还能运用在堤坝渗漏的监测上。

从磁共振技术的发展我们可以看出，磁共振显像被发现后，每一次在新的领域中运用就是一次创新。当然，这一原理在不同的领域应用需要有相应的技术问题需要解决，但我们应该看到，能够把某种原理应用在新的领域这本身就是新的思维。

在日常工作和生活中，我们不能苛求每个人的创新都是发现新的原理或发明完全前所未有的东西，但是我们要学会举一反三、触类旁通，能够把现有的东西应用于新的领域或是开发其新的功用，这也是创新，并且是很重要的创新。

3. 顽石化宝玉，粪土变黄金

我们前面提到了金手指可以让顽石化宝玉、粪土变黄金，那么如果反过来，一只手指能够使宝玉化顽石、黄金变粪土的话，恐怕这手指就快保不住了。为什么？因为只有能够创造价值的手指才是金手指。

在这里，我们并非为拜金主义张目，而且，价值也并非庸俗化的金钱，而是对人类需要的某种满足。有这样一个寓言，很能说明价值的意义。

一个村子发了大水，全村的人几乎都被洪水冲走了，只剩下了一个阔财主和一个穷佃户。在离家逃命之前，阔财主想方设法把他所能够带走的金银财宝装了一袋子，背在背上；而那个穷佃户，家里实在没有什么东西了，所以只好把几个窝窝头装在了袋子里逃命。两个人最后都被逼上了一株大树，四周一片汪洋。财主嘲笑佃户说：“穷人就是不行啊，什么都没有，等水退了，你靠什么活命啊？看看我，金银财宝拿了不少，等水退了，照样锦衣玉食。”佃户只是笑，并不作答。

水并未如预想的那样退去，饥饿开始侵袭这两个避难的人。穷佃户拿出窝头啃了起来，而阔财主只能眼看着自己的金银财宝发愣，看着佃户的窝头咽口水。最后，饥饿让财主浑身无力，最终掉落水中。

寓言很简单，大意是告诉我们，金银在很多时候固然代表财富与价值，但在很多时候并非如此；而平日在我们眼中平淡无奇的东西，在很多时候却成为无价之宝。其实，不论金银、不论窝头，如果能够满足人们的需要与需求，它就具备价值；也只有能够满足人们的需要与需求，它才具备价值。

人们的创新总是同一定的需要联系在一起的，比如我们前面提到的发光植物中，培育发光的行道树的目的是为了新颖、美观；培育发光烟草的目的是为了了解植物的生长机制与遗传机制等等。由于生物发光技术具有能源消耗少，各类辐射少的优点，科学家希望能够把生物发光技术应用于建筑当中，那样会给我们带来新的照明革命。而这些能够满足人们需要的产品，往往能够在实际生产、生活中产生巨大的价值。

当然，如果大家回忆一下马克思主义政治经济学的内容的话，可能会说，能够满足人们的需要，只是具备了使用价值，而使用价值进入流通以后，才具备了价值。这当然没有错，不过，我们也应该承认，我们在这里讨论的是创新的概述，而并非经济学上的讨论。

当然，由于现代社会商品化趋势已经深入到社会的各个角落，因此评价创新的时候固然可以从满足人们需要的角度入手，另一方面也可以从新事物能否创造经济价值的角度入手来评价。其实这两者基本上是等价的，因为新产品或新事物能够满足人们的需求，自然也就有实现其经济价值的市场。如果一种新的发明不能满足人们的需求，那么也就不能称之为创新了。

能够满足人们的需求与需要 $\xleftrightarrow{\text{充分必要条件}}$ 具有价值

具有价值 $\xleftarrow{\text{充分条件}}$ 创新活动 $\xleftarrow{\text{必要条件}}$ 具有价值

上面，可以说就是需要、价值与创新的逻辑关系。

美国有一项发明专利，申请人叫做约瑟夫·巴里德，他的专利是一个消灭老鼠的装置，简单地说，就是先捉一只老鼠，然后在它的脖子上戴一个挂着铃铛的项圈，然后把老鼠放回去。据说，老鼠逃回窝中后，铃铛发出的声音会使它的“家属”和“邻居”四散而逃，从而达到灭鼠的目的。人们经过实践以后，觉得这种装置使用起来实在复杂，实际的效果虽然有一点点，但是远远不如巴里德设想的那么好。因此，这种新事物虽然“新”，但是没有什么价值。

虽然，有的时候创造的新事物是没有用的，甚至是假的，是没有价值的，但是创造过程中会有有价值的东西出现。

在历史上，永动机是一个笑话。有很多人希望能够制造出不需要耗费能量就可以提供动力的机械（第一类永动机），或者可以直接从大气、海洋、宇宙中获取热能，为机械提供能量（第二类永动机）。很多科学家和工程人员进行制造第一类永动机的尝试都失败了，这期间出现了很多充满虚伪和欺骗的闹剧，这也使得“永动机”臭名昭著。但是也有不少科学家对永动机进行了冷静的思考。针对第一类永动机，1842 年荷兰科学家迈尔提出能量守恒和转化定律；1843 年英国科学家焦耳提出热力学第一定律，他们从理论上证明了凭空制造能量的第一类永动机是不能实现的。这些定律不仅仅证明了永动机的不可能，也在物理学、化学、生物学、哲学的发展历史上起到了重要的作用。第二类永动机要比第一类永动机有更大的欺骗性，1881 年美国人约翰·冈姆吉为美国海军设计了一种发动机，这一装置利用海水的热量将液氨汽化，推动机械运转。但是这一装置无法持续运转，因为汽化后的液氨在没有低温热源存在的条件下无法重新液化，因而不能完成循环。实际上，在此之前，法国科学家卡诺提出了卡诺热机循环，在其中已经指出了只有由高温到低温的过程才能够做功，从低温到高温的过程是无法做功的。后来经过开尔文、克劳修斯等人的继续研究，总结出热力学第二定律，从而从理论上否定了第二类永动机的存在。从永动机的例子我们可以看出，虽然永动机本身是没有价值的，但是围绕着永动机却产生了不少理论上的创新与突破。另外，一些严肃的科学家和工程师在为永动机殚精竭虑时，虽然没有发明出真正的永动机，但是也促进了机械、力学等工程学上的进步并产生了一些实用成果。所以，虽然研制永动机是荒谬的，但是客观地说，研制永动机的过程中也产生了一些有价值的东西。

从另外一个方面说，虽然我们认识到永动机是不可能实现的，但是我们人类一直在研究能够最大限度地提高能源利用效率，最大限度地简化人工操作的各类机械或设备，从这个角度讲，人类的这种追求精神正是人类取得不断进步的动力。某种意义上来讲，这种精神是所有创新活动最大的价值，或许这就是推动人类进步的“永动机”。

第二节 挤奶姑娘的秘密——创新的基本规律

当现在的媒体关注艾滋病、禽流感等传染病的时候，“天花”这个名词已经从人们脑海中淡去了。但是，在历史上，这个有着美丽名字的疾病却是亿万人的梦魇。据说，天花对人类产生影响始于约1万年前农业社会开始的时候。但人类历史上第一次对天花进行描述的是公元前四世纪的中国人。天花于16世纪以后传入西方，造成了严重的后果。18世纪中叶，俄国流行过一次天花，死亡200万人。在整个欧洲，仅仅18世纪就有6000万人死于这种可怕的疾病。罹患天花的人，将近三成的人会死亡，幸存下来的人也会在身体上留下可怕的疤痕，变成麻子，留下不可抹去的印记和伤痕。

很久以来，人类一直在努力地寻找制伏天花的办法。中国在宋代时产生了一种叫做“人痘”的预防天花的办法，基本的方法是将正在出天花的人的天花痘切下一些，干燥后研磨成粉，用管子吹入未患天花者的鼻中，这样未患天花的人会出一次不很凶险、基本上不会丢掉性命的较为温和的天花，从而获得抵抗天花的免疫力。然而，在实际操作过程中，效果并不很好，因为接种“人痘”的人不一定出的是温和的天花，往往也会患上严重的天花，甚至丧命。据说，因接种人痘患上天花死掉的人比受到传染患上天花死掉的人少不了很多，甚至根据史书的记载，清代有两位皇帝死于天花，一位是顺治皇帝，另一位是同治皇帝，均是年少而终，甚至康熙皇帝被立为皇帝的理由之一就是他出过天花，因为出过天花后，以后就不再会罹患天花了。尽管如此，接种人痘的方法还是传到了西方。

人类真正开始有力地抵御天花是从200多年前开始的，一位叫做贞纳的乡村医生发挥了重要的作用。

贞纳（E Jenner，1749～1823）出生在英国的牧区，从小就目睹天花残害人类的悲惨情景，萌发了要为人类寻找防治天花办法的强烈愿望。贞纳13岁时被哥哥送到一位名叫卢德罗的外科医生那里学徒。他对病人有着真挚的感情，经常与老师讨论天花的问题。贞纳的虚心好学受到老师的喜爱，卢德罗推荐他到伦敦一位叫亨特的私人诊所里工作。贞纳在亨特医生那里出色地工作了两年，成长为一名杰出的外科大夫。学有所成的贞纳始终记挂着凶险的天花病，因此他放弃了城里优厚的待遇，拒绝了去太平洋考察、周游全球的美差，毅然回到家乡办起了小诊所。

一次，乡村检察官要求贞纳统计一下几年来村子里死于天花以及因天花而变成麻子的人数。贞纳在统计中发现，几乎家家都有被天花夺去生命的人，但奇怪的是，村里众多的挤奶姑娘中，竟没有一个人死于天花或者变成麻子。挤奶姑娘有什么秘密吗？为什么她们能够幸免于难呢？挤奶姑娘告诉贞纳：奶牛也会被传染上天花，也会出痘，但是牛不会死去，而给出痘子的奶牛挤奶后，姑娘也会被感染上天花并出痘疮，但是病情很轻，不仅不会死去，甚至连疤痕都不会留下，只是会有浑身乏力、持续几天低烧的现象出现，过不了多久就好了，并且从此以后再也不会出天花了。

贞纳由此受到触动：如果把微量的牛痘接种到人的身上，那么人是不是都会像挤奶姑娘一样，经过几天不适后，不仅不会死掉和留下疤痕，甚至能够永久地获得对天花的免疫。于是，他开始就此展开研究。

然而，贞纳的发现并没有得到支持，相反却遭到一些人的强烈反对，他们认为贞纳的说法是把人当作下贱的牲口，挤奶姑娘得的病与天花和牛痘没有任何关系，甚至夸张地造谣说，接种过牛痘的人会长角，并且"哞哞"地像牛一样叫。为此有人提出建议要把贞纳开除出医学会，吊销他的行医执照。面对人们的反对，贞纳坚定不移，深信使用牛痘接种能够使人抵御天花，并继续进行试验。他甚至在自己的身上进行试验，他的亲友深深为此恐惧，因为那时染上天花基本上等于被宣判死刑。然而接种了牛痘后的贞纳经历了几天的不适后，身体恢复了原状，并且不论怎样与天花患者进行接触，都没有再患上天花。

经过二十多年的系统观察与实验，贞纳终于发明了种牛痘预防天花的办法。1796 年 5 月 14 日，是一个令人难以忘怀的日子，这一天，贞纳首次在家乡给人接种牛痘，而世界上第一次接受作为医疗手段接种牛痘的，是一位名叫 James phipps 的 8 岁男孩。贞纳找到了一个刚刚感染了天花的女孩，从她身上取了一些痘疮的疮浆，用很少的量接种在杰米的左臂上。3 天之内，杰米只是稍微有些不舒服，但并不影响他日常的生活，不久杰米恢复了正常，只是左臂留下了一个淡淡的疤痕。6 个星期以后，贞纳给杰米再次接种了天花病人的痘浆，尽管贞纳和杰米的家人都很紧张，但结果令人雀跃，杰米安然无恙，连一点轻微的反应都没有——杰米获得了对天花的免疫力。从那时起，人类开始了战胜天花的新纪元。

牛痘因其安全、操作简单、成本低廉而被迅速推广开来。随着接种牛痘的逐渐普及，天花逐渐被征服，并最终被消灭。我国最后一例天花病人的发现是在1960年，此后再无天花病例报告，而世界上最后一例天花病人的发现是在1977年。1979年10月26日，世界卫生组织在肯尼亚首都内罗毕正式宣布：天花已经在人间灭绝了。

贞纳用接种牛痘来预防天花的方法，是对人类有着非凡意义的创新，我们就借这个例子来探讨一下蕴含在创新中的基本规律。

规律就是事物发展过程中的本质联系和必然趋势。从广阔无垠的宇宙，到细小神秘的基本粒子，我们所生存的这个丰富多彩、生机勃勃的世界中的一切以及它们的运动与变化都受到规律的支配。所以，我们在认识和改造世界时，必须要了解和掌握规律。当我们掌握了这些规律时，才能说我们完成了对他们的认识；也只有能够运用这些规律时，我们才有了改造世界的可能。创新活动也蕴含着规律，因此，我们也要研究创新活动中的规律。

1. 金手指需要成色十足

在第一节中，我们提到了创新的主体性是创新的主要特征之一，也就是只有人才具有创新的金手指。所谓创新主体，也就是人的素质深深地影响着创新活动。创新主体的素质主要包括敏锐的观察能力、浓厚的创新兴趣、敏捷的思维能力、足够的知识储备与灵巧的操作能力、顽强的创造意志等。

（1）运用金手指之前，要先学会观察　观察是指人们通过感觉器官或借助于科学仪器，有目的、有计划地感知客观对象，从而获得科学事实的一种方法。这里的客观对象不仅仅局限于具体的人、物、现象，也有可能是经由这些具体的人、物、现象而产生的一些数据、图表等。运用科学的观察方法，可以得到大量的感性经验材料，还能够发现问题和提出科学问题。如果没有突出的观察能力，就无法进行创造。

在贞纳的故事中，我们看到，正是贞纳围绕天花进行流行病学调查时，对调查的数据进行观察分析后发现了异常的现象，找出了一个特殊的群体——挤奶姑娘。正是这个发现，引导着贞纳来到了发明接种牛痘这道门前。我们设想一下，如果贞纳仅仅是把调查后的数据直接汇报给检察官，而不是仔细地审视这份调查数据，发现其中的秘密，那么接种牛痘的方法可能会推迟很久才会被发现。

如果说，贞纳的故事说明了观察能力与人敏锐的意识有关的话，那么伽利略的例子就说明了好的观察手段的重要性。伽利略尽管不是望远镜最早的发明者，可伽利略是最早一个把望远镜指向星空的人。当伽利略听说一位荷兰眼镜商制造了一台可以让远处景物“近在眼前”的仪器后，根据传闻也制造了一台这样的仪器。在一个夜晚，伽利略把这台仪器指向了天空，他惊讶地发现，月亮表面凹凸不平，布满环形山，根本不像我们用肉眼看到的那样光滑平整，这个发现打破了人们一般的看法。可更具“破坏”性的发现还在后面，伽利略又把望远镜对准了土星，他发现，居然有卫星围绕着土星旋转。这一发现在当时可是大逆不道的，因为当时在教会的统治下，教会支持的托勒密的“地心说”——一切天体均围绕地球旋转，地球是宇宙的中心，而受上帝眷顾的人类子民就被上帝安排居住在宇宙的中心，地球上——统治着学术界，而伽利略的发现说明，至少有那么几颗星星没有围着地球旋转，而是围绕着土星旋转。这一发现意味着托勒密的理论是错误的，而托勒密理论的崩溃将对教会造成严重打击。教会对伽利略威逼利诱，要求他隐藏他的发现，放弃他的观点。由此可以看出，观察能力还要有良好的观察手段。在今天，天文学领域的观察手段已经不仅仅是借助光学天文望远镜了，人类还发明了射电望远镜；把照相技术同望远镜结合起来；把望远镜安装到航天器上等等。这意味着，我们不仅大大“睁圆了”眼睛，还把眼睛延展了很长很长，这样就使我们能够获得更多、更清晰的宇宙图景供科学家研究。

换句话说，在运用你的金手指以前，你要先学会把金手指指向哪个方向，这需要有一双敏锐的眼睛。

（2）善待金手指　拥有了金手指还不够，还要善待这可以创造新事物的工具，这需要你对这支手指的热爱——也就是要对创新保持浓厚的兴趣。

兴趣是人们对特定对象的喜爱和趋向，兴趣会使人们在认识客观世界、改造客观世界时感受到一种乐趣。很多科学家、工程人员获得成功常常是因为他们对自己所从事的事业饱含浓厚的兴趣。这种兴趣驱使人们主动地去探索自然的奥秘，产生执著追求的心理，并去实践。

英国乡村医生贞纳，正是因为从小就对天花病产生了浓厚的兴趣，这才使他能够不受外界环境的干扰，不论是优厚的待遇、外出考察的机会、还是他人恶毒的攻击都没有使他退缩，因为对天花的研究和哪怕是一点点的进展都会带给他无比的快乐。

法布尔（Jean－Henri Casimir Fabre，1823～1915）是法国的一位长寿却清贫的昆虫学家。这样一位昆虫学家在法国被尊为像伏尔泰、孟德斯鸠、雨果一样的大师。法布尔具有多方面的才能，他不仅仅观察、研究昆虫，还研究过植物、讲授过物理、提取过染料、出版过诗集……然而在这一系列的工作中，昆虫学成为法布尔终其一生的快乐。法布尔一生出版了十一册《昆虫记》，在这卷帙浩繁的著作中，没有晦涩难懂的学术名词，没有令人倦怠的解剖图谱，也没有当时在机械自然主义哲学风潮下，对生物机械、片面的认识；相反，这些著作中充满着对自然与生命的尊敬与关照。法布尔用充满感情的眼光看待那些小虫子，看到它们的忙碌、看到它们的悠闲、看到它们的紧张，为它们筑巢的辛劳而赞叹，为它们照顾子女而感动，为它们死亡而忧伤，也为它们的一些自私行为而愤怒。这些感情不是刻意营造出来的，而是法布尔真心实意地热爱生命、热爱自然以及他的兴趣才使这些丰富的情感在他的内心油然而生，并且他用诗一样的语言把这一切呈现在读者面前，使读者也感同身受。这就是兴趣的力量。

（3）在运用金手指的时候，还要学会缜密的思维　创新活动离不开创新思维，甚至，我们可以说创新思维是创新能力的核心能力。人类在千百年来的发展历程中，正是由于不断地更新思维方式，摒弃旧的思维模式，才有了不断的进步，才能够创造出如此灿若繁星的人类智慧成果。创新思维基本上有类比思维、联想思维、直觉思维、灵感思维等等，后面会有专门的论述。

（4）金手指并非与生俱来，而是需要铸就才行　在我们的成长过程中，我们需要学习很多的东西，包括知识方面，能力方面，性格方面等等。在积累这一系列知识与能力的同时，原本柔软的肉质手指会慢慢变成坚强的金手指，也才能够具有化腐朽为神奇的能力。

创新活动要有物化的成果，因此就需要把头脑中新颖的构思和想法转化为实际的物品，或者要把构思和想法能够准确地表述出来，从而能让别人理解。如果一个构思既不能物化为产品也不能准确地表达供人理解，那么即使构思再巧妙也是空中楼阁，可望而不可及，甚至连可望都无从谈起。在挤奶姑娘的秘密中，贞纳能够获得成功，他所具有的知识和能力是他做出重大发现的必要前提。贞纳早年的学习与工作经历使他成为了一名出色的外科医生，而他对天花病的兴趣又使他不断地研究天花，从而获得了一定的流行病学方面的知识，这样，他才能发现统计数据中的异常，才能够进行系统的研究与实验。如果他没有相关的知识以及能力，他很难发现统计数据的问题；如果他没有实际的操作能力，那么在当时的舆论背景下，即使他提出了接种牛痘的主张，也没有人敢帮助他做试验去验证他的观点。

当然，在学科分化和社会分工日益深入的今天，我们不可能要求每一个人既要掌握精深的理论知识又要掌握全面而熟练的操作技能，但是这不意味着一点操作技能或表述能力都不需要掌握。举例而言，华裔物理学家杨振宁和李政道提出“宇称不守恒原理”以后需要有实验来证明他们的观点，然而作为理论物理学家的他们，难以做到这一点。于是他们找到了被誉为“实验核物理的执政女王”的另外一位华裔科学家——吴健雄女士。吴健雄作为美国物理学会的第一个妇女主席，为女性工作者进入这个男人占统治地位的领域开辟了一条道路。她的实验似乎具有女性特有的细心和简明，并为她赢得了声誉。这一次吴女士与华盛顿国家标准局的低温物理学家们合作，设计了精妙的实验，最终迫使大自然把隐藏已久的宇称不守恒现象展现出来。如果我们把杨振宁与李政道的理论发现和吴健雄的实验验证分离开来，那么我们就犯了个错误。实际上，杨振宁和李政道为验证他们的观点提出了实验建议，例如以旋转的放射性原子核为研究对象，考察放射性原子核衰变时释放出的电子的旋转方向是否具有统计学意义等。这些建议都为后面实验的实施起了莫大的帮助。

关于知识，我们强调的是要具备丰富的知识，而不是强调必须要经过系统的学院教育。英国著名物理学家法拉第就是一个例子。法拉第（Michael Faraday，1791 ~ 1867）出生于一个贫穷的家庭，没有受过什么正规教育。他曾在一家书店做学徒，一次在包装《大不列颠百科全书》时，被偶然发现的一篇很有见地的文章吸引住了。当时一位声名显赫的科学家汉弗莱·戴维（Sir Humphry Davy，1778～1829）开设对公众免费开放的讲座，法拉第虔诚地聆听着这些讲座。恰好，戴维当时需要一位实验助手，法拉第被幸运地选中了，从此开始了他的物理研究生涯，并且取得了超越其老师汉弗莱·戴维的伟大成就。当然，随着当代社会知识和技术日益精深与复杂，接受正规的教育还是非常重要甚至是必要的，像比尔·盖茨这样辍学办公司并取得成功毕竟是小概率事件。而且我们也应该知道，辍学不是盖茨成功的根本原因，盖茨对电脑技术的痴迷和深入了解才是其成功的根本。总归一句话，不论是否接受过正规的教育，没有知识和能力，就谈不上创新。

（5）用意志巩固创新的金手指　金手指固然是宝物，可我们在实际的工作与生活中运用金手指进行创新时，并非一帆风顺，往往会遇到各种各样的困难与阻碍，面对这一切，我们需要意志来保驾护航。意志是人自觉地确定目标，支配与调节自己的行动克服各种困难，从而达到预定目标的一种心理品质。

创新是创造前所未有的事物，存在困难是必然的，否则，就不会“前所未有”了。这些困难一方面来自客观的技术条件，另一方面也来自外界的舆论压力与人为干扰。如果没有坚定的意志，这些都有可能导致创新活动的夭折。

在挤奶姑娘的秘密中，贞纳所处的环境是恶劣的。虽然贞纳有相关的技术和知识，但是当时很少有人愿意配合他来做试验，所以开始的时候接种牛痘是否真的有效，贞纳也不敢妄下论断。当时的舆论环境充满了诬蔑和谩骂，甚至有人威胁要吊销其执业资格。但是贞纳不为所惧，通过耐心的劝说与疏导，以及自己亲身的试验，终于有人愿意接受牛痘的试验。如果贞纳当时因为困难而放弃，或许天花病毒至今仍在人类中肆虐。

2. 人类的需要推动创新的车轮

人们有意识的活动都离不开动机，创新活动同样如此。动机是激励人们采取行动的心理驱动力，它引起和维持人们的行为，并将行为指向某一目标，形成愿望和意念。动机来源于人们的需要。所以要进行创新就要有强烈的创新欲望和强烈的创造动机。而这些欲望和动机来源于需要，这种需要虽未见得是某一个人的需要，但一定有人存在这方面的需要。如果在某一方面人们没有任何需要，那么也就不会有这方面的创新。

引致创新活动的需要有很多种，大致可以划分为生存与安全的需要、提高效率的需要和享受的需要。

(1) 生存还是死亡？安全还是威胁？　当人类的文明达到能够把宇航员送上太空时，地面上的人们非常好奇：那些初上太空的人会有怎样的心境。很多宇航员在落地以后表示，在太空中，当他们看到地平线变成一道弧形，曾经感到广袤无比的地球变成一颗晶莹剔透的蓝色水球的时候，他们感到，我们人类生存的地球是如此的美丽，但也是如此的脆弱。

的确，人类的生存环境是恶劣的，人类的生存也是艰难的。即便我们所生存的地球是如此的脆弱，它还是不断地以恶劣的环境对人类产生威胁。在人类历史上，自然灾害、疾病、战争、人类自身能力的局限都威胁着人类的生存与安全。在挤奶姑娘的秘密中，天花就是威胁人类生存与安全的重要因素，天花使人死亡，即便幸存下来的人也会留下无法抹去的伤痕，于是抵抗天花就成为了人类的需要。正是这个需要驱使很多人研究天花，提出各种不同的解决方法，经过艰难的探索，最终发明了接种牛痘的方法。

我们再举一个例子。战争始终伴随着人类的发展历程。在这里，我们不谈论战争的罪恶，我们只谈因战争而产生的一个发明。法国皇帝拿破仑是一个野心勃勃的人，他试图用他的军队建立起一个庞大的拿破仑帝国，他率军远征非洲、横扫欧洲，取得了非凡的战果。然而令拿破仑头疼的是，每次出征，后勤部队都不得不携带锅灶、燃料、食材等数量庞大的笨重物资，严重影响部队的行进，可是如果这些东西携带数量不足，士兵的生存又成了大问题。于是拿破仑悬赏 12000 法郎，征集能够长期保存军用食品而不变质的方法。后来，一位名叫尼古拉·阿贝尔的糕点师把食物装在陶罐里，灌进足够的水，然后用软木塞把陶罐口紧紧地塞住，再放进盛有水的锅中，把水烧开并持续地煮一段时间，然后拿出陶罐，这样陶罐中的食物就可以保存较长的时间。这就是最初的罐头。后来，罐头制作的技术不断改进，现在不仅被应用于军事用途，还成为居家、旅行的常用物品。

（2）事倍功半？事半功倍！　回顾人类的发展历史，这部波澜壮阔的史诗，其中最重要的意象，既非场面宏大的战争，也非歌舞升平的盛世；既非高深莫测的宗教，也非感人肺腑的艺术，而是为提高效率而进行的一次次改进与创新。这些改进与创新的参与者，固然有灿若群星的大师，但更重要的还是众多默默无闻的劳动者。

效率一直是人类发展过程中最重要的目标。这方面的例子不胜枚举，火车、汽车、飞机等交通工具的发明是为了提高运输效率；电子计算机的发明则是为了提高运算效率；印刷设备的发明和改进免除了人类抄写的艰苦劳动；农业机械化设备的发明大大节省了劳动力投入，促进了农业生产的标准化等等。直到今天，人们为了提高能源利用效率，减少能量不必要的耗散和浪费，仍在苦心孤诣地提高机械设备的能量转化率。

（3）享受不一定是罪恶　随着生产的发展，有一部分人开始摆脱苦于生计的状态，开始享受多余的产品和服务，尤其在当代社会，在发达的国家与地区，享受性的消费甚至成为经济增长的重要动力，也使人们的生活质量大幅度提高。例如，有人发明了室内冲浪机，通过向带有特定形状水槽的水池喷射高压水流制造人工波浪，使得冲浪爱好者可以不必到海滩、不必等待适合的天气就可以冲浪，而冲浪运动员也可以全天候进行训练。

在这里，我们并非鼓励各位读者成为无所事事、玩物丧志、乐不思蜀的享乐主义者。但是，就整个社会而言，当我们的生存和安全有了一定的保证，当我们工作的效率相对较高的时候，我们就有可能利用一些空闲的时间、多余的精力和富余的财富稍稍地享受一下。而当享受成为一种需要时，创新活动就有了一片新的、妙不可言的施展空间。

3. 车轮行使在并不平坦的道路上

当人类的需要推动创新的车轮向前行驶的时候，没有人为我们铺就平坦的道路，我们所要经过的路径往往坑洼不平，崎岖多舛甚至布满荆棘，坦途只是偶尔罢了。这艰苦的道路就是创新活动所处的环境。

环境是人类生存和发展的外部条件。人类是生活在一定空间与时间中的，当然会受到自然环境与社会环境的影响。人类的生存受到自然环境的制约不言而喻，每一次自然灾害和人为灾难的出现都会夺取不少生命；而人类心智的发展要受到来自社会各个层次、各个方面的影响，并且必须要接触社会，在实践中不断丰富、发展与完善。

环境对创新的影响体现在两个方面，一个是环境影响创新思维和能力的形成与发展，主要表现在社会文化背景、传统观念、教育方式（包含家庭教育和学校教育）、价值观念等对人们思维方式以及能力培养方向的影响。另一个方面则是不同的环境可能对同一个人的创新才智的发挥产生正面或负面的影响，换句话说，同样的人在不同的环境中，其创新才智的发挥程度不同，也就是环境可能促进一个人创新才智的迸发，也有可能抑制一个人创新才智的发挥，这一方面的影响既与环境的社会文化背景、传统观念、价值观等有关，也与社会的物质、技术水平有关。

（1）环境与创新的关系　人类历史上不乏创新的事例，如果从文明的角度来看，至少在明代中期以前，世界东方的华夏文明在创新方面可以说是鹤立鸡群，在很多领域都取得了举世瞩目的成就。然而，明代中期以后，华夏民族的创造力似乎一下子萎缩了不少，变得停步不前，相反，西方世界在文艺复兴以后，生产技术却以日新月异的速度发展，以蒸汽机为代表的第一次工业革命，以电气技术为代表的第二次工业革命和以集成电路为代表的第三次工业革命都在西方发生，古老的中国落后了，跌入了落后就要挨打的深渊。然而，新中国建立以后，中国人的创造力似乎一下子迸发了出来，进入改革开放的新时期以后，更多的成就在华夏大地上开花结果。这种现象引起了中外很多科技史专家、哲学家、文化学者的思考，至今仍争论不休。但大家相对取得共识的是，近代中国的社会环境实际上不适合现代科学技术的孕育和发展，因而在近代的中国不可能产生西方那样的科技进步。

1）逆水行舟，不进则退　不利的环境，会阻碍创新活动的展开。西方在黑暗的中世纪时期，由于教会势力的强大，很多科学研究如果得不到教会的许可是不可能进行的，因此很多学者要么因此放弃了科学研究，要么就偷偷地进行研究，即便是教会势力衰微以后，很多科学家仍然投鼠忌器。例如，“日心说”的创立者哥白尼

（Nicolaus Copernicus，1473～1543），为了防止教会的迫害，直到死前一天，才出版他的著作《天体运行论》。但是，文艺复兴以后，以教会势力为代表的保守势力大大衰落，很多学者可以在较为宽松的环境中进行研究。很明显的例子就是，西方社会允许进行尸体解剖。这就大大促进了现代医学和生物学的发展。例如，达·芬奇（Leonardo da vinci，1452～1519）的人体绘画其比例的匀称、机理的质感、肌肉的分布不仅仅达到逼真的程度，而且带给观赏者以美的感受，其同时代的绘画、雕塑大师的作品具有同样的魅力，而这些得益于人体解剖。尽管他们的解剖仍然是偷偷进行的，而且很多人也知道这些不是秘密的秘密，甚至有人举报，但是由于教会一言九鼎的时代已经过去，所以这些艺术家尽管受到质疑与非议，可仍然没有遭受虐待与酷刑。类似的，人体血液循环理论诞生的时代，社会对人体解剖的行为采取了更加宽容的态度，因此也没有引发血腥的后果。

然而，东方的中国却有所不同。古人固守“身体发肤，受之父母，不得损伤”和“阴阳一理”的教条，因此，活着的人的身体不能受到损伤，死者的身体同样不得受到戕害，所以对尸体进行解剖是大逆不道的事情，当然也就无法获知人体内脏的有关知识了。在南北朝时期，有一个名叫唐赐的人，一天他去邻村喝酒，回家后突然发病，呕吐出20多条虫子，自此一病不起。临终之时，他嘱咐妻儿，在他死后把他的肚子剖开，看看究竟是怎么回事。唐赐死后，他妻子照他的话做了，没想到就此一场杀身之祸从天而降，当地官府把唐赐的妻子和儿子抓起来，判以“凌迟”，也就是把他们千刀万剐。大家可想而知，在这种情形下，怎么可能对人体内部结构进行研究呢？这种情况一直延续了一千多年，到清代的时候也没有改变。很多医家尽管察觉到了很多医书的记载并不准确，但由于环境的原因不了了之。当然，尽管如此，清代还是有一位名叫王清任的医学家在滦州行医时，借助小儿麻疹流行，很多穷人家的死人被草草扔至荒郊野外的情况，利用每天天刚亮、行人还未上路的机会到荒野研究尸体。后来，他在奉天（即现在辽宁沈阳附近）行医时，利用官衙实施剐刑的机会到刑场进行观察。经过不懈地努力，王清任完成了《医林改错》这部意义非凡的著作，不仅记录了以往医书中没有记载的脏器，还纠正了以往的很多错误说法，甚至他提出：

人的思想和记忆是由脑子掌管的，而不是心脏的功能。即便如此，东方医学仍然走了一条与西医不同的道路。我们在这里不对中、西医进行评论，但是，我们有必要思考，中国历史上长久的对人体解剖的压制是否加剧了中医认识论和方法论的定型，从而没有发展出类似于西医的认识论与方法论体系。而事实表明，在近现代，尽管中医也有进步与发展，但却没有出现西医那种令人瞠目的迅速发展。

其实，在前面我们经常引用的挤奶姑娘的秘密这个例子中，我们也应该有类似的思考。中国人发明接种人痘的时间很早，但我们却就此原地踏步，不再有更好的改善；然而接种人痘的技术传播到西方以后，却得到了改进，产生了更加有效、更加安全的接种牛痘的方法。

2）好风凭借力，送我上青云　有利的环境，会催生高素质的创新。前面所举的例子都是两方面对比的，同样的问题在不同的环境却有了不同的解决方法，产生的结果也迥然不同。在这方面，美国是一个非常典型的例子。

美国虽然历史很短，其立国至今不到三百年，但它所创造的物质财富和技术进步却令他国难望其项背。美国是一个移民国家，它的文化环境开放而宽容，不仅重视本国人才的培养和使用，而且非常重视国外高层次人才的引进和使用，并且同样地给予他们优厚的待遇、完善的科研条件与环境，充分发挥他们的才能。我们经常说，中国自主的基础科学研究进展并不多，可是很多中国人在美国却在基础研究领域取得了很多成果。前面，我们提到的杨振宁、李政道是理论物理学家，他们获得过诺贝尔物理奖；吴健雄是实验物理学家，她被誉为“实验核物理的执政女王”；丁肇中同样是实验物理学家，他也获得了诺贝尔物理奖；李远哲则获得了诺贝尔化学奖。此外，还有数学家陈省身、刘家翘、丘成桐，建筑师贝聿铭、林同炎等等取得公认成就的大师。这些事实不能不引起我们的思考。

另外值得我们注意的是美国人对待人才的态度和思维方式。1900年，在与八国联军的战争中落败的清政府，签订了耻辱的《辛丑条约》，进行巨额的赔款，世称“庚子赔款”（简称“庚款”）。美国人对赔款进行了与他国不同的处理，他们利用庚款设立基金，在北京建立了留美预科学校，也就是现在清华大学的前身，从中国遴选优秀少年入校学习，学成后送往美国学习，费用由庚款基金支付。这些中国留美的学生中，有很多成为中国近代史上的风云人物，如詹天佑、唐绍仪、梁敦宜、蔡绍基等等，至今，清华大学校园中的西式建筑或许还能说明那一段历史。

3）山重水复，柳暗花明　不利的环境当然不利于创新活动的展开，不过如果能够在不利的环境中进行创新活动就是难能可贵的了。实际上，完全适合创新、没有任何困难和阻碍的环境是不存在的。任何创新都会或多或少地受到环境的制约。但是，我们要知道，环境的制约有些是根本性的，有些却并非根本性的。如果环境的制约并非根本性的制约，那么应该尽量克服环境带来的困难，坚持自己的创新活动。

在中国近代历史上，由于生产方式和政治体制的原因，资本主义萌芽在中国来不及成长便被扼杀，因此，就不会有资本主义生产方式的产生，也就不会有对效率的追求。类似的，对技术的实用主义态度造成了中国科技发展缺乏后续的动力，因此现代科学技术没有在中国产生。因而，近代中国的科学技术和经济发展都落后于西方了。这种环境的制约显然是难以克服的，非个人力量所能改变，所以在这种环境中不可能要求有人进行现代科技方面的创新。

历史上，获得诺贝尔奖的女性并不多，而能够获得两次的恐怕就只有居里夫人（Marie Curie，1867～1934）了。她出生于波兰华沙，那时的波兰被沙俄、普鲁士和奥地利瓜分，社会动荡、民不聊生，尽管玛丽受到当时统治华沙的俄国人的奴化教育，但是她的父亲是一位具有深沉爱国思想的中学教师，受此影响，玛丽的心里从小就埋下了爱国的种子。生活的困苦以及当时波兰大学不招女生的规定，使得玛丽在中学毕业后无法继续读书，在经历了6年的家庭教师生涯后，玛丽获得了一笔奖学金，得以前往法国巴黎深造。后来玛丽学成后，尽管收入微薄，但还是省吃俭用，返还了奖学金，奖学金基金会的人员很惊讶，因为她是唯一一个返还奖学金的人。玛丽谈到此事时，她说，这笔奖学金成就了她，那么如果她返还了这笔钱，这笔钱就可以成就另外一个人。在巴黎大学学习的日子是清苦却快乐的。她曾把椅子“盖”在身上御寒，因为严重营养不良而昏倒，甚至只吃几粒樱桃充饥。清苦的生活并不影响她出色的学业。她大学二年级获得了物理学硕士学位，三年级获得了数学硕士学位。玛丽与巴黎理化学院实验室主任皮埃尔·居里结婚后开始了成就他们一生的工作。

居里夫人生活的时代是巨人的时代，伦琴、爱因斯坦、普朗克、贝克勒尔、卢瑟福、查德威克等等都是现代物理学史上的丰碑，居里夫人也是其中的一座。当时，放射现象被发现以后，居里夫人对此产生了浓厚的兴趣。她和丈夫开始利用废矿石、灰渣等原料分离提纯能够产生放射线的物质。1898 年，她从矿石中分离出一种新的放射性元素，她带着成功的喜悦和对灾难深重的祖国的热爱，把这种元素命名为“钋”（Polonium）。在这以后，居里夫妇开始以沥青铀矿的废渣作为原料提纯另一种放射性物质。他们用手推车把廉价购买的 8 吨矿渣运到他们的简易实验室——一个窝棚里，支起一口大锅，用一根铁棍进行搅拌、熬煮、沉淀、分离、提纯、分析。他们整整干了四年，终于在 1902 年的年底，他们得到了 0.1 克极为纯净的氯化镭晶体。这种新发现的物质，其放射性比铀大 150 万倍，居里夫妇把这种新的元素命名为“镭”（Radium）。在提取成功的那个晚上，居里夫妇在四面透风的窝棚里，没有开灯，他们看着实验台上试剂瓶中那么一点点的氯化镭，它释放着淡蓝色的闪烁荧光，他们陶醉了。历经四年，他们为人类找到了镭，镭为他们带来了 1903 年的诺贝尔物理奖。

居里夫人所处的环境是艰难的，生活的困顿、求学的艰难，而研究工作更是如此，实验场地因陋就简，实验设备严重不足，实验经费捉襟见肘。甚至当时有前往居里夫人工作地点的人这样说：“现在一克镭的价格是十万美元，但我们没有想到，镭竟然是从这样的地方被发现的。”尽管如此，居里夫人从求学到科研，始终坚持着自己的信念，以其过人的毅力取得了过人的成就。当然，客观地说，当时的欧洲从整体上已经具备了产生这些发现的条件，天然放射现象已经被发现，放射学已经有所发展，而在化学方面，物质的分离与提纯方面，理论已经在不断完善，技术也已经有了长足的进步，因此当时的情况下，发现钋和镭是具有可能性的，问题是由谁来发现和时间的早晚问题。如果对比一下，在当时的中国，相关的基础理论不仅谈不上发展，甚至可能还没有被接受，所以即使有像居里夫人那样有着坚定毅力的人，也无法取得类似的成就。

同样的，在挤奶姑娘的秘密中，贞纳面对的环境也是艰难的，舆论的压力、同行的杯葛使他的研究困难重重，但是他没有因此而退却，继续坚持自己的研究，最终取得了成功。

(2) 影响创新活动的环境因素

1) 社会传统　社会传统因素包括社会的风俗习惯、价值观念等，它对人们的影响是潜移默化的。

例如，我们中华民族历来重视读书，“万般皆下品，惟有读书高”，社会上对于读书人很尊重，家庭也尽量让后代能够读书。然而，这种读书是为了“修身、齐家、治国、平天下”，因此自春秋以来，读书人的发展要么是作抒情言志的文学家，要么是身居庙堂的政治家，并不重视科学技术的发展。之所以我国的科学技术在很长时间内领先，是因为由于人口众多、生产、生活条件相对艰苦，为了生存而发展起来的。这种实用主义的态度使得我们的科学技术虽然在很长时期内领先，但是因为没有系统的归纳、总结，没有上升到理论的高度，所以失去了发展的后劲和可持续力。

2) 社会需要　社会需要对创新活动的影响是显而易见的。一般来说，在社会动荡、民心思变的时期，人们往往关心的是自己的生存和安全，所以不可能形成较大规模的创新浪潮。在战争时期，出于维持战争机器的强大，军事领域往往在政府主导下出现不少创新成果。在和平时期，创新的欲望往往会被激发出来，因为生活安定，人们对生产、工作、生活质量的要求不断提高，因而创新活动会在各个领域开展起来。

3) 学术氛围　创新是创造前所未有的新事物，那么必然会与已有的思维方式、传统的观念、已有的利益获得者有所不同，甚至是冲突，即便是没有冲突，新的观点和新的产品也要经过一段时间为公众所了解。如果，在这个过程中，新的观点或产品的研究不能够为大家所知，不能在宽松的氛围中深入全面地讨论，那么新的观点或产品很可能无法产生，得不到推广，胎死腹中。欧洲中世纪的黑暗、我国漫长的封建社会对新观念、新事物的压制所造成的负面影响值得我们思考。

4) 教育环境　前面我们曾论述过，对既有知识和技术的掌握是创新的重要条件。如果没有知识和技术的普及，创新永远是少数人的阳春白雪，甚至成为少数学术精英进行学术垄断，为自己牟利的借口。所以，任何一个社会要想充满活力地发展，就必须发展教育事业。

学校教育是教育事业的最重要的组成部分。学校教育不仅仅是传授知识，更要承担起培养能力的责任。过去，我们的学校教育总是着眼于课程知识的传授，忽视了能力的培养，造成学生的知识面狭窄，实际操作能力匮乏，也就是我们经常描述的“高分低能”、“眼高手低”，而且繁重的课业压力导致学生身体和心理出现问题。当前，我们的教育者意识到了这一点，开始不遗余力地推行素质教育，本着拓展知识覆盖面，提高实际操作能力，培育健全的身心素质的原则，大刀阔斧地改革教育体系，收到了良好的效果。例如，我国每年进行的大学生“挑战杯”大赛，内容涵盖论文、课外科技作品、创业方案大赛等内容，从不同的方面引导大学生根据自己的特长施展才华，诞生了不少大学生科技之星，其中不少同学的作品已经进入市场，实现了商业价值。在学校教育中，教师要引导学生进行发散思维的培养，而不能采用“标准题目＋标准答案”的形式。这种形式虽然表面上能够“短平快”地促进学生精准地掌握知识，但是这也剥夺了学生自主思考、自主分辨的机会。如果能够提供更为宽松和自由的教育环境、采用活泼多样的教育形式，让同学们通过自己的思考和比较来得出正确的结论，那么学生不仅会更牢固的掌握知识，而且也培养了他们提出问题、分析问题、解决问题的能力。我国春秋时期的教育家孔子就提出：“学而不思则罔，思而不学则殆”，诚哉斯言！

家庭教育是一个人接受教育的出发点。根据研究，儿童学龄前阶段所处的环境对儿童大脑和神经系统的发展至关重要，家庭及周围环境对儿童来说都是新奇的刺激，容易引起神经系统较高的兴奋水平。在这一时期，儿童不仅身体在成长，其心智也在发展，家庭的政治经济地位、家长的修养、教育观念、教育水平和教育方法乃至家长的言谈举止都会潜移默化地对儿童产生不可磨灭的影响。我国有句老话：“三岁看大，七岁看老”，虽然有些夸张，但在一定程度上说明了家庭教育的重要；而历史上“孟母三迁”的故事也说明家庭和周边环境对儿童成长的重要影响。一般而言，家庭环境大致划分为专制型、民主型、放任型，专制型和放任型往往会给儿童的心理造成负面影响，要么是儿童变得沉默寡言、胆小怕事、谨小慎微；要么造成儿童固执骄傲、没有吃苦耐劳的精神。民主型家庭环境则有利于儿童创新思维和能力的培养。

一个社会只有从高层到底层，从宏观到微观都形成了鼓励创新、欣赏创新、崇尚创新的风气，创新才能蓬勃地发展起来，并形成良性循环。

（3）优化创新环境　既然环境对创新活动有如此大的影响，那么为了促使整个社会创新蔚然成风就要想方设法营造良好的创新环境。虽然在事物的发展中内因起主要作用，外因起次要作用，但是这个问题要辩证地来看待。

对于个人而言，其自身的综合素质和意志品质是内因，环境是外因，这时如果个人有足够的能力克服环境的不足，那么其创新活动就能够成功；但是如果个人的力量无法抵御外部环境的压力，那么创新活动就无法进行，从这个角度讲，优化环境能够减少个人创新活动的阻力，使创新活动更加顺利，所以外部环境的优化非常重要。

如果我们把视野扩展到整个社会的层面，考察一个社会的创新活力的话，环境就成为社会的一部分，也就是内因的一部分了，这使环境因素成为影响创新活动的重要甚至是决定性的因素。因为如果一个社会的技术环境、价值判断环境不利于创新活动的话，那么大量的创新活动将无法展开，也就不可能大量地产生创新成果。

优化创新环境从家庭环境、教育环境、学术环境到技术环境、舆论环境等都要进行。一个社会只有从高层到底层，从宏观到微观都形成了鼓励创新、欣赏创新、崇尚创新的风气，创新才能蓬勃地发展起来，并形成良性循环。

第二章　手指上的蛛网
——影响创新的思维定势

我们都生活在一定的领域之中，这种领域可能是地理上的某个区域，可能是工作上的某个行业，也可能是思维上的某种习惯。就像蜘蛛，编织一张或大或小的网，自己坐在网的中央，捕食撞上门来的猎物。蜘蛛的生活就局限在这一张网中。或许这并没有什么不好，但是日复一日、年复一年，蜘蛛的事业和生活方式总是一成不变。

如果我们人类也如同蜘蛛一般，给自己的手指套上蛛网，那么创新的金手指就消失了，被局限的手指只能做重复的劳动。头脑也是一样，旧的思维定势也如同蛛网一样禁锢着我们的头脑，阻碍着它迸发创造的火花。在这一章，我们就来看看禁锢手指和头脑的“蛛网”有哪些。

第一节　不仅仅是血泵——习惯性思维定势

自从西方解剖学开始发展，心脏的功能就已经逐步被人们所认识；特别是血液循环理论逐渐完善以后，心脏的功能就被比喻成一个"血泵"，这个似乎永不疲倦的血泵，不断地把血液压向全身，去往肺部的血液携带着身体各个细胞排放出来的二氧化碳废气，在肺部排出，并把新鲜的氧气带上回到心脏，心脏再把这携带着新鲜氧气的血液再压往全身，为所有工作着的细胞带去生命的元素。正因为如此，心脏在我们普通人眼中成为了生命的象征，有力的心跳使人感到安慰，而微弱的心跳则令人不安，当心脏停止跳动时，意味着一个鲜活的生命离开了这个世界。可是这个已经成为习惯的观点后来被认为是不怎么完善的，因为有人发现，心脏除了不知疲倦的搏动以外，还有一个很重要的功能，那就是内分泌功能。

心脏能够分泌一种具有利钠、利尿、舒张血管和抗细胞增殖效应的多肽，这种多肽被称为心房钠尿肽（ANP），是 1981 年由伯尔德（de Bold AJ）等人发现的。他们通过对大鼠的实验表明，ANP 具有利尿和降血压的作用，可是我们一直把心脏当作一个机械般的血泵，从来没有意识到心脏还有内分泌的作用，而且分泌出来的物质具有利尿和降血压的作用，对现在的很多慢性疾病都有重要的意义。

科学家们已经在 1984 年就证实了 ANP 的结构，现在这种物质已经与类似的脑钠尿肽（BNP）、C－型钠尿肽（CNP）一起成为一些生物技术公司的常规业务，在动物实验中，人们进一步挖掘它们的作用及机制，在临床上也已经重视它们的意义。这就是突破了习惯性思维的一个实例。

我们再来讲一个学术味道并不浓的故事，说一说习惯性思维定势对人的影响吧。美国著名科幻作家艾萨克·阿西莫夫（Isaac Asimov，1920～1992）一生高产，著述颇丰，作品竟达到 500 部之多，早已远远超过了"著作等身"的地步。

这样一位成就非凡的科普、科幻作家，并非浪得虚名。他从小就聪明，年轻时多次参加"智商测试"，得分总在 160 左右，属于"天赋极高者"之列，他一直为此而洋洋得意。然而，聪明人也有"不聪明"的时候。

有一次，他遇到一位汽车修理工，是他的老熟人。修理工对阿西莫夫说："嗨，博士！我来考考你的智力，出一道思考题，看你能不能回答正确。"

阿西莫夫点头同意。修理工便开始说思考题："有一位既聋又哑的人，想买几根钉子，来到五金商店，对售货员做了这样一个手势：左手两个指头立在柜台上，右手握成拳头做出敲击的样子。售货员见状，先给他拿来一把锤子；聋哑人摇摇头，指了指立着的那两根指头。于是售货员就明白了，聋哑人想买的是钉子。聋哑人买好钉子，刚走出商店，接着进来一位盲人。这位盲人想买一把剪刀，请问：盲人将会怎样做？”

阿西莫夫顺口答道：“盲人肯定会这样。”说着，伸出示指和中指，做出剪刀的形状。

汽车修理工一听笑了：“哈哈，你答错了吧！盲人想买剪刀，只需要开口说‘我买剪刀’就行了，他干吗要做手势呀？”

智商160的阿西莫夫，这时不得不承认自己确实是个“笨蛋”。而那位汽车修理工人却得理不饶人，用教训的口吻说：“在考你之前，我就料定你肯定要答错，因为，你所受的教育太多了，不可能很聪明。”

其实，这个问题回答正确与否与读多少书没有太大的关系。只是由于修车工人用大篇幅的语言叙述了聋哑人买钉子的各种细节，从而暗示了肢体语言对意思表达的重要作用，而作为倾听者和被考者的阿西莫夫而言，在不知不觉之中受到了这种暗示，在当时的情境下形成了思维定势。所以，当修车工人没有任何过渡、用简洁的语言提问：“盲人将会怎样做？”时，思维定势理所当然的占据了阿西莫夫的思考空间，他按照肢体语言的思路提出了自己的答案，可是这个答案却并不明智。

从这个例子中，我们可以知道思维定势是指在过去经验的影响下心理处于一种准备状态，从而对于待观察或解决的问题带有一定的倾向性、专注性和趋向性。

思维定势是心理定势在思维上的反映。这种心理现象最早是由德国心理学家缪勒（Muller Johnnes，1801～1858）和舒曼（Schumann）于1889年提出来的，心理定势是其中的一种。它指由先前的心理活动和实践经验所形成的准备状态，决定着同类后续活动的趋势，表现为在解决问题过程中作特定方式的加工准备。缪勒曾经通过大量的实验证明心理定势的存在。其中一个实验是这样的：让一个人连续10～15次手里拿两个重量完全相同的球，然后再让他拿两个重量有差别的球，他也会感知为完全相等；如果这个人在前面拿的都是重量不同的球，然后再给他拿重量相等的球，那么他会感知为重量不等的两个球。

如果我们反复思考同类或类似问题，那么就会形成定型化的习惯思维模式，它会使人以比较固定的方式去进行认知或做出行为反应。在长期的思维时间中，每个人都形成了自己所惯用的、程式化的思考模式，当面临外界事物或现实问题的时候，我们会毫不犹豫地把它们纳入到特定的思维空框架之中，并沿着既有的特定思维路径对它们进行思考和处理。

习惯思维定势并非一文不名，实际上，我们在日常生活中大量地依赖思维定势。因为我们在日常生活中经常会遇到似曾相识的问题，而运用习惯思维定势进行思考同类或类似问题时，能节省许多摸索和试探的步骤，少走甚至不走弯路，这样就可以缩短思考时间、减少精力的耗费，还可以提高思考的质量和成功率。我们平时称之为专家的人，他们很多都是在各自的领域中学习、实践过很多的尝试，解决过很多的问题，积累了丰富的经验，形成了数量庞大的习惯定势思维，因此，当他们遇到一些本专业领域的问题时，往往很快就能够找到解决问题的有效办法。当然，如果碰到的是全新的、还没有积累定势思维的问题，那么就需要比较新的思路，但这时已有的定势思维并非没有用处，这些定势思维会起到重要的参考和借鉴作用。

然而，习惯思维定势用在创新上就会起阻碍作用了。我们先来看看爱迪生的故事。

爱迪生（Thomas Alva Edison，1847～1931）没有接受过系统的教育。他年轻时，曾经与普林斯顿大学数学系的高材生阿普顿一起工作。阿普顿（Appleton）觉得自己在名校获得了学位，看不起卖报出身、没有受过正规教育的爱迪生。一次，爱迪生拿出一支梨形的玻璃灯泡，请阿普顿计算一下容积。作为数学系的高材生，阿普顿并不在意，他拿出尺子，量了又量，依照灯泡的式样列出一道道算式，数字、符号一大堆，他写得认真、算得仔细，一个多钟头还没有算出来。爱迪生劝他说：“不用那么费事，还是换个别的方法算一算吧。”固执的阿普顿仍然坚持说：“不用换，等一会儿我就能得到答案。”半个小时后，阿普顿得出了结果，开始验算自己的结论了。爱迪生有点不耐烦了，他拿过灯泡，倒满了水交给阿普顿说：“去，把这些水倒进量杯……”阿普顿一下子明白了爱迪生运用的是既简单又准确的方法，在这件事上，高材生败给了卖报童。

还有一个类似的故事。一位县太爷看着自己管辖的县的地图思考着，自己管辖的地界究竟有多大呢？于是就让手下人去量，手下人找了不少人走乡串村去丈量土地，统计土地面积，忙得不亦乐乎，可是迟迟出不来结果。这事被一位木匠知道了，他找到县太爷说，他有简单的方法可以得到土地的面积。他以县太爷看的那幅地图做样子，用一寸厚的木头做了一幅木头地图，然后把木头地图放进盛满水的盆里，把溢出的水收集起来，用斗量了一下水的体积，然后除以木头地图的厚度，就算出了地图的面积，然后根据地图的比例尺就计算出了这个县的面积。

这两个故事虽然精巧程度不太一样，但是的确有异曲同工之处。我们日常生活中，遇到长度、面积、体积、容积等问题时，第一反应往往是测量原始数据，然后利用数学公式进行运算，这就是我们日常的思维定势。可是面对一些特殊的问题，往往灵活地变通一下，过程会大大地简化，结果会更加准确。这就是突破习惯思维定势的作用。

一个人面对难题要敢于打破习惯思维定势，突破常规思维习惯的束缚，迅速求得常规思维所不能得到的解决问题的方法。

创新是人类社会发展的客观要求，因此打破习惯思维定势也就是理所当然的。然而要想摆脱和突破一种思维定势往往要付出极大的努力。当创新思考开始的时候、当处在创新活动的某个过程中的时候，如果我们遇到障碍、陷入某种困境之时，我们有必要认真审视一下：我们是否被某种思维定势禁锢住了？如果真是这样，就应该放宽眼界和思路，突破已有的习惯思维定势。

第二节　失败的结核菌苗——权威思维定势

有人群的地方总会有权威，权威是任何时代、任何社会都实际存在的现象，人们对权威普遍怀有尊崇之情。一般来说，权威有利于指导人们向着正确的方向去努力，带领人们披荆斩棘向着未来前进。但有的时候，权威并非事事正确，如果完全地服从于权威会导致错误的结果。

罗伯特·科赫（Robert Koch，1843～1910）是德国的一位细菌学家，他在1873年至1882年之间发现了炭疽杆菌、伤寒杆菌、结核分枝杆菌、霍乱弧菌结膜炎嗜血杆菌等许多传染病菌。科赫发现这些病菌是由于他发明的正确的观察方法——细菌的固体培养技术、细菌染色法以及显微照相等方法。

在当时的社会，肺结核是一种可怕的疾病，有少数病情较轻的病人通过疗养可以侥幸捡回一条命，可大部分病人在痛苦而剧烈的咳嗽中死去，而医生往往对此无能为力。1880年，罗伯特·科赫来到柏林，成为国家卫生局的一位职员，在那里，他利用自己的显微照像技术和微生物分离技术开始了对肺结核病的研究。1881年8月，科赫开始对肺结核杆菌进行分离，通过各种染色方法，他才确切地证明了在感染的肺部组织中的确有细菌存在，而他在实验室中培养了这种细菌后，用这种细菌感染健康的豚鼠，使之染上肺结核病。于是，他得出结论，肺结核病是由于结核杆菌侵染了肺部组织而导致的，并且患者的痰中也含有这种致病菌，所以能够把肺结核病传染给别人。

1882年科赫把他的研究成果发表了，引起了巨大的轰动。科赫没有就此止步，他决定找到可以预防结核病的疫苗。科赫采用了巴斯德发明的制备疫苗的方法，通过培养结核杆菌，他得到了结核菌素，于是他按照传统的思路宣布，结核菌素可以作为疫苗抑制结核杆菌。可遗憾的是，他的结核病疫苗在实际应用中完全没有作用，许多医生用结核菌素治疗结核病，使病人遭到贻误，一时反对意见骤起。后来，细菌学家卡尔梅特（A Calmette，1863～1933）和他的搭档介兰利用牛胆汁培养出了毒性减弱了的牛结核杆菌，把这种杆菌注射给新生儿就可以有效地预防结核病的发生，这就是卡介苗。卡介苗的发明极大地降低了结核病的发病率。

“结核事件”给科赫的声誉带来了很大的负面影响。尽管如此，科赫还是因为发现了结核病菌而于1905年获得了诺贝尔生理学或医学奖。科赫从发现结核病菌到获奖等了23年。在当时，几乎所有人都承认科赫获得诺贝尔奖是实至名归，但是不应该以发现结核杆菌而作为获奖理由。因为，尽管发现结核杆菌的确是一项重要的基础发现，为后来卡介苗的制备打下了坚实的基础，但毕竟在结核疫苗的制备上走了弯路。可是科赫一生中有多方面的成就，1876年，他找到了炭疽病的病因；1882 年，他发现了结核分枝杆菌；1884 年，他发现了霍乱弧菌；1896 年，他在南非战胜了口蹄疫；1898 年在意大利为防止儿童疟疾而努力工作。他还创立了培养、染色、观察、确认细菌等现代细菌学的方法和原则，为后人提供了正确、科学的方法论原则，为人类有效地战胜更多的传染病指明了道路，像麻风、白喉、破伤风、肺炎、脑膜炎、痢疾、回归热等传染病的病因都是利用了科赫的方法而找到的，所以他在细菌学研究方法上的贡献远远比他发现的各类病菌要重要得多。所以，科赫得到诺贝尔奖肯定是正确的，但很多人认为评审委员会以结核病的研究作为获奖理由是不妥当的。

我们可以看到，罗伯特·科赫无疑是一位天才，但是他在肺结核菌苗的制备上还是没有跳出权威思维的窠臼，遭遇了挫折。如果科赫在当时能够突破权威的束缚，或许就能够避免结核事件的发生，其获奖时间也许会大大提前。但科赫仍然是一位大师，虽然在这里如此评价他很有些后见之明的嫌疑，但我们仍能从中得到一些教训。

接下来，我们来说说突破权威的例子。在科学史上，能够敢于理性地突破权威的人往往都是大师。人类历史上，很多大师级的人物宛若璀璨的群星，感动和指引着人类不断前进、奔向更美好的生活。然而，尽管我们对这些大师心怀尊崇，这并不意味着这些大师所有的理论和观点都是正确的。事实上，他们为我们津津乐道的不光是他们的理论和观点，更重要的是他们勇于突破的精神。我们来举个物理学方面的例子。

我们从教科书上曾经结识过两位伟大的智者——亚里士多德与伽利略。在落体运动法则问题上，在力与运动的关系问题上，这两位时隔两千年的学者的观点曾有过交锋，并留下一段脍炙人口的佳话。在十六世纪以前，亚里士多德（Aristotle，前 384 ~ 前 322）在物理学界享有至高无上的威望，致使人们的思维、观察和知识都紧紧束缚在亚氏所写下的那些东西上。他使人们相信地球是宇宙的中心；轻物体的自然运动是向上的；重物体的自然运动是向下的，越重的物体下落越快；天体物质的自然运动则是围绕宇宙中心旋转的。这些自然运动无需外力作用。非自然运动的那些物体都是由于有外力迫使。力是维持物体非自然运动的原因；马车沿着马路行驶当然得由马来拉动；当推物体的力不再去推该物体，原本运动着的物体自然便停下来……，亚里士多德的观点与最简单的经验事实那么吻合、与人们对事物的理解程度那么相符，所以曾一代一代地被奉若神明，视作人类知识的权威保持了千百年，大自然的真谛隐匿在黑夜中，谬误使人们困惑、迷茫。人类在混沌中摸索……

伽利略（Galileo Galilei，1564～1642）伟大的工作，从根本上改变了人们关于运动问题的概念，使物理学进入了新时期。伽利略运用科学的研究方法，在几十年时间里研究落体运动，研究力与运动的关系，得出了与亚里士多德截然不同的结论，现在我们知道，任何物体总保持静止或匀速直线运动状态不变，直至有外力迫使物体改变这种状态为止，匀速直线运动或静止才是物体的自然运动状态，力则是导致物体改变自然运动状态的原因；自由下落的物体"下落速度与下落时间成正比"。伽利略是划时代的物理学家，正如爱因斯坦所言，伽利略的发现以及他所应用的科学的推理方法是人类思想史上最伟大的成就之一，而且标志着物理学的真正开端。

物理教科书上，亚里士多德给人们留下的形象似乎不那么睿智、老是出错，老是作出一些轻率的结论，以至于觉得亚氏实在太不高明而伽利略则比他伟大百倍。事实上，亚里士多德是古代一位伟大的学者，一位百科全书式的大学问家，他有着成就事业的理性方法，又有几乎无所不及的思想成果，他在哲学、逻辑学方面的成就至今还被应用着，不过他在物理学中的确是错误百出并且他的谬误一直流传下去，整整贻误物理学二十个世纪。亚里士多德的悲哀不在于头脑也不全在于时代，而在于研究方法不当。亚里士多德的物理研究方法有什么特点呢？或许可以用"观察加直觉"来概括，亚里士多德观察了众多的自然现象：火焰向上窜，石头往下落、马车要马拉着跑、尖厉的声音传得远……，于是便依赖于直觉推理得出一系列直觉结论。固然，观察与直觉对物理研究是至关重要的。详实的观察与良好的直觉往往导致伟大的发现，观察使人脑累积事物的形象，形成一种潜知，直觉的想象、鉴别与启发便是这种潜知的信息外传。阿基米德巧解王冠之谜发现的浮力规律、牛顿由落地苹果而及月亮乃至天地万物间的引力，即使亚里士多德本人也曾从观察月食现象而正确判断地球是圆球形的。然而，物理学更是一门以实验为基础的科学，所以根据直接观察所得出的直觉的结论不总是可靠的，它们有时会将人们引入歧途。将“观察加直觉”作为物理研究的基本方法，正是亚里士多德物理学失败的原因之一。

伽利略是第一位创造通过实验检验理论推导的科学研究方法的科学家。他崇尚“实验加推理”，他拒绝听信任何未经实验的科学思想，哪怕是来自于教堂或权威。伽利略用尽毕生的精力探索落体运动的规律，他首先通过落体佯谬的思想实验，否定亚里士多德的重物下落快的结论。通过观察棉花、羽毛等在空气中落下，伽利略曾经提出过落体速度与密度成正比例的法则，然而通过科学的推理，使伽利略认识了虽然不易察觉但的确存在的空气阻力，从而发现自己最初的发现中存在着错误，并猜想到在没有空气阻力的情况下，一切物体都在同样地增加着速度，为了建立真正的落体法则，伽利略仔细地实验研究了摆的运动和小球在斜面上的运动，严格地定义了匀变速运动；设计出精密的时间测量方法；尽量地消除各种阻力的影响；运用数学工具；……最终找到了物体下落速度与下落时间成正比的正确法则。比萨斜塔上下落的铁球，证明了伽利略的正确。伽利略的贡献不只是建立了一个新的法则，而且将物理学研究推向正确的轨道。从此开始了物理学的突飞猛进。

在伽利略时代，亚里士多德是绝对的权威，他的观点也被视为理所当然。伽利略打破了这个权威，开启了新的时代。其实，有人类社会的地方就有权威，权威是任何时代、任何社会都存在的现象。如果说伽利略打破了亚里士多德的权威，那么伽利略也为下一位权威的出现奠定了基础，他就是牛顿，牛顿之后又出现了麦克斯韦、爱因斯坦等等在物理学界举足轻重的权威。

权威的重要“功能”之一就是他们的言论被不断地引用，用来证明别人的观点，而人们对于权威的言论往往确信不疑，如果发现了与权威相违背的观点或理论，便想当然地认为其必错无疑，并大加挞伐。这就是权威思维定势。甚至有的时候权威不必做什么，他的光环就可以带来非凡的效果。

《战国策》中曾记载着这样一个故事。有一个卖马的人，找到一匹骏马，打算把马卖出去，然而等待了三天也无人问津，大家根本不相信那是一匹骏马。卖马人很着急，就找到著名的相马师伯乐，请他帮忙。卖马人对伯乐说：“我有一匹骏马，想要卖掉，可是连着三天都没有卖出去，连问都没有人问。请先生能够在集市上当着大家的面围着我的马看一下，离开的时候回头看一眼，这样我就愿意付给您一天的费用。”伯乐就照着卖马人的话去做了，马果然卖了个好价钱。

在这个故事中，集市上的伯乐未发一语，并没有为卖马人的那匹马作宣传，夸耀那匹马多么多么得好。他只是转了转、看了看，这就引起了大家的注意，并且认为伯乐看的那匹马一定具有非凡的品质，于是价格就涨了上去。实际上，马还是那匹马，只是经过了伯乐这个权威光环的照射，马也变得熠熠生辉。卖马人实际上就是利用了权威的光环和人们对权威的信任与尊崇，使自己的马能够高价卖掉。

实际上，尽管现代社会资讯发达，信息透明度也在不断增加，人们的知识水平和认识能力也在不断地提高，但是仍有很多或真或假的“权威”在影响着人们。比较明显的就是在股票市场上，一些“权威”的股票分析员不断地向大家推荐绩优股、蓝筹股等，但是中间有多少真正地让投资者得到了分析员们所吹嘘的回报呢？尽管如此，被利润需求的欲望烧红了眼睛的人们，特别是很多中小投资者，却仍然对这些所谓“权威”分析员们深信不疑，按照他们的推荐把自己的血汗钱投入到那些股票中。后果当然是分析员解套，小股民套牢而有人欢喜有人忧了。

权威的产生是由于每个人受时间、精力、客观条件等等限制，不可能做到“无不知、百行通”，通常只能在一个或几个专业领域内拥有精深的知识和娴熟的操作技能，对于这些领域以外的知识则知之甚少，特别是近代科学技术快速发展以后，百科全书式的大师不会出现也不可能出现。于是，由于人们专业领域的限制，专家、权威就成为这个世界上不可缺少的。因为要完成某项工作，必须要借助内行人、权威的意见和力量。而同样由于专业知识的限制，当专家、权威提出意见或见解时，非专业人士往往无法提出反驳意见，只能接受。所以权威的积极意义在于：权威的存在使得我们不必掌握所有的知识和能力，可以为我们节省时间和精力，可以使我们能够就某一领域进行深入、透彻地钻研，这种分工有利于提高效率。另外，权威的存在可以使拥有知识和技术的人通过“教育”这种方法以较快的速度和较高的效率把知识和技术传播开来，从而使我们不必从头开始探索理论。例如，我们没有必要掌握预报天气的方法，如果我们需要知道未来的天气情况，只要看看天气预报就行了，而天气预报是由气象学、气候学等领域的专家做出的，基本是正确而可信的。这就是权威的积极意义。

然而，也有一些权威是刻意制造出来的，这在传统社会尤其如此。权威往往是意识形态化的，例如在欧洲中世纪时期，《圣经》具有至高无上的权威，它是法律律条、是道德准则、是日常行为的准则，甚至有教士观察到太阳表面的黑子，却因为《圣经》中的太阳是圣洁无瑕的天体，所以不相信自己的眼睛。在我们中国，明代以后的统治者把孔子、孟子以及后世儒学大家的言论与观点教条化，并与科举制度紧密结合起来，甚至对文体都提出了具体的要求。这种做法虽然统一了统治集团内部的思想、巩固了皇权，但却对人们的创造力造成了极大的压制，使人们的思想僵化，社会发展停滞不前。

有的时候，权威对于创新活动的影响是正面的。如果某一个领域内的权威进行了创新活动，并产生了有价值的成果，那么这种创新活动容易受到肯定，其成果能够迅速推广，这是对创新的正面作用，这是应该鼓励的；如果一个领域内的非权威人士进行创新活动，并产生了有价值的成果，这种行为和成果得到了权威的肯定，那么同样有利于成果的推广，这也是对创新的正面影响。在历史上，权威孜孜不倦地追求创新或不拘一格提携后辈的例子有很多。

美国芝加哥自然历史博物馆研究员、动物学家卡尔·施密特（Carl Schmitt）是热带爬行动物专家。他下班后一个人在实验室观察一条南美洲毒蛇。蓦地，受惊清醒过来的毒蛇在他手背上咬了一口，这位动物学家赶紧从伤口往外挤血，可已经迟了，他开始感到头昏和不断恶心，想打电话到救护站，偏偏电话出现了故障。他知道自己性命不保，就干脆坐在桌子旁，记录自己垂死时的感受和征兆，作为他最后的“实验报告”，作为第一手资料留给后人。日记的最后几句话是：“血从鼻子和嘴里淌出来，疼痛消失了，软弱无力，我想开始脑充血了。”五个小时后，这位科学的勇士，终因中毒引起脑溢血与世长辞。人们为了纪念他，把那本日记本陈列在博物馆里，供人们永远凭吊。施密特作为一名科学工作者，在生命的最后关头，从容面对死亡，他没有惊恐，没有埋怨，而是尽了一位科学工作者可贵的职责，把珍贵的资料留给了后人。

16世纪丹麦著名天文学家第谷（Tycho Brahe，1510～1601）的一生在天文观测方面所取得的成果，为近代天文学的发展奠定了坚实的基础。第谷的最重要发现是1572年11月11日观测了仙后座的新星爆发。前后16个月的详细观察和记载，取得了惊人的结果，彻底动摇了亚里士多德的天体不变的学说，开辟了天文学发展的新领域。第谷是一位杰出的观测家，但他的宇宙观却是错误的。第谷本人坚持“地心说”观点，不接受任何地动的思想：他认为所有行星都绕太阳运动，而太阳率领众行星绕地球运动。他的体系是属于地心说的。所以，在当时第谷虽然是天文学界的权威，但是他却因自己宇宙观的局限而未能发现行星运动定律。然而，从另外一个角度来说，第谷一生最大的天文学贡献就是发现了开普勒（Johannes Kepler，1571～1630）。第谷在临终前将自己多年积累的天文观测资料全部交给了开普勒，再三叮嘱开普勒要继续他的工作，并将观察结果出版出来。开普勒接过了第谷尚未完成的研究工作。后来，开普勒在伽利略的影响下，通过对行星运动进行深入的研究，抛弃了柏拉图和毕达哥拉斯的学说，逐步走上真理和科学的轨道。

有的时候，权威对于创新活动的影响则是负面的。某一领域的权威在自己丧失创新能力后，不仅自己不再继续在自己的学术道路上前进，还要阻碍其他人，特别是后辈进行创造活动。

1799年，意大利物理学家伏特（A. Volta，1745～1827）发明了电池以后，化学家戴维（Davy，1778～1829）、法拉第（Faraday，1791～1867）、格罗特斯（Grotthuss，1785～1822）、希托夫（Hittorf，1824～1914）、拉乌尔（Raoult，1830～1901）和克劳胥斯（Clausius，1822～1888）等人就陆续开展了电化学和溶液理论的研究，并取得了不少重要成果。但是，对于溶液中电解质性质的认识，主导的看法却仍然是认为只有在外界电流的作用下电解质才可能离解为带电的离子，而如果没有外界电流的情况下，溶液本身是不会离解的。这样就未能揭示出电解质溶液的本质，阻碍了化学的发展。

1882年，年仅23岁的青年学者阿伦纽斯（Arrhenius，1859～1927），在前人成果的基础上进行了溶液导电性的研究。他在实验中发现，氨气本身虽然并不导电，然而其水溶液却可导电，而且溶液越稀，导电性越强。1883年，他对这一现象进行了深入的理论分析。他认识到，要想得到解释，就必须打破流行的传统观念，假定溶液中的电解质在无外界电流的作用下，就可以存在两种形态，即非活性（分子）态和活性（离子）态。当溶液稀释时就可以使前者更多地转化为后者，从而使导电度增强。他并依此撰写出科学论文，准备进行博士学位的答辩。1884 年，他在此基础上发表了题为《电解质的导电性研究》的论文，公开提出了电离学说。

不久，新学说就进一步得到了许多科学实验的证实。1886 年，著名德国化学家奥斯特瓦尔德（Ostwald，1853～1932）在研究酸的催化作用中发现，酯的水解速度和蔗糖的转化速度，都取决于酸解离后生成的氢离子的浓度，证实了酸发生了电离。同年，著名荷兰化学家范霍夫（van't Hoff）在研究电解质溶液的渗透压时发现，渗透压的高低不仅取决于温度，而且取决于溶液中溶质的微粒数目的多少，因此，当温度一定时，渗透压的增高就意味着微粒数目的增多，是电解质电离成更多离子的证明。此外，阿伦纽斯又从溶液的导电率、渗透压和冰点降低等不同侧面也得到了类似的结论。这说明此类不同侧面的现象原来都是同一的电离过程的种种表现。这样，电离学说就从一个科学假说提升为一个精密的定量的科学理论。对此，阿伦纽斯在 1887 年又发表了题为《关于溶质在水中的离解》的论文，其中引用了更为精确的实验结果，并以“电离”和“电离度”等明确的概念代替了“活化”和“活化系数”等不大明确的概念，对电离学说进行了比较全面、系统和深入地阐述和论证。

至此，一个具有科学创见的新学说终于形成了。

阿伦纽斯学说用崭新的思想揭示了电解质溶液的本性，与当时流行的权威理论不一致，这使它从一问世起就遭到了以一些化学权威为代表的传统偏见势力的发难。

1883 年，阿伦纽斯把新学说的思想汇报给了母校瑞典乌普萨拉大学的克列维（Cleve，1840～1905）教授。这位化学家曾因发现钬（Ho）等稀土元素而闻名于世，同时在地质学和植物学的研究上也有很高造诣。阿伦纽斯热切期望能得到他的支持和帮助。然而没有想到他在听了以后，却毫不掩饰地大加嘲讽说，阿伦纽斯的想法“纯粹是胡说八道”，是把“鼻子伸进不该去的地方”了。阿伦纽斯后来回忆说：“这让我明白，要他再细听这种滑稽可笑的议论，就要降低他的身价了”。

1884 年，阿伦纽斯在乌普萨拉大学博士学位答辩会上宣读了论文后，教授们“个个怒不可遏”，觉得难以容忍这种“荒谬绝伦”的想法，认为“纯粹是空想”。克列维说，“我不能想象，比如，氯化钾怎么会在水中分解为离子。钾在溶液中能独立存在吗？任何一个小学生都知道，钾遇水就产生强烈反应，同时形成氢氧化钾和氢气；氯的水溶液是淡绿色的，又有剧毒。可是氯化钾的水溶液却是无色的，完全无毒。”他们认为，这些事实似乎就充分“证明”电离学说是一种“无稽之谈”了。新学说在乌普萨拉大学遭到了几乎所有化学家和物理学家的冷遇。然而实际上正是这些专家们自己未能分清原子和离子的本质区别而犯了错误。

对电离学说的责难并不止此。当阿伦纽斯的论文公开发表以后，就遭致了更大规模和更加猛烈的攻击。英、德、法、俄等许多国家的化学家，其中包括一些在声望上远远超过克列维教授的著名化学家，都群起而攻之，形成了一条国际化学界的反对阵线。为首的就是大名鼎鼎的、以发现元素周期律而享有极高盛誉的俄国化学家门捷列夫，此外还有以研究溶液理论著称的英国化学家阿姆斯特朗（Armstrong，1848～1837），以发明溶液渗透膜闻名的法国化学家特劳贝（Traube，1826～1894），以研究溶液电动现象受到德国人民尊敬的德国化学家魏德曼（Wiedemann），以建立“溶液蒸汽张力”定律知名的俄国化学家柯诺瓦洛夫（KohobaЛob，1856～1929），以及化学家皮克林（Pikering）和别凯托夫（БeKetob）等等。

如果科学权威利用自己的学术权威和影响力进行伪创新的活动，则会造成更坏的影响。

学术权威的伪创新行为带来的伤害包括资源的浪费、包括感情的伤害、包括风气的败坏，其破坏力远比诈骗财物等欺诈行为来得更可怕，后果更严重。

面对权威，一方面要对其以往取得的成果尊重，另一方面也要进行一些思考，例如，权威都是一时的，没有一世的权威；权威是某一特定领域的权威，而非所有领域的权威；权威是借助外力树立起来的权威等等。另外，还要从利益的角度来思量，看看自己的创新成果是否会伤害权威的利益，如果会伤害的话，那么若权威对成果进行质疑，很可能不是客观、中立的，而是戴上了有色眼镜。

我们之所以用如此大的篇幅来讲述权威思维定势，是因为权威在我们的社会中居于重要地位。实际上，在政治、经济、文艺、教育、科技、体育、卫生等等社会各个领域都存在着位高权重、甚至一言九鼎的权威，或者精英集团。不客气地说，这些人实际上在领域内居于垄断地位。如果这些权威有宽容的胸怀，允许、鼓励甚至帮助领域内的其他人进行创新，自己也不遗余力地在创新上进行努力，那么这个领域就能以勃勃的生机向前发展；相反，如果这些权威和精英安于现状、裹足不前，而其他人又盲目的迷信权威，那么这个领域就会逐渐衰落，丧失活力。

第三节　“杀人”的名医——从众思维定势

医生杀人？这从何说起呢？其实，不必着急，这并不意味着“杀人的是名医”或者“名医要杀人”，而是一位名叫“范文甫”的宁波名医所说的一句话：“不杀人不足为名医”。当然，这话不能单纯地从字面上来理解，而是应该理解为，不善用峻烈药者，不足以成名医。既然这话从范氏口中说出，那么他自然是此话的实践者了。

我们知道，无论中药还是西药，“是药三分毒”，完全无毒性的药物是没有的。所以，药物的用量是非常重要的。一般来说，药物的使用需要慎重，否则就会产生相反的效果。固然有人说：“大病须用大药”、“疾病重症，非大剂无以拯其危”、“唯能用毒药者，方为良医”等，但在实际中敢下猛药的人并不多，因为急重病人，他的身体状况比较虚弱，能否经受住大剂量或剧毒药品的刺激很难说，所以，很多医生一般而言比较保守，轻易不敢下猛药。由于很少使用猛药或毒药，使得对这类药品的药性和治疗效力熟悉的人就越发的不足，于是也就越发的不敢使用了。

我们回到刚才提到的那位宁波名医范文甫。范文甫就是一位以善用猛药而著称的医家。除了“不杀人不足为名医”这句夸张有余的话外，他还说了一句相对比较“理性”的话：“医之运用固防，如将之使用重兵，用药得当其效立见”。范文甫辨证准确，用药果断，比如用越婢汤治风水，麻黄常用至 18 克；治小儿麻疹，麻黄竟用至 24 克；用急救回阳汤，附子常用 45 克，闻者骇然。而且，范氏行医乃南方地热之带，如此大剂量应用麻黄、附子等热药更属非常，连当时的上海名医，同样善用麻黄的徐小圃也为之叹服。

一次，范文甫与徐小圃共同诊治一个两岁的病儿，当时小孩子发热数日，可麻疹还没有发出来，喉中痰声漉漉，咳声破碎，面色青白，闭目不言，四肢发冷，脉浮大而紧。两位大夫都说："这病既重又急，应该用大剂量的麻黄进行治疗。"于是范氏写下了药方，让病人的家人抓药，却不让徐氏知道自己的方子。第二天，患儿已汗出热退，喘息大减，四肢逐渐发出了红疹。徐小圃问："昨晚投麻黄几钱?"范氏曰："一两。"徐氏惊愕："余平生善用重剂麻黄，然未过五钱，君何如是大胆耶?"范氏曰："实告君，麻黄只开八钱。"彼此相视而笑。

所谓峻药，含义大概有三种，一者"大毒之药"，亦称"虎狼药"；二者虽无大毒，但药性偏峻，可称"霸道药"；三者，性虽平和，但若用量特重，则亦可视为峻药。这些药一般的医生是不敢用，或者是非常谨慎地使用的。实际上，对于峻药，如果打破常规，运用得当的话，会得到意想不到的效果。

在我国的传统医学中，并非禁用峻药；凡读医书之人，也并非不了解峻药的功效。然而在了解峻药功效的同时，大家也都了解峻药的危险。在功效与危险之间，很多的医家选择了规避危险、放弃功效，改以保守的治疗方案。我们在这里并非指责这些保守的医家，而是想说明，自我保护是每个人自然而然的反应。医生固然承担着治病救人的职责，但医好与医坏之间的差别就产生在书写药方的那一瞬，所以医生们自然要对峻药的使用慎之又慎。久而久之，不用峻药就成为了一种不成文的规则，如果有人开列了含有峻药的药方，往往还没有来得及接受疗效的检验，就会有很多人提出异议，甚至会导致峻药根本来不及被使用就舍弃了。这就是从众的一种体现，也是大多数人对少数人产生压力的体现。如果能够顶住这种压力，坚持自己的想法，或许会产生不同的结果。

再比如，名医叶天士在向金山寺老僧学医期间，曾遇一病人腹胀如鼓，已是"垂毙之人"，叶天士诊为"虫蛊"，拟用砒霜三分杀虫。老僧说："汝所不及我者，谨慎太过。此方须用砒霜一钱，起死回生，永除病根矣。"叶天士骇然曰："此人患虫蛊，以信石（即砒霜）三分，死其重足矣，多则何人能堪?"僧曰："汝既知虫，可知虫之大小乎？此虫已长二十余寸矣。试以三分，只能使虫昏迷，苏醒后再投药，虫即不收，人必死。”老僧用药一钱，打下二尺长的赤虫，人得获救，永绝后患。

除了上述一些善用猛药的例子，还有一些名医各有所擅之药，甚至因此而有了特殊的绰号，例如“余石膏”、“祝附子”、“陆黄芪”等等。这些能够跳出众多医家保守用药手法的窠臼，能够敢于根据患者的特点下药的大胆手法，不仅医好了患者的病证，也为后人留下了众多可供研究的医案。

人类在长期的生存竞争中产生了很强烈的社会认同感，换句话说，单独的人类个体是很难在自然界生存的，只有依靠群体的力量才能维持种群的存在和发展，而要维持群体的力量，就必然要求群体内的个体保持某种程度的一致性，只有这样，群体才能保持稳定，避免崩溃。当然人与人是不同的——不论是想法还是做法——那么怎样使群体内的个体保持某种程度的一致与稳定呢？一般来说，要么大家服从权威的选择，要么大家服从多数人的选择。久而久之，人们就形成了一种习惯：对权威或多数人的服从，这种服从甚至是不由自主的。对多数人的服从就是“从众定势”。

当今，人们越来越开始追逐自己的个性，特别是年轻人，特立独行者为数不少，那么是不是这些追逐个性的人们就较少受到从众定势的影响了呢？其实并非如此。

大家应该很熟悉这样一首词：“少年不识愁滋味，爱上层楼，爱上层楼，为赋新词强说愁；而今识尽愁滋味，欲说还休，欲说还休，却道天凉好个秋。”其实，“为赋新词强说愁”的状态与现代很多年轻人的心境有异曲同工之处。从对时尚手机的喜好，到对明星的追逐；还有为了支持中意的选秀活动的选手而大发短信，即使票数被清零仍然“矢志不移”等等。其实，这其中多少也有一定的从众定势在里面。

从众思维定势从某种方面来讲是对个体的一种保护，如果一个人的言谈举止与周围多数人格格不入的话，那么将会受到孤立，甚至遭受攻击。在我国有一些古语或谚语来描述这种现象：“木秀于林，风必摧之；堆出于岸，流必湍之；行高于人，众必非之”、“枪打出头鸟”、“出头的椽子先烂”等等。群体对个体的压力迫使个体放弃或掩盖自己的做法或想法，与大家保持一致。然而，这种“随大流”的思维习惯一旦养成，我们往往就会不自觉地甚至是盲目地从众，而并非真的有压力施加在我们的身上。

有这样一个笑话，在早上上班高峰时段，大街上人来车往，忙忙碌碌，这时有个人突然抬起头，望向天空，他周围的几个人看到后，以为天上有什么东西，于是也抬头往上看；这样一来，街上不少人都开始抬头看天，结果造成了交通堵塞。警察来了后找到了始作俑者，原来最开始“仰望苍天”的那个人流鼻血了，他抬头是为了止血。众人哄然而散。

开始的一个并没有特别意义的动作，与他人无任何关系，但是由于从众心理的作用，在上班高峰时期，居然有那么多人盲目地模仿，这不能不说是一个奇怪的现象，可这就是人们的好奇心再加上从众心理的作怪才造成的。事实上，在生活中，“大家都是这么做的”、“别人也这么干”成为了我们做出错误举动、为错误的行为搪塞的理由。

对于创新来说，从众思维定势往往成为阻碍创新的力量。这方面的例子有很多。

燃烧是对人类来说最重要的现象之一，因此人们，特别是化学家历来都很重视物体在火中会发生怎样的变化。对火的观察所得到的最明显的现象是有些物质在燃烧时能产生火焰，有机物质燃烧以后留下了少量灰烬，其重量远比原来的有机物轻，这似乎说明在燃烧时是损耗物质的。于是，化学家开始猜想，在燃烧时是否有某种易燃的元素逃逸了。虽然，与此同时冶金化学家发现了一个与上述现象相反的事实，即金属在加热时变成了较重的粉末——金属灰。但是他们只埋首于实际工作，对这样的理论问题并不感兴趣，也不去深究。

十八世纪初，比较全面地研究燃烧现象的化学家，当推施塔尔。他的老师德国化学家贝歇尔在1669年写的《土质物理》一书中论述了燃烧作用。贝歇尔继承了瑞士炼金士帕拉塞斯（本名：冯·荷赫希姆，Philippus Aureolus Paraselsus，1493～1541）的“三元素说”（认为物质是由盐、硫、汞三种元素按不同比例构成的），他指出，物质之所以千差万别，是由于构成它们的“土”各不相同。他把土分成三类：“油状土”、“玻璃状土”、“流质土”。玻璃状土相当于三元素说中的盐，能使物质具有一定的形态；流质土相当于汞，能使物质致密而具有金属光泽；油状土相当于硫，能使物质易于燃烧。他认为燃烧是分解作用，不能分解的物质是不会燃烧的。虽然贝歇尔并未提出“燃素”这一概念，但是他认为物质燃烧时放出“油状土”，因此，后人认为他是与施塔尔共同创立“燃素学说”的化学家。

贝歇尔的学生施塔尔是一位医生兼化学家。于1660年10月21日生于德国的安斯巴赫，1734年5月4日在柏林逝世。施塔尔于1684年获耶拿大学医学士学位，1687年担任萨克斯－魏马公爵的医生，1694年任哈雷大学医学和化学教授，1716年任柏林普鲁士王的御医。

和贝歇尔的观点一样，施塔尔也认为在物质燃烧时有易燃元素逸出，但施塔尔把这种易燃元素叫做“燃素”，而不称“油状土”。他认为物质燃烧后，放出燃素，燃素随即在空气中消失，所以空气是带走燃素的必需媒介物，燃素是离不开空气的。

燃素学说认为，燃素充塞于天地之间。植物能从空气中吸收燃素，动物又从植物中获得燃素，所以动植物中都含有大量燃素。这一学说还认为，一切与燃烧有关的化学变化都可以归结为物体吸收燃素和释放燃素的过程。例如金属燃烧时，便有燃素逸出，金属就变成了金属灰，可见金属比金属灰含有更为复杂的成分。如果金属灰与燃素重新结合，就会再变成金属。油、蜡、木炭、烟炱都是从植物中来的，植物具有从空气中吸收燃素的功能，因此木炭等都是富含燃素的物质。如果将木炭与金属灰放在一起加热，金属灰就可以吸收木炭放出的燃素，于是金属灰就重新变成金属。这样，燃素学说就可以解释许多冶金过程中的化学反应。硫磺燃烧时有火焰，说明燃素逸出，硫磺就变成硫酸。硫酸与富含燃素的松节油共煮，又会吸收燃素，重新变成硫磺。

燃素学说还认为，煤和木柴等物质在加热时并不能自动地释放出燃素，而必须由空气将燃素从这些物质中吸取出来，所以这些物质在燃烧时必须有空气存在。燃素还能由一种物体转移到另外一种物体，燃素学说利用这一性质解释了金属溶解于酸是由于酸夺取了金属中的燃素；金属置换反应是由于燃素从一种金属转移到另一种金属的结果。

随着燃素说自身的不断完善，燃素说在科学界成为了一个理所当然并且众所周知的理论。现在，我们知道，燃素学说是不正确的，但是在燃素学说流行的百余年中，由于燃素学说基本上能解释当时所知的所有燃烧现象，一直被认为是正确的，所有进行化学研究的人都认为燃素学说是理所当然的；在科学界中，燃素说是众所周知并被大家认可的。这其中也包括独立发现氧气的普利斯特里（Joseph Priestley，1733 ~ 1804）和舍勒（Carl Wilhelm Scheele，1742 ~ 1786）。

1774 年的一天，朋友送给普利斯特里一个直径为 0.305 米的放大镜。他便利用这个放大镜做“助手”，在实验室里做起实验来。他用放大镜聚焦太阳光，照射氧化汞①，他得到了一种无色无味的气体。他发现，在盛这种气体的玻璃瓶里，木炭的燃烧异常猛烈。他又把两只小老鼠放进了充满这种气体的瓶子里，这两只小老鼠也一反常态，显得比平时更活泼、快活。

这是生命的物质！

普利斯特里自己也异常激动。他亲自试了试这种气体对人的影响，当气体吸入他的肺部时，他顿时感到一种从未有过的轻松和舒畅。这是 1774 年 8 月 1 日。在他的实验记录中这样写道：“有谁能说这种气体将来不会变成时髦的奢侈品呢？不过，现在只有两只小老鼠和我，才能享受呼吸这种气体的权利哩！”

这就是氧气。不过，当时普利斯特里由于受“燃素学说”的错误影响，没有认识到这就是氧气，而是给它取名叫“失燃素的空气”。

舍勒是一位瑞典科学家，他的正式职业是药剂师。他经常试着制各种新药，在实验室里碾碎、蒸馏各种矿物和药品。

舍勒观察到：如果给点燃的蜡烛罩上一个玻璃罩，蜡烛燃烧一会儿就熄灭了，如果把玻璃罩内的空气全部抽掉，蜡烛立即熄灭；铁匠炼铁时，用风箱鼓进空气，火会烧得更旺。燃烧的物质为什么需要空气呢？舍勒对燃烧产生了浓厚的兴趣。

为了搞清这个问题，舍勒用各种不同的化学物质，放在密闭的容器里，一次又一次地进行试验。

---

① 氧化汞（化学式：HgO）是现代化学的命名方式。在普里斯特利的时代，这种物质的名称叫做三仙丹，来源于炼金士对它的称呼。

有一天，舍勒在空烧瓶中放进一块白磷，塞上瓶塞，然后从瓶外稍稍加热，白磷立即燃烧起来，发出火光，冒出白烟。不久，火光灭了，浓烟也消散开去，而且瓶壁上沉积了一层白色物质。待烧瓶刚凉，舍勒立刻把烧瓶倒扣进水中，然后拔出瓶塞，这时怪事发生了，水充满烧瓶体积的 1/5 以后，水面不再上升。他又重做了几遍实验，结果还是一样。

这是怎么回事？1/5 的空气去哪儿了？带着这样的问题，舍勒又做了另一个实验。

他在一个小瓶里放进一些铁屑，在上面浇了些稀硫酸溶液，然后用插上玻璃管的软木塞塞住瓶口，放进盛水的玻璃缸里。用玻璃管把生成的气体引出水面，用火舌点燃，又把一只空烧瓶底朝天罩在火舌上面。烧瓶的瓶口浸在水面下，这就使外部的空气没法进入瓶中。随着氢气在密闭的空间里燃烧，玻璃缸里的水，不断涌进烧瓶。当火焰完全熄灭后，进入烧瓶的水，依然只占烧瓶体积的 1/5。

舍勒对这事迷惑不解。既然燃烧中用掉了 1/5 的空气，那么剩下的 4/5 空气为什么不消失？难道瓶里剩下的空气跟那些在燃烧中消失的空气不一样？

于是他又做了一连串实验，在烧剩下的空气中，放进蜡烛、炭、白磷，结果是，蜡烛立即熄灭，烧红的炭很快变黑，连易于燃烧的磷也不再着火。把几只老鼠关进里面，马上窒息而死。

舍勒终于明白了，这种烧剩下的空气，的确跟“烧掉”的那部分空气性质不同。看来空气是由两种完全不同的成分组成的。他认为一种是“活空气”，它能帮助燃烧，于是把它叫做“火焰空气”；另一种是“死空气”，对火不起作用，老鼠会窒息而死，所以叫它“无用空气”。

舍勒更感兴趣的是“火焰空气”。经过多次实验，舍勒很快找到了制造纯“火焰空气”的方法。

舍勒在玻璃曲颈甑中装进一些硝石，放到炉子上加热，同时，在甑颈上缚上一个挤瘪了的牛尿泡。硝石熔化了，放出的气体使牛尿泡逐渐胀大起来。接着很快将牛尿泡取下来，把泡里的气体贮存在一个烧瓶里。把烧红的木炭、刚吹灭的木柴、磷分别放进这些烧瓶中，这时木炭四周火星迸裂，猛烈燃烧，发出白炽的光芒；带余烬的木柴重新燃烧起来了；磷爆发出火焰，竟然亮得刺眼。舍勒高兴地从实验室冲出来，摇着手里的一只瓶子喊着“火焰空气！火焰空气！”

普里斯特里与舍勒各自独立发现了氧气，然而也因为同样地相信“燃素说”而失去了正确解释燃烧现象的机会。

法国化学家拉瓦锡（Antoine Laurent Lavoisier，1743～1794）则不同，他用自己的研究推翻了“燃素说”。

1772 年秋天，拉瓦锡照习惯称量了定量的白磷，使之燃烧、冷却后又称量灰烬的质量，发现质量竟然增加了！他又燃烧硫磺，同样发现灰烬的质量大于硫磺的质量。他想这一定是什么气体被白磷和硫磺吸收了。于是他又改进实验的方法：将白磷放入一个钟罩，钟罩里留有一部分空气，钟罩里的空气用管子连接一个水银柱（注：测定空气的压力）。加热到 40℃时白磷就迅速燃烧，水银柱上升。拉瓦锡还发现“1 盎司的白磷大约可得到 2.7 盎司的白色灰烬。增加的重量和所消耗的 1/5 容积的空气重量基本接近”。

拉瓦锡的发现和当时的燃素学说是相悖的。燃素学说认为燃烧是分解过程，燃烧产物应该比可燃物的质量轻。他把实验结果写成论文交给法国科学院。从此他做了很多实验来证明“燃素说”的错误。在 1773 年 2 月，他在实验记录本上写道：“我所做的实验使物理和化学发生了根本的变化。”他将新化学命名为“反燃素化学”。

1775 年，拉瓦锡对氧气进行研究。他发现燃烧时增加的质量恰好是氧气减少的质量。以前认为可燃物燃烧时吸收了一部分空气，实际上是吸收了氧气，与氧气化合，这就是彻底推翻了燃素说的燃烧学说。

1777 年，拉瓦锡批判燃素学说：“化学家从燃素说只能得出模糊的要素，它十分不确定，因此可以用来任意地解释各种事物。有时这一要素是有重量的，有时又没有重量；有时它是自由之火，有时又说它与土素相化合成火；有时说它能通过容器壁的微孔，有时又说它不能透过；它能同时用来解释碱性和非碱性、透明性和非透明性、有颜色和无色。它真是只变色虫，每时每刻都在改变它的面貌。”

1777 年 9 月 5 日，拉瓦锡向法国科学院提交了划时代的《燃烧概论》，系统地阐述了燃烧的氧化学说，将燃素说倒立的化学正立过来。这本书后来被翻译成多国语言，逐渐扫清了燃素说的影响。

化学自此切断与古代炼丹术的联系，揭掉神秘和臆测的面纱，取而代之的是科学实验和定量研究。化学由此也进入定量化学（即近代化学）时期。因此，称拉瓦锡是近代化学的奠基者，他当之无愧。

从众思维定势固然对我们的日常生活具有一定的保护作用，但在创新活动中我们要有意识地避免从众思维对我们的制约，甚至我们应该首先对人们日常的思考方式和结论进行批判性的分析，使自己在众人不自觉的随波逐流中保持冷静和独立。

不过，我们在这里必须要说明的是，要从从众思维中摆脱出来并非易事。摆脱从众思维要顶住外来的压力固然是一个方面，摆脱从众思维还需要有科学严谨的精神。

从众思维固然有其消极的一面，但是从众思维毕竟是很多人在较长时间的实践以后形成的一种定势，所以具有一定的客观依据和经验基础，所以要想打破这种定势，需要看到以往人们在实践中没有观察到的现象；需要做更深层次的思考，否则就没有足够的证据来打破译有的从众思维定势。

前面，我们用很大的篇幅叙述了历史上氧气发现的过程。我们作为“事后诸葛亮”来评论这个过程，我们可以说普里斯特利和舍勒没有突破燃素说的桎梏，错失了开启化学发展新里程的机会，但如果我们仔细地看这段历史，我们会发现，从普里斯特利到舍勒再到拉瓦锡，他们的研究过程有一个规律，就是定性研究的比例逐渐减小，定量研究的比例逐渐增加；感性的思考比例逐渐减小，理性的思考比例逐渐增加。换句话说，从普里斯特利一直到拉瓦锡，人们对燃烧现象的认识是逐步广泛的、理解是逐步深入的，这是一个历史的过程，或许并非个人的意志所能转移。

因此，对我们既有的知识背景的是怀疑还是信任，从克服从众思维的角度来讲，还是个问题。

第四节　赤道上空的绳子——经验思维定势

从现代的天文知识中我们可以知道，地球只是宇宙中宛若尘埃般的一个小颗粒，然而，对于生活在其上的我们来说，仍然觉得地球是如此之大。比如，除非在广阔的海边，我们难以感觉到地球表面弧度的存在；我们把天地相交之处称之为地平线等等。甚至即使我们已经知道了地球的形状和大小，还是发出了“坐地日行八万里，巡天遥看一千河”的浪漫遐思。

假如现在我们用一条很长的绳子沿着地球的赤道把地球紧紧地箍起来，这条绳子将长达四万公里，也就是四千万米。那么如果我们在这条绳子上接一段，把它延长十五米，然后仍旧把这条绳子绷紧，那么会出现什么情况呢？结论是，绳子会悬在赤道上空大概两米多的地方，假如你的身高不超过姚明，那么你不必低头就可以从下面穿过去。是不是难以想象？一根绳子想要围绕赤道一周，需要四千万米，而把这绳子抬高两米，只要延长不到十五米就可以了。四千万米与十五米，这种几个数量级的差别令人瞠目，但这的确就是在数学定律下得出的结论，而且所用的数学定律并不高深，小学生也可以计算出来。

我们把原来那根绳子围成的圆的半径计为 r_1，后来延长的那根绳子围成的圆的半径计为 r_2，那么，第一根绳子的长度（也就是圆的周长，记为 L_1）很好计算，那就是 $L_1 = 2\pi r_1$，类似地，第二根绳子的长度（记为 L_2）就是 $L_2 = 2\pi r_2$。我们知道，第二根绳子比第一根要长 15 米，也就是 $L_2 - L_1 = 15$，于是我们得到了下面的等式：$2\pi r_2 - 2\pi r_1 = 15$，然后做一个小小地变换，得到：$r_2 - r_1 = 15/(2\pi)$，π 就是大名鼎鼎的圆周率，我们这里取 3.14 就可以，然后计算一下，得到 $r_2 - r_1 \approx 2.39$。

亲爱的读者，从上面的计算我们可以看出，实际上，不管绳子有多长，也不管绳子围绕着的是地球还是一棵树，只要把绳子延长 15 米，绳子围成的圈的半径都会增加两米多。看来，如果我们不经过计算，而只是凭经验来估计的话，为了把那根围绕着赤道的绳子抬高 2 米，我们可能会准备一根很长很长的绳子接上，因为在我们眼里，地球还是很大的。

“这是经验与知识的不同吗？”我们在这里无意庸俗化哲学先贤们一代又一代争论的话题，但这的确是我们日常生活中要面对的问题。

经验与知识相同的地方在于他们都是对我们在生活、工作中积累下来的对规律的总结，两者不同的是，经验有比较大的时空和个体的局限性，结论相对比较特殊；知识经过了比较系统、严谨、广泛地论证，因此适用范围比较广，结论更为一般。

经验是我们在日常生活工作中亲身经历和实践后得出的，因此给我们留下的印象更深，对我们的影响也就越大。由于经验的存在，我们在日常生活和工作中很多事情不必花费很多的经历和很长的时间去进行思考，而且应用起来也很方便，往往“轻车熟路”就可以处理。

在过去，在大海上航行的水手们一般很期待遇上鸟类，因为长期的海上航行实践使他们明白，由于鸟类不可能脱离陆地生活，所以如果在海面上看到鸟类，那么意味着附近会有陆地，而有了陆地，就很有可能补充淡水和粮食等给养。这就是经验的力量。

然而，正是经验应用方便，给我们留下的印象深刻，使我们往往会形成对经验的依赖，过分地相信经验的力量，甚至当我们应用经验失败的时候，不去思考经验是否错误，而是固执地归咎于客观环境。比如，如果水手们看到鸟类时正值候鸟迁徙的过程，那么前面我们提到的那个经验就很可能失去作用。因为迁徙过程中的候鸟一天可以飞上几十公里甚至上百公里，这样水手们期待的陆地实际上还在百里之外，很可能与水手们的估计相差甚远。

《伊索寓言》中记载着这样一个故事：一头驴子背着两大包盐赶路，在经过一条河时，不小心跌了一跤，摔倒在水里。驴子挣扎了许久才站起来。重新站起来的驴子惊喜地发现，盐变轻了，他可以不用像刚才那样费力了。驴子认为这是一个减轻负担的好方法，就记在了心里。不久，驴子接受了一项新任务——运送两大包棉花。虽然这次的棉花比上次的盐轻了不少，可是偷懒的驴子还是想让重量减轻一些，于是就在过河时自以为聪明地有意“不小心”跌了一跤，没想到，原本干燥的棉花遇到水吸满了充足的水分，比原来沉了不少，驴子这次拼命地挣扎也没有再站起来，在河里淹死了。

总的来说，经验通过实践活动、特别是经过长时间摸索和积累下来的经验具有一定的指导后续实践活动的意义，值得我们重视、交流和借鉴，用来在后来的实践的活动中认识世界、改造世界。但是，相对于知识来说，经验只是人们在实践过程中取得的感性认识的初步概括和总结，比较粗糙、朴素和表面化，没有深刻反映出事物内在的、本质的特点和规律。

此外，就经验的主体而言，每一个人不论其知识覆盖面有多大、能力有多强，都不可能做到方方面面精通，不论深度和广度都具有局限性。因此，当遇到新的现象和问题时，套用以往的经验往往会出现谬误。

我们知道，即使是知识，也只适用于一定条件和时空环境，而经验更是如此，随着客观条件、时空环境以及实践主体的变化，经验往往难以有效地发挥作用。

创新活动要求我们从以往积累的经验中摆脱出来，看到以往经验适用的时空环境，找到面对对象与以往的不同之处，客观地看待和研究，从而得到新的结论，掌握新的方法，创造出新的产品。

第三章　无中生有与点石成金——创新思维方法

在科技并不发达的古代，对财富和长寿的渴望使得炼金术和炼丹术在东西方都有所发展。在西方，由于在社会中处于统治地位的基督教排斥神秘主义，所以炼金术与炼丹术不为教会所容，但这并没有完全压制它们的发展；而在东方，由于统治者和贵族们的需要，炼金术特别是炼丹术并没有被禁绝，相反发展得还很蓬勃，技术、理论、实践都是如此，甚至有些术士还成为左右政坛的巨擘。到今天，我们回首那一段虽谈不上蒙昧，但也称不上文明的历史，我们无疑会认为，尽管炼金术和炼丹术客观上促进了科技的发展，但是在理论形态上并不科学。

尽管如此，人类发展的期待还是希望能够耗费较少的物质、能量制造出高价值的产品；或者使用较少的成本创造出更多的财富；再就是创造新的产品或服务使我们的生活更加方便、快捷、丰富、美好。而我们现在日新月异的科技发展的确做到了这一点，但似乎还远远不够，我们人类总是站在新的高度上提出更高的要求。从某种意义上来说，这就是现代社会的炼金术。而不断发展现代炼金术的金手指就是创新思维。

在前面一章中，我们探讨了制约创新的一些思维方式。事物总有一体两面，思维既然有制约创新的一面，那么也应该有促进创新的一面。在生活和工作中，我们要扬思维之长、避思维之短，我们要把思维促进创新的那些方法淋漓尽致地发挥出来，不断迸发创造的活力。

第一节 海星与白细胞——联想思维

海星是海洋中的一种棘皮动物，白细胞则是我们人体血液内的细胞，这两种生物体我们为什么在这里放在一起了呢？这里面是有原因的。伊拉·梅契尼柯夫（Elie Metchnikoff，1845～1916）是一位海洋生物学家，年轻时的他天资聪颖，学业顺利，可婚后的他却遭受了一个重大的打击，他的妻子柳德米拉罹患肺结核去世，再加上视力衰退、心脏疾病和工作单位的一些烦扰，他当时十分悲观甚至吞服鸦片自杀，但没有成功。这次“自杀未遂”对于梅契尼柯夫和全世界来说都是幸运的。在这以后，他去了意大利的西西里岛上的墨西拿，在那里建立了自己的私人实验室，研究海洋生物。

有一天，他观察海星的幼虫消化食物的方式（海星的幼虫是透明的，因此可以清晰地看到其消化食物过程），发现海星的幼虫体内含有一种类似于变形虫的细胞，这种细胞能够自由自在地游向食物，然后改变自己的形状，把食物包裹起来吞下去。同样透明的水蚤中也能观察到游走细胞，实验证明它们可吞噬消化酵母菌芽胞。由此，他联想到，其他的细胞比如人的细胞能不能吞噬细菌呢？他开始了进一步的探索。他尝试着把小木刺刺入海星体内，第二天，他发现小刺的周围充满了游走细胞。现在我们知道这种细胞就是循环系统中的白细胞的一种，当身体的某些部分发生炎症时，这些白细胞就从血管内逸出，在发生炎症的部位吞噬并消化侵入到人体内的细菌。

1883 年，在维也纳动物学教授克劳斯的建议下，梅契尼柯夫在论文中用“巨噬细胞”来描述具有吞噬细菌功能的细胞，并阐述了其活动方式。巨噬细胞及其活动方式的发现，不仅对于人类免疫学的发展具有重要而基础性的影响，而且对梅契尼柯夫本人的影响也是巨大的。当梅契尼柯夫看到显微镜下这些小小的细胞面对细菌并不畏惧，而是游走到细菌的周围，把细菌包围起来吞入细胞质内的时候，梅契尼柯夫改变了他对人生的消极人生观，变得积极起来，他决心更深入地认识这小小的吞噬细胞。不久，他发现，侵袭水蚤的真菌孢子本身又反过来受到水蚤巨噬细胞的攻击；还有就是致病能力较强的炭疽杆菌不受巨噬细胞的攻击，而致病力较弱的菌株则相反。梅契尼柯夫的观点发展成为细胞免疫学说，与体液免疫学说共同构成了免疫学理论。

梅契尼柯夫观察到了海星幼虫的吞噬行为，他如果单纯就此现象发表论文也是一种发现，但是梅契尼柯夫并没有就此止步，而是联想到了其他细胞是否具有这种功能，联想到其他生物体内是否也存在着这种能够吞噬细菌的细胞。这样，一步一步，他找到了细胞免疫的规律，这就是联想思维带来的创新成果。

联想是人们从一种事物出发想到与之有联系或有相似之处的另一事物。人们在生活、工作中获得了很多知识和实践经验，它们都储存在我们的头脑之中。随着时间的推移，有些记忆逐渐淡化甚至在我们平时的头脑中“消失”了，但这并不意味着这些回忆完全与我们脱离了关系。如果我们遇到了与这些记忆相似、相关联的事物，或者运用某种相似过程来进行刺激，原有的记忆就可以恢复重现。

如果我们有意识的运用联想的手段，把已有的事物或现象进行相互串联或者给甲事物赋予原本自身不具备而乙事物具备的特征，从而创造出新事物，这也是创新的手段之一。这种思维模式就是联想思维。

前面我们的例子是联想导致的科学发现，下面我们再用一个例子来说说联想导致的科学发明。

城市化的发达固然已经成为发达国家和新兴市场欣欣向荣的标志，但是不可避免地出现了城市空心化的问题，白天的时候，城市内部人头攒动、车水马龙，到了晚上，这些人就离开城市的中心区，回到城郊的居住地。在今天，交通堵塞已经成为大城市的顽症，通勤族也成为城市中人共有的称呼。似乎现在还没有什么有效的解决方法。虽其如此，地铁一定程度上缓解了交通堵塞，成为适合于通勤族的廉价、便捷的交通方式。而地铁这种交通方式居然来自老鼠。

英国是老牌资本主义国家，城市化进程开始得很早、程度也很高。19 世纪中叶的伦敦交通已经一塌糊涂：马路窄小、人流如潮，当马车通过时整条路都堵得水泄不通。

一位名字叫查理斯（Charlize）的法官，深受交通拥堵之苦，不仅他自己要直接经受交通拥堵，而且还要处理难以统计的因为交通拥堵而造成的纠纷。尽管大家都知道交通拥堵是个问题，但是却难以提出医治的良方，查理斯也是如此。当时的英国，火车已经成为长途交通的主要工具，是当时速度效率最高、最快的长途运输工具。查理斯想到：既然火车的运行速度快、单位面积运送人数多，那么为什么不用火车代替马车城市的人流呢？然而问题是，火车怎么样在城市中运行呢？而且还要设立比长途铁路线密集得多的车站，同时车辆段、车库的设置也都会占据很大的地皮。于是这种想法就暂时中止了。

有一天，查理斯在家里作卫生时，发现墙角居然有一个老鼠洞，这个洞一直通向墙外。查理斯突然想到，老鼠很灵活，如果不能在地面上活动就转入地下，照样灵活机动。转念一想，那么火车也能这样做么？如果火车不能在城市中心区域的地面上往来，那么能不能在地下运行呢？有了这个智慧的火花，查理斯很兴奋，于是开始了缜密的论证，最终查理斯得到的结论是“火车入地”这一方案是完全可行的。

1863 年 1 月 10 日，世界上第一条浅层地铁开通运行，标志着城市市区交通新纪元的开启。查理斯的设想实现了。

人人喊打的老鼠成为了地铁产生的一个提示，虽然这谈不上是“点石成金”，但却有异曲同工之妙。这要归功于本节要阐述的联想思维。不过在谈联想思维之前，我们还是把地铁的故事讲完。

1863 年 1 月 10 日固然是一个值得纪念的日子，但遗憾的是，世界上第一条地铁线路的牵引动力是蒸汽机车。虽然地铁开通之初，居民由于好奇而争先恐后地前往乘坐，可是蒸汽机车使得地铁隧道内烟雾滚滚、灰尘弥漫、气味呛人，而且水蒸气使隧道内湿度极大，乘客感到十分憋闷。于是，大家对地铁不再感兴趣，宁可继续忍受交通拥堵之苦也要乘坐马车。查理斯的设想似乎要夭折了。

所幸，当时已有的电动机技术已经相对成熟，于是有人设想用电动机来代替蒸汽机作为火车的动力，这样就能制造出不冒烟的火车了。经过艰辛的努力，1896 年在匈牙利的首都布达佩斯诞生了第一列电动地铁列车，从此运行速度快、运输效率高、没有污染的地铁开始行驶在世界的各大城市。

1. 联想思维有不同的类型

（1）相似联想　相似联想是指由某一事物想到在方法、性质、功能、外形等方面与之相似的其他事物的联想方法。从事物上找到与它接近或相似的点，从而设计创新出更佳的技术或项目的方法。

事物之间的相似之处大致有：

1）原理相似　现代已经投入商业化运行的核电站原理与原子弹的原理大致相同，两者的区别在于链式反应是否可控，也就是前者通过控制中子的释放速度来控制核裂变的速度，使能量均匀地释放；后者不对中子的释放进行控制，那么核裂变将是一个正反馈的过程，即发生剧烈的爆炸。现代正在进行研究探索的可控核聚变与太阳的能量产生机制是相同的，与氢弹的爆炸原理也是相同的，如果人类能够对核聚变进行控制，那么将来人类就能够从海水中提取大量的氘和氚，用来产生大量的能源。如果我们更深一步，核裂变与核聚变所依据的规律也是相同的，那就是遵循爱因斯坦的质能方程（$E = mc^2$）。

2）结构相似　2004 年 7 月，国际足联正式承认中国古代的蹴鞠就是足球的起源，中国山东临淄也成为足球的发源地。而足球的真正发展是在 19 世纪，英国人发明现代足球之后，足球开始风靡世界，成为世界第一运动，多少人为之疯狂，为之陶醉。100 多年后的今天，英国人克罗托（H W Kroto，1939 ~ ）和他的美国同行发现了足球状分子——C_{60}，又一次为世人所瞩目。

1985 年，英国物理学家克罗托和美国化学家斯莫利（R E Smalley，1943 ~ 2005）、科尔（R F Curl，1933 ~ ）从实验上发现由 60 个碳原子组成的分子（即 C_{60}）之后，为了解释这种分子的特殊稳定性，按照碳原子价键的要求，这种碳单质分子可能具有某种球体结构。克罗托联想到加拿大蒙特利尔万国博览会上美国展馆的圆顶建筑，它是由美国著名工程师和建筑设计师巴克明斯特·富勒（Buckminste Fuller，1895～1983）设计的。克罗托对富勒发明的短程线圆顶结构留有深刻的印象。于是克罗托等人设想这种分子的60个碳原子形成一个中空的球形三十二面体（又称截角二十面体，即可以由截去一个二十面体的顶角得到），其表面包含了20个六边形和12个五边形，其外形正好是足球拼皮的花样。

当初得出C_{60}这种结构完全基于富勒建筑学原理的理论上的解释。后来的一系列实验证实了克罗托等人的理论上的假设。克罗托等人为了纪念先驱研究者巴克明斯特·富勒，将这个球状分子命名为富勒烯（fullerene），由于其外形酷似足球，又被形象地称之为巴基球（buckyball）或足球烯（footballene）。这个被认为迄今为止最圆的分子由于其漂亮的形状和完美的对称性引起了人们的极大兴趣。C_{60}的发现使人类对碳的认识进入了一个新的阶段，是科学上的重要发现，并对物理、化学、材料科学的发展都产生了极大的推动作用。克罗托、斯莫利和科尔这三位科学家为此共同获得1996年诺贝尔化学奖。

C_{60}是三维欧几里得空间可能存在的最对称和最圆的分子。C_{60}的高度对称性使得球面上的碳原子能分摊外部压力，因此C_{60}分子不仅十分“稳定”，而且异常坚固，如果将它们以每小时2.7万多公里的速度（这个速度与美国航天飞机的轨道速度大致相当）抛掷到钢板上时，它们会沿直线弹回而不会破裂。C_{60}的这一性质是由于它的截角二十面体结构使原子高度对称排列的结果。

C_{60}属于球碳族，这一类物质的分子式可以表示为Cn，n为28到540之间的整数值，有C_{50}、C_{70}、C_{84}、C_{240}等，在这些分子中，碳原子与另外三个碳原子形成两个单键和一个双键，它们实际上是球形共轭烯。

富勒烯分子由于其独特的结构和性质，受到了广泛的重视。人们发现富勒烯分子笼状结构具有向外开放的面，而内部却是空的，这就有可能将其他物质引入到该球体内部，这样可以显著地改变富勒烯分子的物理和化学性质。例如化学家已经尝试着往这些中空的物质中加进各种各样的金属，使之具有超导性，已发现C_{60}和某些碱金属化合得到的超导体其临界温度高于近年研究过的各种超导体，科学家预言C_{540}有可能实现室温超导；也有设想将某些药物置入C_{60}

球体空腔内，成为缓释型的药物，进入人体的各个部位。在单分子纳米电子器件等方面有着广泛的应用前景，富勒烯已经广泛地影响到物理、化学、材料科学、生命及医药科学各领域。

此外，构成富勒烯的化学键主要是共轭化合键，相对比较稳定，但是其中包含着巨大的能量，虽然打开这些键较为困难，但是一旦把这些键打开，然后再与其他物质化合，会释放出巨大的能量。

后来，日本科学家确认还存在着另一种“分子足球”——N_{60}，它是氮N的同素异形体，结构上的极端相似，使科学家们开始思考这种物质是否与C_{60}有相似的性质呢？果然，与C_{60}相似的，N_{60}也是中空的，里面也可以添加其他元素的原子，从而形成新的物质，在超导、医药领域有不俗的表现。更为可贵的是，由于N_{60}也是由共轭化合键构成的，因此只有在高温或机械撞击以后才能断裂，但是由于氮元素具有比碳元素更活泼的化学属性，因此，在与其他元素化合时能够释放更大的能量，所以成为科学家们非常关注的未来航天燃料备选品。

3）效果相似　在西方社会，由于通勤族人数越来越多，很多上班族中午无法午休。以前，人们认为不午休没有什么大不了的，可是后来的研究表明，没有午休会造成员工下午的工作效率下降，而且造成情绪低落或暴躁，容易引起员工之间的矛盾和冲突。如果有午休，哪怕只是半个小时，也可以有效地防止上述情况的发生。于是，有的公司专门辟出“午休区”，供员工进行午休，以提高工作效率。然而，新的问题产生。由于生活节奏快、工作压力大，人们往往存在失眠的状况，所以尽管安排了午休区，可是员工往往无法很快入睡，午休实际上形同虚设。后来，另外一项研究则表明，人们在“自然界”的“安静”中很容易入睡，这里的安静不是指完全无声的安静，而是包含着一些鸟叫虫鸣、微风拂柳或细雨落地的沙沙声的安静。所以，现在在西方的一些写字楼里，出现了专业的“午睡公司”，这些公司开发了专门的午睡设备，人躺在里面，设备就封闭起来，提供含氧量略高于普通空气、温度、湿度始终恒定的空气，播放一些大自然中的声响，以便促进人的入睡。当设定的唤醒时间到了以后，设备就播放音乐，把人唤醒。这里，通过设备模拟了大自然中的一些声音，从而为人们提供了一个比较好的入睡的环境。而发明这些设备的人就是运用联想思维，运用不同的手段制造类似的效果。

（2）接近联想　接近联想也是联想思维中的重要组成部分。接近联想可以是时间上的接近、空间上的接近或者是彼此存在紧密的联系等等。例如，我们感到“春暖”就会联想到“花开”，这是时间上的接近；看到万寿山就会想到昆明湖，这是空间上的接近；谈到祖冲之就会联想到圆周率，就是因为祖冲之与圆周率之间存在着紧密的联系。

值得注意的是，有的时候反差相当大的事物往往也能够产生与接近联想类似的效果。例如，战争与和平、真实与谎言等等。

（3）逻辑联想　我们生存的这个世界有很多事物和现象之间存在着紧密的逻辑关系。由于逻辑关系的存在使得我们可以借此进行联想，并产生不错的效果。

前些年炒得沸沸扬扬的疯牛病使得美、英等国的养殖业遭受了重大打击，而现在世界各地不时出现的人们听而变色的禽流感使很多养鸡场蒙受了巨大的损失。当关注这些新闻的时候，我们要么对疾病的蔓延感到遗憾，要么对那些遭受损失的农牧民们充满同情。但是有些人面对这样的新闻可能会有不同的想法。

菲利普·亚默尔（Philip Amor）开设了一家肉食加工厂。一天，他从报纸上看到一则消息，墨西哥暴发了牛和猪的瘟疫。

亚默尔想：如果墨西哥确实发生了瘟疫，那么与之相邻的加利福尼亚州和得克萨斯州就有可能受到瘟疫的影响，那么来自墨西哥以及加利福尼亚和得克萨斯州的肉产品一定会被销毁。可是加利福尼亚和得克萨斯是美国主要的肉产品基地，到时候全国的肉产品价格一定会上升的。

为此，亚默尔派遣医务人员前往墨西哥考察，发现墨西哥的瘟疫确实存在。菲利普当机立断，筹集大量资金从加利福尼亚州和得克萨斯州购买了大量的牛肉和猪肉，并及时运输到东部。不久，瘟疫扩散到上述两州，美国政府禁止两州的肉制品流通，这样造成国内其他地区肉产品奇缺，价格猛涨。亚默尔把囤积的肉产品高价卖出后，净赚了900万美元。

我们用图3－1把这个故事简化一下：

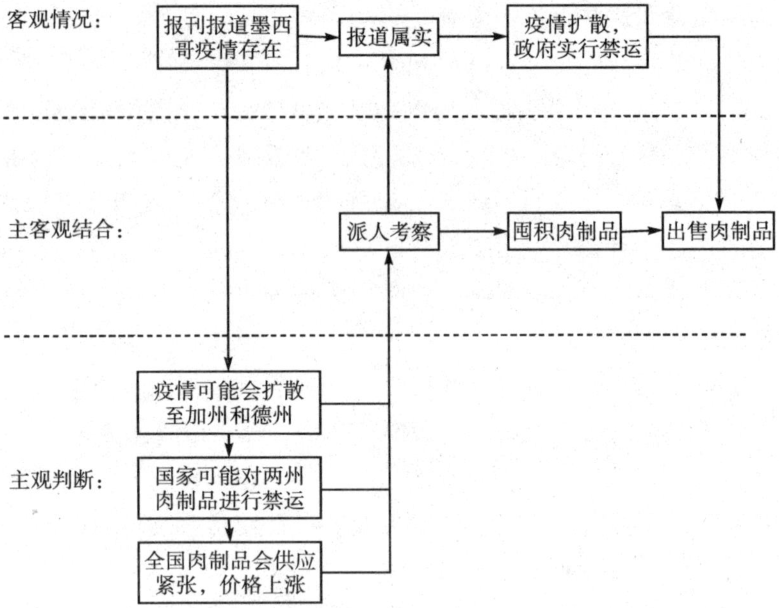

图 3－1　亚默尔的逻辑

一般来讲，疫情的发生，对于肉产品的生产者和经销者来说，往往意味着灭顶之灾，损失不知会有多少。然而，菲利普·亚默尔的企业却在疫情来临之后大赚了一笔。从前面的那幅图中，我们可以看出，在这件事中，存在着两条线：一条线是疫情的客观发展状况，另一条线则是亚默尔面对事实的主观思考，主观与客观结合起来就产生了“赚钱”的后果。我们从图中可以看到，亚默尔的主观思考是超前的，他根据墨西哥出现疫情，然后按照事物发展的逻辑联系进行联想和判断，得出了国内肉制品市场可能会紧缺、价格会上涨的结论。亚默尔知道事情的发展不一定会按照人的主观意志来发展的，人们的逻辑思维要得到正确的与实际相符的结果必须要掌握全面和正确的信息，否则主观的判断很可能与客观事实的发展相悖。亚默尔派专业人员前往墨西哥进行调查，发现事实的确如他所想，一步一步地按照他的判断在发展着，于是果断地采取措施，开始囤积产品，在疫情暴发，禁运开始以后出售，获利颇丰。当然，我们所举的例子固然没有产生物质化的创新成果，但是在商业领域，这样的行动带来了丰硕的商业价值。不过，我们应该明白，这样的行为对于消费者是喜忧参半的，喜的地方在于如果所有的肉制品生产商与经销商都没有未雨绸缪，很可能即使价格再高也难以有很多数量的肉制品供应（即有价无市），忧的地方在于，毕竟有人趁着危机抬高物价，消费者要支出更多的费用。可能在经济学家眼里，他们会认为供给减少造成供不应求，价格自然会提高的，这是"看不见的手"带来的结果。有的时候，我们对生活的热情在冷冰冰的规律面前显得如此苍白无力。

但是，从另外一个角度想，只有认识了规律，才能正确运用规律；正是人们不断地合理运用规律、提高效率、不断地发明创造新事物，使我们的生活不断地走向丰富和美好，所以我们还是应该感谢人类有如此发达的大脑能够认识这个世界，在对这个世界心怀敬畏的同时，我们并不卑微，我们在用头脑和双手营造更好的生活。

2. 联想思维的训练

在前面的例子中，联想思维的运用往往来自"灵光一闪"，可是我们总不能依赖无法掌控而不知何时会来的灵机一动吧。所以我们需要适当的训练。

（1）查阅产品样本法　把两个以上、一般看来彼此无关的产品或设想强制联系起来，用以产生独特设想的方法就是查阅产品样本法。

打开一本书，或其他什么东西，随意找出两个词语、句子、产品、项目、题目等等，然后组合，看看两者结合起来会有什么新的东西产生。平时，我们容易被习惯性的或是经验性的思维所束缚，把彼此毫不相干的东西放在一起，就迫使我们找到这两者之间是否存在着我们日常不曾注意或未曾深入研究的联系；或者，尽管两者仍然没有什么联系，但是两者结合起来会有意想不到的效果。这实际上是一个克服个人经验的束缚并启发人的灵感的训练方法。

现在很多企业乃至学校把这种方法作为训练员工和学生的重要方式。员工和学生被要求从一大本商品名录中随意抽取两种产品，并把这两种产品组合成一个独特而有实用价值的革新项目。

这种方式对于企业新产品的研发产生了不错的效果。有人进一步思考，我们总是一次次挑出两个东西来进行强制思考，这是不是不够开放呢？如果我们能在基础上进一步扩展我们联想的范围，岂不更好？于是就有了下面的方法。

（2）二元坐标联想法　这种方法也叫矩阵联想法。接受过初等数学训练的读者一定知道直角坐标系，也就是由横竖两根相互垂直的直线组成的一个平面度量系统，横向的直线称之为横轴，通常计为 x 轴，垂直的直线称之为纵轴，通常计为 y 轴。在这里不需要像数学那样复杂，我们只需要第一象限就可以了。也就是右上角的位置。我们可以把很多不同的词语、句子、产品、项目、题目等等东西分别代替数轴上的数字摆在横轴和纵轴上。然后，把这些东西两两组合，看看组合出来的是什么。剔除掉实在没有什么意义的新组合，把有潜质的新组合留下来，进行进一步的研究。

在生活中，我们可以把联想作为一个游戏，经常地想一想、试一试，让联想也成为一种习惯，一种不束缚自己的习惯。

第二节 凡尔纳的月球之旅——想象思维

人类似乎不曾缺乏过想象力，从瑰丽的希腊神话，到浪漫的楚辞《离骚》，从但丁《神曲》到《西游记》，乃至现在风靡世界的《哈里·波特》，人们在享受着这些想象带来的悲欢离合。提到想象，我们更多的把它与文学艺术联系起来，然而在历史上，我们不能不提到一个以想象而惊诧世界的人物，他就是儒勒·凡尔纳(Jules Verne，1828～1905)。

我们在这里不得不说，尽管我们在讨论想象与科技创新的关系时谈到凡尔纳，但是凡尔纳仍然被称为一个文学家。是不是有点遗憾？不，实际上，在文学领域，凡尔纳的最杰出的成就在于他为小说开辟了一个新的分支——科幻小说，他本人被誉为“科幻小说之父”。在文学中，他的想象海阔凭鱼跃、天高任鸟飞，从广袤的大陆到浩瀚的海洋，从辽远的太空到深邃的地心；他的想象创造了不少稀奇古怪的东西，带着主人公进行着自己的探险旅程。拜凡尔纳流畅生动的语言、扣人心弦的情节、奇幻神秘的场景、引人入胜的想象所赐，他的作品没有被扔到故纸堆中，而是一本本出版了。

凡尔纳的主要作品出版于 19 世纪末，其科幻小说中的许多设想和描述在 20 世纪成为了现实，所以他的一些作品现在让人读起来感觉并不“天马行空”，然而在当时却是异想天开，引人遐思。其中最著名的莫过于在《海底两万里》中尼莫船长驾驶的具有超常续航能力的巨型潜水艇“鹦鹉螺号”。美国建造的世界第一艘核动力潜艇鹦鹉螺号（USS Nautilus SSN－571，1954 年下水）虽然名字来源于一艘 1803 年时的美国海军多桅纵帆船（Schooner）以及之后袭名的两艘传统动力潜艇，但由于核动力潜艇拥有如小说中虚构的鹦鹉螺号般超长的续航力，使用此命名多少带有影射小说中之鹦鹉螺号的双关意味。另外，法国的无人驾驶机器人潜水艇也以此命名，用以纪念他们的大师。

尽管他的想象在当时仅仅是想象，人们是抱着好奇和娱乐的眼光来阅读的，但没有想到，凡尔纳像先知一般预言了他身后这个世界上一系列或大或小的科技事件。

凡尔纳的故事中最著名的要算是《从地球到月球》的故事了。当时的科学技术虽然已经认识到月球是围绕地球运行的一颗卫星，或许也有人动过登上月球的念头，可是凡尔纳是第一个运用科学的态度和方法对此进行设计的人。他计算了登月飞行器的飞行轨道，计算了发射时间、发射地点，结果这些与日后美国的“阿波罗”计划惊人的一致。那颗哥伦比亚号“炮弹”的发射地点，美国佛罗里达州的坦帕，竟然与现今的卡纳维拉尔角（肯尼迪航天中心所在地）几乎位于同一纬度线上，两地之间直线距离仅一百二十英里，前者坐落在佛罗里达半岛的西海岸，后者在东海岸。

想象就是人们在已有知识和经验的基础上，对事物进行外在的加工和改造，在意识中加以重新组合，从而创造出新的事物的过程。中外神话中都有人首兽身或兽首人身的神怪妖魔，这是人们想象的结果；人们把天空的星辰划分为不同的区域，并以神、人、兽、物等来命名，这也是想象。

想象固然天马行空，但其基本内容和关系是来源于客观世界的。例如，尽管文化学者们对龙这种图腾的起源争论不休，有蛇源说、猪源说、鳄鱼源说等不同观点，但是大家对现在我们日常见到的龙的形象，比较统一的认为龙的形象“头似蛇，角似鹿，眼似兔，耳似牛，项似蛇，腹似蜃，鳞似鲤，爪似鹰，掌似虎”，在台湾的民间画工中间，有一种画龙九法口诀：“一画鹿角二虾目，三画狗鼻四牛嘴，五画狮鬃六鱼鳞，七画蛇身八火炎，九画鸡胸。”所以尽管龙是自然界中没有的生物，但是它的“零件”在自然界中都能找到。再如，佛教传入我国以后，随着不断地本土化，其造像也逐渐的由印度人的形象转变为中国人的形象。

印度风格的佛教造像之一

印度风格的佛教造像之二

中国风格的佛教造像之一

中国风格的佛教造像之二

想象固然可以天马行空，但是终究与现实生活有着千丝万缕的联系。所以，想象需要积累的，如果一个人对世界的认识非常贫乏，那么他的想象或许不会太丰富。

我们拿我们国家的神话和希腊神话做个对比吧。据有些学者说，我们中国实际上没有真正意义上的神话，因为我们现在所看到的很多神话都是经过政治化或道德化以后流传下来的，比较具备原始风貌的神话存在于《搜神记》等为主流文化圈所不容的文学作品中。我们的神话中的角色划分为神、圣、仙、妖、魔、怪等不同的类型，划分的标准固然与“道行”有关，但更多的是道德水准。即使“道行”再高，如果道德败坏的话，永远成不了神仙。即使同一个级别内部也有不同的品级，其构成与古代的朝廷很像。我们可以看到，这些都与我们中国传统社会的结构和判断标准一脉相承。

而希腊神话则不同，那里并没有严格的神与魔的分野，神的地位取决于力量，而不是道德。而神的形象也与道德无关，他们会嫉妒、会说谎、会通奸甚至乱伦。所以有人说，希腊神话反映的是蒙昧时代的人们的生活，由于没有经过很多社会价值判断的过滤和筛选，所以能够以比较原始的风貌展现在现代人面前。

所以，想象也与我们的思维方式、文化传统、价值标准有紧密的联系，实际上这些往往是不经意地在影响进行想象的人，这就是“润物细无声”。从另外一个方面来讲，想象也要在一个具体的社会中进行检验，如果社会不能接受，那么这个想象就是无价值的。但是，想象的价值会伴随着时空环境的不同而有差异，在东方行得通的，在西方不一定能行得通；在过去行不通的，在现代或许就行得通，都要辩证地来看待。

1. 丰富的想象与想象的丰富

不论在工作还是生活中，我们都需要丰富的想象，而想象本身也是丰富的。我们不妨先大致来了解一下，想象可以从哪些方向展开。

（1）按想象的自觉性分类可以分为无意想象和有意想象。没有特殊目的、不自觉的想象就是无意想象。无意想象没有特定的意向和目的，一般是目之所及、意随心至而产生的。有意想象则是带有一定的目的性和自觉性的想象，相对无意想象而言比较高级。

（2）如果考察想象内容的独创性，则有再造想象和创新想象。再造想象是指根据语言、符号、图样的描述和指示，你在头脑中构想相应的形象。一个人记忆中储存的表象越多，就越容易激起或形成再造想象，并且所展开的再造想象的内容也越发的丰富。

曾有一些学者倾向于认为表音文字比表意文字要先进，甚至一度主张废除汉字代以拼音文字。现在有一些科学家从心理角度来研究，认为表意文字形象、简洁，有利于激发人们的想象力。

在再造想象中，事物的形象都是再造别人想象过的事物，都是“再造”出来的新形象。所谓“再造性”，一方面指这些形象不是自己创造出来的，而是根据别人的语言描述或图样示意再造出来的。例如，根据文学作品的描述再造出郭沫若剧本中的蔡文姬的形象，工人根据机器的图纸想象出机器的立体和运转时的形象，这些想象都是再造想象。另一方面，又是通过自己的大脑，根据当前的任务，在词的调节下，运用个人已有的知识经验，再造出来的。例如，我们读“朝辞白帝彩云间，千里江陵一日还。两岸猿声啼不住，轻舟已过万重山”这首诗时，每个人再造出来的形象各不相同，都按各自的方式来形成新形象。因此，再造想象中也有创造性的成分。

要形成正确的再造想象，需要注意两点要素。

第一，要正确理解词汇与图样标志的意义。再造想象就是由语言的描述或图样的示意所引起的，因此，必须正确地理解和掌握词汇与图样所表示的意义。

第二，丰富表象的储备。表象是想象的基本材料，表象愈多，再造想象的内容也愈丰富；再造想象不仅依赖于已有表象的数量，而且也依赖于已有表象的质量，正确反映客观现实的直观材料愈丰富，再造出来的想象内容就愈正确、愈生动。

创新想象则是依照预定的目的，根据已知的事实和已有的知识与经验材料等记忆表象，在头脑中独立地创造出新形象的过程。创新想象与创造思维密切联系着，它是人类创新性活动的一个必不可少的因素。由于创新想象的参与，能够结合以往的经验，在想象中形成创新性的新形象，造成劳动最终或中间产品的心理模型，并且提出新假设，所以是创新活动顺利开展的关键。

发展创新想象需要一些条件：

首先，创新动机非常重要。社会生活本身不断提出创造新事物、解决新问题的要求。这种要求在人的头脑中得到反映，成为创造新事物的需要和动机，也就获得了创新想象的动力。

文艺创作中强烈的创作动机非常重要，如《红日》的作者吴强说："许许多多英雄人物崇高的形象……激动着我的心……感到他们在向我叫喊，在我的脑子里活动翻腾，我要表现他们的欲望是为时已久了。孟良崮战役以后，我的这种情绪，就更加迫切、强烈，而且也深深地感到这是一项不可推卸的责任"。科学工作者的创新性活动同样如此。

接着，扩大知识范围，增加表象储备是必备的基础。创新想象需要原料，没有相应的表象储备，有关的新形象是创造不出来的。鲁迅写道："……人物的模特儿也一样，没有专用过一个人，往往嘴在浙江，脸在北京，衣在山西，是一个拼凑成的角色……"托尔斯泰在《战争与和平》一书中创造娜塔莎的形象是基于分析他两个熟人的性格和特点塑造成的，这两个人是他的妻子索菲亚·安得烈也芙娜和他的姐妹达吉娅娜。

再有，要让你的脑子动起来！创新想象是严格的构思过程，它是受思维调节的。如在写作前，要严密地考虑文章的主题，所写的人物和事件等，才可能产生活生生的形象，如果不加思索，就不会有什么创造性的成果。

最后，我们要明白，没有"众里寻他千百度"，也就不会有"蓦然回首，那人却在灯火阑珊处"的意境。创新过程中新形象的产生带有突然性，常常被称为灵感。真是"忽如一夜春风来，千树万树梨花开"。如有些诗人在构思时，虽经长期酝酿，仍理不出思路，但偶然受到某一事物的启发，豁然开朗，诗句像潮水般地涌来，一挥而就。

灵感的特征，首先表现为人的注意力高度集中在创造的对象上，这时，意识处于十分清晰和敏锐的状态，思想和想象的活动极为活跃，因此在灵感状态下，工作有极高的效率。灵感的出现，解决了长期探索的问题，因此常常伴随无法形容的喜悦。例如，古希腊阿基米德在一次入浴时，忽然有悟，起来在街上狂呼："我发现了！我发现了！"（即发现了关于比重的阿基米德原理）简直达到狂喜的程度。这是成功的喜悦，胜利的喜悦。

唯心论者把灵感看作是神灵的感应。其实灵感不是天上掉下来的，也不是人们头脑中固有的，它是人们长期劳动的产物，它是在艰苦劳动之后出现的。托尔斯泰在写《战争与和平》时，不知花了多少艰苦的劳动，九易其稿，有些部分改了十几次，他在写书时，谈天、走路，甚至半夜起来，也常常想起小说中的主人公。他还积累了大量资料，用他的话说，在那里“构成了一个完整的图书馆。”爱迪生说得好：“天才，就是百分之一的灵感和百分之九十九的汗水。”列宾说：“灵感是对艰苦劳动的奖赏。”这是很有道理的。

创新想象是发明创造的前奏。可以说，没有创新想象，任何发明创造都不可思议。

现代教育理论要求学生不但要牢固掌握知识还要注重培养能力，创新能力是一个重要部分，而创新能力的关键又在于创新想象，因而，我们有必要了解和掌握一些基本的创新想象技能的获得技巧。

目前，世界上已开发出200多种创新技法，都离不开创新想象，我们从中选取部分技法简要介绍如下，在后面我们会详细地进行探讨。

第一，相互启发，自由遐想。

以七八人为一小组，对某一问题充分发表意见，任意、自由地思考，自由奔放地想象，想法越新奇越好；对别人提出的想法严禁批判，不得阻拦，即使是幼稚的，错误的，也不准挖苦与讽刺；要尽量多提设想和方案，特别要善于利用别的想法开拓自己的思路，顺着别人的设想把自己的想法展开、延伸下去，也可从别人设想的反面去想象……如写科幻性作文、进行某项活动、制订计划等等，都可试试。拿写科幻文章为例，以《2050年的家庭生活》为题，几个人可聚在一起，各抒己见。有人可能想象出做饭自动化，上班前给电脑输入要求，下班后就可吃上理想的饭菜；有人想象出通讯自动化，上课、工作、看医生、打电报等均可在家里进行，有人可能想象交通自动化，坐在车子里脑子里想去哪里车子就自动去哪里……在初步提出的想象的基础上还可以补充、加工、改造，创造出更新、更丰富的想象。在这个过程中要特别注意不要急于对别人或自己的想法进行理智的判断。席勒对此讲过一段十分精彩的话：“当一些设想刚刚产生的时候，你就运用智能仔细的研究，这显然是不妥当的……一个孤立的设想可能是毫无价值的，或是容易使人走上极端。但是，在接踵而来的第二个设想中，我们就能发现它的重要性。将这种设想和其他一些设想进行比较之前，我们的智能还无力对这些设想进行判断……我们应敞开智能的大门，让这些杂乱无章的设想涌进我们的脑海，然后再作总体上的分析和验证……你之所以抱怨自己不出成果，就是因为你过早地排除了你的那些设想。”我们平时写作文，有的人总觉没有东西可写，就是因为把想象的大门把得太严，许多似乎无关的想象被挡在了门外，其实说不定被挡在门外的这些想象里也有不少可取之处。更重要的是，即使这些第一批想象没有价值，但不能否定由第一批想象引发的第二批、第三批……想象的意义，经过层层联想，总不会永远找不到可写的东西吧？解平面、立体几何有时也需从多角度试着多引几条辅助线，有时也会从其中发现一个正确的。

第二，原型启发，取类比项。

世界上的万事万物无不包含着一定的规律，我们要认真观察生活，从日常生活中的事物引发创造想象；也可以根据两个或两类之间某些方面的相同或相似而推出它们在其他方面也可能相同或相似。著名发明家瓦特看到水壶中水沸腾后，蒸汽顶翻了壶盖受到启发，想象将壶扩而大之，那种蒸汽的力量又是多么大？由此发明了蒸汽机；我国古代鲁班从带齿的草叶能划破皮肉开始想象并发明了锯。仿生学的发展更能说明类比法的重要，“雷达”、“电子警犬”、“电脑”等都是由于类比而创造性地想象出来的，中学生小发明小创造中的许多产品也都是受了原型启发或通过类比而想象后制造的。类比的方法也很多，主要可从以下几方面着手：

拟人类比：如挖土机对人体手臂的模拟；

直接类比：如飞机外壳、潜艇体型对鸟鱼外形的直接模拟；

象征类比：如纪念碑赋予的“庄严”等象征格调；

因果类比：如在面粉中加入发酵粉可做出松软的馒头，美国一家橡胶厂据此在橡胶中放入“发泡剂”而制成了海绵橡胶。另外，还可根据事物间具有对称性而形成对称类比等。

第三，由果溯因，环环相扣。

对任何事物的好奇，善于由一事物联想到另一事物，一环紧扣一环，穷追不舍，是创新想象的另一重要方法。阿基米德在洗澡时发现，走进装满水的浴盆后，身体上浮并有水溢出，于是产生好奇：为什么上浮？为什么溢水？上浮与溢水有何关系……一连串的求因联想，使他终于想出了浮力与溢出水的关系，得出浮力定律；贝尔在发明电话的过程中发现把音叉的端部放在带铁芯的线圈前面，让音叉振动，线圈中会产生感应电流，通过电线把这电流送到另一只同样的线圈中，这时发现放在另一线圈前面的音叉也会振动并发出与前一音叉一样的声音，由此，他想到：是否可用金属弹簧片代替音叉？进一步他又联想是否可用薄铁片代替金属弹簧片？联想的最终结果使他获得了成功。我们在做化学试验时就可出色地运用求因法，如钠放入水中，会有气体冒出，为什么？放出的气体是什么？钠块为何消失了？最后你会将消失的钠与放出的气联系起来，得出钠的置换反应。以后进行类似的试验，如钾、钙等，你便可联想出试验的情景。

第四，去伪存真，探微知著。

抽取一般事物所具有的共性，然后进行概括，形成一个新的形象。文艺创作就是在头脑中塑造形象，这就是想象的过程。鲁迅先生是这样进行的：从许许多多的不同人物，不同的嘴，不同的鼻子，不同的眼睛……抽象具有典型代表意义的成分，重新组合，概括出一个新的形象。特别是个性的塑造更是如此，比如你在写《人》的说明文时，你就要首先对你周围所熟悉的人（父母、兄弟姊妹、亲戚邻居、老师、同学等）进行抽象，得出共有的东西“头、四肢、躯干、五官”等，不同的人又有不同的思想、意识，你还要抽出相通的东西——主体意识，经过一系列的抽象，然后作出概括，人的形象自然也在你脑中和笔下创造出来了。

第五，庄生晓梦，望帝春心。

不论在生活中还是在文学作品中，人们似乎都认为，酒意微醺的时候，容易产生奇妙的想象，这是因为在散漫的心理状态下，容易展开形象思维。睡觉做梦就是最好的证明。当然，我们提倡喝酒，但学会“做梦”还是有意义的。不少科学家善于在睡意蒙眬的状态下思考问题，英国剑桥大学一份关于各类创造性学者工作习惯的调查报告表明，70%的科学家说，他们曾经从一些梦中得到过帮助。世界著名画家达·芬奇专门论述蒙眬法发展想象力时说：“这法子虽然似乎微不足道甚至可笑，但都具有刺激灵感作出种种发明的大用处。请观察一堵污渍斑斑的墙面或五光十色的石子。倘若你正想构思一幅风景画，你会发现其中似乎真有不少风景：纵横分布着的山岳、河流、岩石、树木、大平原、山谷、丘陵。你还能见到各种战争，见到人物疾速的动作……”我国古代大书法家王羲之在作“兰亭序”时醉意大发，蒙眬中写出了空前绝后的书法艺术珍品，待醒酒后再写，无论如何也达不到“蒙眬”中的效果，唐朝诗人李太白“斗酒诗百篇”也说明了“蒙眬”的妙用。

（3）理想、幻想还是空想，取决于想象的意义　理想是符合事物发展规律，经过努力能够实现的想象。我们对未来的生活、工作等等都会自觉不自觉地有所期待和设想，这会鼓舞和支持人们的创造活动，但是这些期待和设想要符合事物发展的规律，这样实现的可能性才会大。

理想对于一个人来说是人生的奋斗目标，对于一个群体来说则是对群体未来状况的设计，是人们对未来的一种有可能实现的想象。理想是一种对未来的想象，但是，并不是任何想象都是理想。

理想与我们下面将会谈到的幻想、空想都有所不同。理想是一种正确的想象，具有不同于幻想、空想的突出特点。

第一，理想需要与客观相符。理想的客观必然性就是理想作为一种想象，正确的反映客观实际，正确的反映现实与未来的关系，合乎事物发展变化的规律，经过努力是可以实现的。理想与幻想、空想或者妄想不同。幻想虽然植根于现实之中，一定程度上反映了客观实际，但是，幻想不是完全反映客观实际，一定程度上存在着用主观设计代替尚未知道的客观实际。幻想有可能实现，但是，不可能完全实现。例如，“嫦娥奔月”就是人类对登上月球的一种幻想。月亮是在天空中，但是，不像故事描写的那样，月亮上有宫殿、有吴刚、还有桂花酒。人类有可能登上月球，但是，不会像嫦娥那样怀抱玉兔，飘然而去。空想也叫妄想，它们是完全脱离实际、没有任何客观依据的想象，是根本不可能实现的想象。例如，“猴子捞月”的故事，一只猴子看到井水中有一个月亮，产生了从水中捞出月亮的想象。月亮根本就没有掉在水中，这种想象完全脱离实际。从水中捞出月亮，没有任何客观依据，是根本不可能实现的。所以，猴子捞月是空想和妄想。

第二，理想需要社会的认同。理想是人类特有的一种精神现象，具有鲜明的社会性。理想的社会性是指理想不是离开社会的孤立的个人的随意想象，而是由社会制约和决定的想象。首先，理想的产生取决于特定的社会环境。一定的社会政治、经济、文化环境，决定人们的理想的形成。饥寒的岁月里，人们的理想是温饱；温饱的年代里，人们的理想是文明；动乱的岁月里，人们的理想是安定；安定的年代里，人们的理想是繁荣。任何脱离社会环境的想象，都不是理想。其次，理想的实现依赖于社会环境。理想是对未来的一种预见和想象，它必须在一定的社会条件下才能实现。离开一定的社会条件，任何理想都不能实现。

此外，在阶级社会中，理想还具有阶级性，不同阶级的人，他们的理想是不同的，甚至是冲突的。

幻想则是由个人愿望或社会需要引起的指向未来的并和人们的愿望相结合的一种特殊想象。现在我们接触比较多的是科学幻想，它与创新的关系比较密切。

科学幻想是有预定的目的、自觉地构思出来的一种想象。科学幻想不完全都是通过别人（或书本）的语音、词语或其他符号的描绘而引起，它具有计划性。而且，在实际情况中，科学幻想不一定直接引起物质产品的产生，它更大的意义在于启发人们的思路，激励人们不断探索未知领域，不断发明新的东西，积极创造美好的未来。此外，科学幻想特别是高质量的科幻文学作品一定程度上还承担着传播与普及科学文化知识的作用。因此，科学幻想是人们努力发展科学技术、改造自然的一种动力。历史上，人们对“千里眼、顺风耳”的幻想，对展翅高飞的期待，对“天涯若比邻”的渴望都在科技的不断进步中逐步实现。我们这本书的题目中有“点石成金”的字样，这也是人类一直以来的愿望，而今，我们已经可以把柔软、廉价、漆黑的石墨在高温高压的条件下加工成刚硬、昂贵、光华的金刚石。

幻想不是无根据的，幻想应该是经过努力可以变为现实的想法。这样的幻想激发人类前瞻未来，推动科学发展。幻想应该扎根于现实的科学技术水平和实践情况，同时又不能囿于时代和现实的局限，而应该在现有条件基础上，进行积极地理论思维、形象思维和逻辑思维，从而为未来做美好而合理的描绘。

如果想象是毫无根据的、脱离实际的、违背客观规律的，那么这种想象就无论如何不能实现，那么这就是空想，甚至是妄想。最明显的空想就是我们曾经提到的永动机。永动机与这个世界最基本的运动规律——能量守恒定律——相违背，因此，不论有人把他们的设想或产品描绘得多么天花乱坠，演示得多么无懈可击，都无一例外的存在背后不可告人的秘密，并最终会被戳破。

2. 让想象为我们服务

通常我们对想象的认识更多地来自于文学艺术，不论是文学、音乐还是美术与建筑，作者通过自己天马行空的想象为人们提供了众多异彩纷呈的艺术作品，展示了形象各异的艺术角色，通过作品和角色来反映作者对这个社会的认识，并与欣赏者产生共鸣。然而，想象绝对不是为艺术家们所专享，科学技术同样需要想象。作为一个哲学家，列宁曾说："有人认为，只有诗人才需要幻想，那是没有理由的，这是愚蠢的偏见！甚至在数学上也是需要幻想的，没有它就不可能发明微积分。"作为一个科学家，爱因斯坦也对想象有自己的表述："想象力比知识更重要，因为知识是有限的，而想象力概括着世界的一切，推动着进步，并且是知识进化的源泉。严格地说，想象力是科学研究中的实在因素。"

爱因斯坦（Albert Einstein，1879～1955）如此重视想象并非没有道理。实际上，现代物理学发展的过程中有很多"想象中的实验"。"薛定谔的猫"就是一个例子。一只猫被关在一个封闭的箱子中，一般来说这个箱子可以提供维持这只猫生存的一切条件，但是这个箱子包含着一种剧毒气体。通常情况下这种剧毒气体隐而不发，可是这个箱子有一个巧妙的装置，如果人们不论试图通过什么方式查看猫的死活，那么这个装置就会被触发，释放出剧毒气体，从而把猫毒死。这样一来，我们永远不知道箱子中的猫究竟是死是活，因为一旦我们采取观测行动，那么这只猫必死无疑，换句话说，我们的观测行为会影响观测结果。实际上，在现实生活中，所有的观测行为都会对观测对象有影响，只不过在宏观尺度下，这种影响微乎其微，可以忽略不计。比如，我们用伏特表测量电压、用安培表测量电流时都会因为电流的分流而改变了原有的电流状况，只是这种影响相对较小。然而，在量子尺度下，观测对结果的影响就不是可以忽略的了，观测对固有情况的影响甚至是决定性的。因此，从目前看来，量子世界中的"测不准原理"是一条不容违背的原理。这一点在习惯了决定论思维定势的一些物理学家看来是不可思议的，于是“薛定谔的猫”就成为描述量子力学中测不准原理的一个“佯谬”实验。爱因斯坦一直是坚持决定论的观点的，他认为“上帝不会掷骰子”，人们之所以对微观现象的测量出现了测不准现象，是因为我们的测量技术存在着不足或是我们还有更深层次的科学规律没有认识；而与他同时代的丹麦物理学家波尔则认为测不准原理就是大自然的固有原理之一，我们不必对此纠缠不放，而是应该接受这个原理，并在此基础上进行继续探索。两人围绕这一点进行了长久的论战，而在论战中都设计了不少“想象中的实验”，这些实验虽然不能在实验室中真正操作，但仍然对量子力学的发展起到了不可或缺的推动作用。

所以，在科学研究中不仅需要想象思维，而且要求善用想象思维。

（1）众多的科学发现中都有想象思维的影子　我们知道，科学发现的过程有四个阶段，提出（或发现）科学问题➡提出科学假说➡通过观察或实验验证科学假说➡完善、抽象科学假说。不难理解，在提出科学假说这个阶段，肯定需要创新想象和再造想象。创立科学假说是科技发展不可逾越的一个阶段，因此发挥想象力也就是必需的，并且需要我们从不同的事物、现象、领域、学科的角度来提出假说。在验证科学假说的阶段，也需要想象，特别是需要实验验证的情况下，在进行实验设计的过程中，想象更是不可或缺的。在抽象科学假说的阶段，想象也是非常重要的。我们知道抽象就是从事物外在的表面现象中提取内在的运动规律的过程，不论是实验还是观察，我们的所有测量、观测等手段得到的都是事物外在的表面现象，抽象的过程只能靠我们头脑的想象来完成。

在现代科学技术领域中，由于各学科的发展不断精深，尽管实验、观察的手段也在不断的进步，但似乎总是无法满足科学家们对这个世界认识的需要，于是想象对科学家就越发重要起来。

著名物理学家泡利（Wolfgang E Pauli，1900～1958）曾经预言过一种没有静止质量、呈电中性、不与任何其他粒子相互作用（或者说发生相互作用的几率很低）的微观粒子的存在，这在当时引起轰动和质疑，后来的科学研究和科学观察证明了这种粒子的存在，并被命名为中微子。后人非常佩服泡利的创新勇气和想象力。不过，也有不少物理学家抱怨，泡利开了一个不好的头，因为现在有一些学者轻率地预言粒子的存在，试图解释现代物理学中存在的一些问题，于是被预言出来的粒子越来越多，而这些被想象出来的粒子带来的问题比它们能解决的问题还多。

这个例子说明，想象很重要，但不能轻率，而要慎重。

（2）想象在技术发展过程中同样不容忽视　技术发明要求发明者在已有的知识、经验材料和掌握的事实的基础上，借助想象、理论思维和逻辑推理等手段，在头脑中形成待检验的新产品的形象或新的操作手段和方法。然后制作出新的产品或把新的操作手段或方法投入运用，再通过市场或实践来检验产品或操作。所以想象对于技术发展的产生、形成、完善和最终成形都具有重要的作用。这一点是很好理解的。

（3）想象在抽象过程中具有重要作用　我们生活的这个自然界很有意思，我们能够观察或通过测量可以获知这个世界中很多事物和现象的外在情况，但是我们不能直接由此获得这个世界的内在规律，要想得到这些规律就要需要我们进行抽象，而抽象的过程需要想象。例如，学习物理学时，会接触到的一些概念，例如“质点”、“刚体”、“理想气体”、“点电荷”等等。这些概念就是为了研究方便而根据实际事物的共性而抽象出来的。如果没有这些抽象的概念，我们难以想象物理学会是什么样子。

而另外一方面，自然界还把一些客观存在的东西不怎么高明地“掩盖起来”，我们虽然能够感受到它们的存在、测量它们的状况，但是却不太方便去描述它，于是我们需要通过想象来设计一些东西展现它们。磁场、电场就是如此，人们为了方便、形象地描述它们，就有了磁力线、电力线，可是我们知道在现实世界中没有磁力线和电力线。

3. 让我们学会想象

前面，我们举了很多例子，也借用了一些名人的论述来说明想象思维能力的重要。那么想象思维能力如何来培养呢？

首先，需要渊博的知识，储备丰富的表象。创新不是无根之水、无本之木，创新永远是基于现实基础的。因此，知识和经验越丰富，我们想象的空间也就越大，想象所立足的基础就越雄厚，我们通过想象来加工、改造世界的角度就越多，因而成功创新的可能性也就越大。但是，这并不意味着知识和经验越丰富，想象力的水平就越高。从负面的角度来看，知识和经验越丰富也有可能给人们带来更大的束缚和桎梏。一个因循守旧的人，知识和经验越多，他就越会裹足不前，丧失更多的创新机会。

其次，我们要保持一份好奇心。“熟视无睹”是非常可怕的，对于我们经常接触、经常使用的东西，往往我们会形成习惯，不去注意它们，从而忽略了这些日常所见的东西中所包含的特殊或不同，从而失去新发现的机会。如果我们有一份强烈的好奇心，对我们目之所见、耳之所听、手之所及的东西仔细观察，找到平时我们没有注意到的现象，那么我们就会有新的发现。特别的，儿童的好奇心很强烈，在他们眼中，一切都是新奇的，他们喜欢探求所有的事物，喜欢问“为什么”。然而，对这个世界“熟视无睹”的大人们，包括家长、老师和其他的人，往往对儿童的提问不理解、不耐烦，采用敷衍、嘲笑、甚至讥讽的态度，这样不仅伤害了儿童的自尊心，也会伤害他们的好奇心，使他们把想象力深深埋在心底，甚至抛弃掉。这也是损失。

另外，我们要有意识地保持想象的热情。想象是一种思维活动，是人脑对客观外界的反映，这种反映必须通过人脑的思考活动才能实现。所以，我们需要“锻炼”，需要经常进行想象，要勤于动脑和善于思考，经常做做“思维的体操”。平时做一些想象力的训练，有意识地突破习惯性思维的框架，超越时空的局限，纵横驰骋，浮想联翩。

当然，在进行想象力的训练时我们可以无拘无束，天马行空，但是当我们把想象应用于实际的创新活动中时，我们就必须要把握实事求是的原则，不能毫无根据的胡思乱想，要提出符合客观事实的假说，或者把自己的研究结论拿到实践中检验，并尊重和重视客观的情况。

第三节　光是滚动的小球还是水面的涟漪——逆向思维

光明如同自由一样为这个世界上的芸芸众生所期待，我们习惯于把世间美好的事物加上光环与光辉，光的明亮与色彩带给我们温暖与悸动。光为诗人所赞颂，光也同样为科学家所瞩目。人类的好奇心与求知的渴望体现在方方面面，光这种神秘的事物和现象同样激发了人类探求其本质和内在规律的热情。

在17世纪，随着数学与力学的发展，人们对刚体的力与运动的了解有了极大的发展，对于流体的力与运动的了解也有了长足的进步（尽管与刚体相比，流体不那么引人注目），使得质子运动和波状运动在一定程度上形成了体系。同时，科学家也在对光进行探索。在此之前，人们对光的描述更多的是以几何的形态出现的，也就是所谓的几何光学。当时，人们根据自己的观察结果，较为系统的提出了光的直线传播观点、光的反射定律、光的折射定律，这些定律在当时的技术条件下较好地解释了日常生活中和实验中的很多光学现象。然而，人类探求世界本质的脚步不会就此停歇，人们开始发出疑问："是什么掩藏在光的背后"。

当时，一位名声显赫的人物认为光是由粒子构成的，他就是牛顿（Isaac Newton，1642～1727）。我们知道，如果一个物体不受外力作用（或者受力平衡时），这个物体就会以匀速直线前行，当物体前行时遇到障碍物，那么物体就会改变运动情况，速度或运动方向会发生变化。所以，如果光是由粒子构成的，那么它的运动情况就可以抽象为质点，自然也可以用牛顿提出的运动学定律来解释。那么光的折射又该怎么解释呢？我们准备两个高度不同的平台，中间以斜面连接，然后把一个小球从高平台滚出，如果小球的运动方向与平台边缘线垂直，那么小球从斜面降至低平台后，只有速率发生改变，但是运动方向不会发生变化；如果小球的运动方向与平台边缘线存在夹角，那么小球降至低平台后，不仅速率会发生变化，运动方向也会发生变化，并且运动方向的变化程度与斜面的倾斜程度相关联。我们知道，光在密度不同的介质中穿越时光的方向会发生变化，并且变化角度与介质的密度差别相关。这个实验结果被牛顿拿来论证光是粒子的证据。介质的密度差别就像两个平台之间斜面的倾斜程度类似，这样就能够解释光的折射了。

而与牛顿同时代的另外一位哲学家兼物理学家惠更斯（Christiaan Huygens，1629～1695）则持不同的观点，他认为光是连续的波，光的运动符合波的运动规律。我们知道，波同样具有直线传播、反射、折射的性质，并且在数学上波在这些性质上的规律与光是相同的。然而，我们不得不说，牛顿尽管坚定不移地站在粒子说一面，可是他的很多观点是借鉴了光的波动学说的。甚至牛顿发现的“牛顿环”现象就是光的衍射现象，牛顿提出了光的“猝发的间隔”，这跟后来波动说中的波长相似。有人甚至说，尽管他坚持光的粒子说，牛顿实际上是测定光的波长的第一个物理学家。其实，在惠更斯以前，牛顿的前辈胡克是支持波动说的，而牛顿作为一个后辈还在光的粒子说与波动说之间摇摆。在一篇论文中，牛顿从粒子角度论述了一些光学问题，但是被小气的胡克批评和嘲笑，再加上其他的一些事情，同样小气的牛顿就与胡克接下了梁子；类似的，牛顿与惠更斯的关系也非常紧张。或许是由于这些原因，牛顿坚定地站在了粒子学说一边。不过，牛顿的天才和科学精神还是使他在建立自己的理论体系时吸收了不少波动学说的有益之处，只不过改头换面或者巧妙嫁接到他的粒子学说之中。

然而，当时的研究成果中，波除了直线传播、反射、折射等现象外，还有干涉、衍射等更为引人注目的性质，可是人们却无法观察到光的类似现象。我们知道，两道水波相遇，峰峰相遇或谷谷相遇的情况下波动加强，而峰谷相遇的地方，波动减弱，这就是波的干涉，可是人们无法观察到光的干涉。类似的，我们知道，水波可以绕过障碍物前行，障碍物的尺寸越小，水波绕过障碍物的现象就越明显，这就是波的衍射，可是人们同样没有观察到光的衍射现象，否则就不会有“只闻其声，未谋其面”的现象存在了。光的波动说在这里遇到了障碍，并且无法发生“衍射”。

但是，光的粒子说也不是没有瑕疵。我们知道，粒子在运动中如果发生了碰撞，那么其运动情况就会发生改变。如果光是粒子构成的，那么两束光交叉的话，为什么两束光仍然是直线传播，彼此任何形象都没有呢？构成光的粒子难道一点碰撞都不会发生么？这是难以想象的。有意思的是，这种现象却可以用波动说解释。我们知道，尽管相遇的两束波会发生干涉现象，但是当它们分开后，彼此将继续前行，而且就像刚才什么都没有发生一样。

于是，这两种都不怎么完美的学说开始了竞争。一方面，在当时由于光的粒子说的瑕疵不像光的波动说那么显著；另一方面由于牛顿的名声实在是太响亮了，所以其后的百余年间光的粒子说占据着上风，光的波动说渐渐隐没。

风不会总吹往一个方向。在1807年，一位名叫托马斯·杨（Thomas Young，1773～1829）的年轻人总结出版了他的《自然哲学讲义》，里面综合整理了他在光学方面的工作，并第一次描述了他那个名扬四海的实验：光的双缝干涉。后来的历史证明，这个实验完全可以跻身于物理学史上最经典的前五个实验之列，而在今天，它已经出现在每一本中学物理的教科书上。

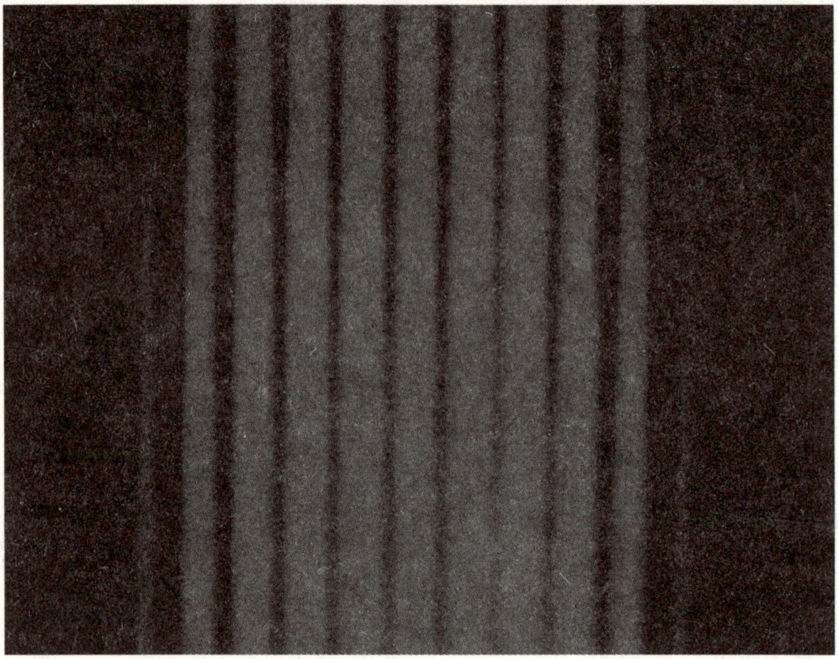

单色光的双缝干涉实验结果

托马斯·杨让一束单色平行光通过相互距离很近而宽度很近的两道隙缝，从而获得两束相干光波，他惊奇地发现，在纸屏上出现的不是两道极细的光道，而是明暗不同的若干束光纹。实际上这是现在通行的对托马斯·杨的实验的叙述，可实际上，当年杨的实验不是这样的，而是把一个纸板放在一束平行光中间，通过改变纸板的宽度，获得相干光源的，当然，试验结果一样具有震撼性。

再来看看光的衍射把。如果，让一束单色光通过一道可以改变宽度的缝隙，当缝隙的宽度较大时，光线在纸屏上的留下的光纹宽度与缝隙的宽度相同，随着缝隙宽度的减小，光纹的宽度也逐渐减小；然而，当缝隙的宽度减小到一定程度后继续减小时，光纹的宽度不降反升，并逐渐出现明暗相间的若干束光纹。这表明，光发生了衍射。

新的实验现象出现了，面对新的情况，粒子学说的支持者无法解释；波动说的支持者们却欣喜若狂，认为终于找到了支持自己理论的有力证据。可是粒子学说的支持者中有人不死心，提出了质疑。举例而言，一位叫泊松（Poisson Simeon - Denis，1781～1840）的法国数学家宣称，如果“光是波”的结论正确的话，那么把光按照波动理论来进行计算会出现什么结果呢？他选择了一个比较特殊的例子，让一个大小适当的原板放在一个光源与纸屏中的合适位置上，在纸屏上会出现圆形的阴影，可是阴影的中心却有一个亮斑，这是泊松的计算结果。泊松大喜过望，他认为，这是绝对不可能的，因为这不符合光的直线传播原理（我们前面提过，不论是粒子说还是波动说，都支持光的直线传播），于是他高调地宣布了他的计算结果，并声称这足以否定波动学说。然而大自然服从了数学原理而没有服从泊松，因为有人按照泊松的设计实地进行了实验，结果与泊松的计算惊人的一致，在阴影中心出现了清晰的亮斑。这样，得意洋洋的就不是泊松了。尽管泊松的工作是为了反驳光的波动学说，可是这种现象却被命名为“泊松亮斑”，成为支持波动说的重要依据。

波动说扬眉吐气了。此后，光的波动学说有了长足的发展，直至麦克斯韦集前人之大成，把电磁波的规律总结为四个方程，并证明光是电磁波以后，光的波动学说羽翼丰满。可是大自然其实还有一层面纱没有被揭开。在19世纪、20世纪相交的时期，科学家发现了光电效应。

光电效应由德国物理学家赫兹（Heinrich Rudolf Hertz，1857～1894）于1887年发现。有意思的是，此前赫兹以自己的实验证实了电磁波的存在，宣告光的波动说的全胜，判处了光的微粒说的死刑。

赫兹是一个短命的物理学家。他于1894年逝世，年仅37岁，这无疑是物理学界的巨大损失。他从21岁考入柏林大学直到不幸去世，进行科学研究不足15年，然而却建立了永垂青史的功绩。

赫兹以前，由法拉第发现、麦克斯韦完成的电磁理论，因为未经一系列的科学实验证明，始终处于“预想”阶段。把天才的预想变成世人公认的真理，是赫兹的功劳。赫兹在人类历史上首先捕捉到电磁波，使假说变成现实。

要获得电磁波，就必须建立一个辐射电磁波源，这个电磁波辐射源还应当有足够的功率。名师出高徒，赫兹的恩师赫尔姆霍茨是一位理论和实验俱佳的卓越物理学家。在他的指导和帮助下，赫兹很快制成了电磁波辐射源，当时它被称作赫兹振荡器。

当实验设备基本备齐以后，赫兹投入了实验过程。赫兹习惯性地首先检查谐振器，将谐振器放到高振荡器有一定距离的地方，使谐振器的平面与振荡器上放电器的轴相吻合。通过调谐电磁辐射源的内部要素，加大每秒钟振荡的次数，赫兹终于证明了电磁波具有光一样的反射性能。在以后的工作中，赫兹悉心研究了电磁波的折射、干涉、偏振和衍射等现象，并且证明了它们的传播速度等于光速，这样，赫兹第一个证实了光从其本质上说也是一种电磁波的问题。

可是同样是赫兹，他也是光电效应的发现者，并导致了微粒说的复活。光电效应是指物质（主要是金属）表面在光辐射作用下发射电子的效应，发射出来的电子叫做光电子。光波长小于某一临界值时方能发射电子，即极限频率和极限波长。临界值取决于金属材料，而发射电子的能量取决于光的波长而与光强度无关，这一点无法用光的波动性解释。还有一点与光的波动性相矛盾，即光电效应的瞬时性，按波动性理论，如果入射光较弱，照射的时间要长一些，金属中的电子才能积累住足够的能量，飞出金属表面。可事实是，只要光的频率高于金属的极限频率，光的亮度无论强弱，光子的产生都几乎是瞬时的，不超过十的负九次方。波动学说无法解释光电效应，因为光电效应似乎在暗示光的本性更接近于粒子。于是人们又开始怀疑光的波动学说的正确性。后来，爱因斯坦解释了这个问题。他受到普朗克的量子理论启发，认为当光子照射到物体上时，它的能量可以被物体中的某个电子全部吸收。电子吸收光子的能量 $h\nu$ 后，能量增加，不需要积累能量的过程。如果电子吸收的能量 $h\nu$ 足够大，能够克服脱离原子所需要的能量（即电离能量）I 和脱离物体表面时的逸出功（或叫做功函数）W，那么电子就可以离开物体表面脱逸出来，成为光电子，这就是光电效应。而这也说明了，光并非完全的粒子，也非完全的波，而是两者的性质兼而有之，故称为“光的波粒二象性”。在新的事实与理论面前，光的波动说与微粒说之争以“光具有波粒二象性”而落下了帷幕。

这个例子叙述得似乎有点长，但是我们有必要为此花费篇幅，因为人类对光的本性的探索体现了理论与实践、猜想与论证的历史交错；体现了人类认识世界的艰辛，体现了人类创新路途的荆棘。

我们不难看出，围绕着光的本性是粒子还是波动的问题的争论虽然持续了那么长的时间，双方人士各执己见、绞尽脑汁、固守阵地、寸土不让，结果是随着实验技术和观测手段的不断进步，新的实验结果也不断出现，于是出现了两方观点不断此消彼长的现象。而爱因斯坦则没有按照前人“证明己方、证否对方”的旧式思维，反其道而行之——光为什么不能既具有粒子的性质又有波的性质呢？这就是我们马上要探讨的逆向思维。

在讨论逆向思维之前，我们先大致了解一下所谓的“正向思维”。

正向思维是指按照常规思路或者遵照时间发展的自然过程，或者以事务的常见特征与一般趋势为依据而进行的思维方式。正向思维是我们以在平时的生活、学习和工作中学习到的知识和获得的经验，按照因果关系或时间的前后来得出结论。这种思维方式我们经常使用，已经形成了习惯，并且也是我们认为合情合理的一种思维方式。

逆向思维是相对正向思维而言的一种思维方式，又被称为反向思维或逆反思维。平时，我们常说“反过来说”、“反过来看”、“唱反调”等都是逆向思维。

从方法论的角度来说，逆向思维是辩证唯物论的对立统一的体现，或者说辩证唯物论是逆向思维的客观依据。辩证唯物论认为，任何事物或过程，都包含着相互对立的因素，也就是矛盾；矛盾虽然对立，但却是彼此依存的，彼此虽有势力上的消长，如果矛盾的一方消失，那么另一方也因为对立面的消失而发生变化，即使有时表面上还似乎保持着原来的面貌，但其本质和未来的发展趋势却已发生变化；由于事物的内部有这种相互对立因素的存在，事物就存在向不同方向发展的可能性，而由于这种可能性的存在，不同的人对事物未来的发展趋势做出不同的预测也是完全正常的，因为人们对矛盾主要方面的判断可能会有不同，对矛盾两方面各自发展的潜力的判断也可能会有不同。这反映在思维上，就表现为人们就会沿着不同的方向进行思考。

仔细地分析一下，逆向思维可以分为六类，下面分而述之。

1. 镜中水月——结构逆向

结构逆向就是受到已有事物结构的启发，通过对既有结构、位置的调整、颠倒，从而实现同样的功能或者功能的进步甚至新的功能。

电视机已经成为日常生活中重要的电器，尽管现在液晶电视和等离子电视已经开始走进人们的生活，可是传统模式的电视仍然居于主流地位。传统的电视是由显像管后方的电子枪发射出高速电子束，经过水平和垂直的电场调整以后，到达显像管前方的玻璃屏上，激发玻璃屏上的荧光粉发光，从而形成图像。这种电视机最大的问题就在于其屏幕巨大的电子辐射。日本索尼公司的工程师井深大（1908～1997）有一天到理发馆理发，一边理发，一边通过眼前的镜子看“里面”的电视。“镜面电视”里面反向的图像使井深大感觉很不舒服，不过这倒使他产生了一个想法：如果设计一种反向画面的电视，这样就能在镜子里获得正面的图像了。他把这种想法付诸实践，利用索尼公司已有的技术和营销优势，设计、生产、经营这种反向画面的索尼电视机，效果非常不错。购买这种电视的有医院，他们在住院部里安装这种电视，方便病患观看；还有理发馆和美容院，给无聊的顾客增添快乐；也有体育训练学校，因为一些运动员需要以左手对付习惯用右手的对手或者习惯用右手的运动员要对付习惯用左手的运动员；还有就是当时街头巷尾方兴未艾的电子游戏厅，他们大量购进利用反向电视机制作的游戏机，这样打游戏的人受到的辐射就会减少很多，使眼睛不容易疲劳，从而延长游戏时间，更为重要的是，由于电视显像管的长度造成传统的电视机厚度很大，而采用了索尼的反向电视以后，大型游戏机可以把电视机放在位置比较低的地方，而把镜面放在游戏者习惯的位置上，这样就可以节省空间，使游戏厅老板赚更多的钱。就这样，原本电视机生意就不错的索尼公司又开辟了一片新的市场。这个例子就是结构逆向的应用。

2. 从南辕到北辙——状态逆向

状态逆向是指人们根据事物或者方法现有的状态的反面来看待、思考事物或方法，从中找到改善事物或方法的途径。

我们再来看一个索尼公司的例子。20世纪60年代中期，索尼公司以江崎玲于奈（Leo Esaki，1925～）博士为核心，全力投入新兴电子管的研制。为了制造出高灵敏度的电子管，人们一直在尽力提高锗的纯度，在当时已经能提炼纯度高达99.99999999%，在这种情况下，再进一步提高纯度，难度非常大。有一天，在工作中经常出错的名叫黑田的女士对江崎博士发牢骚说："我才疏学浅，对于提纯锗的纯度这项工作实在是难以胜任，如果让我干一些往锗里掺加杂质的事情，或许会干得好一些。"说者无心，听者有意，黑田的话引起了江崎博士的思考——"如果反过来往锗里添加一些其他的物质，会有什么结果出现呢?"于是，江崎博士果然安排黑田每天朝着相反的方向做实验。当黑田把杂质增加到1000倍时（锗的纯度降到原来的一半），测定仪器上出现了大弧度的曲线，几乎令人认为测定仪出了故障。江崎重复了多次这种掺杂实验，认定不是测定仪的问题，而是一种新的现象被发现了，而这种现象就是鲜为人知的电晶体现象。江崎在此基础上继续前进，发明出震动电子技术领域的电子新元件。使用这种电晶体技术，电子计算机的体积缩小到原来的十分之一，运算速度则提高了10多倍。江崎玲于奈为此荣获了诺贝尔物理学奖。

事物现存的状态往往影响着人们的思维方式。在科学技术快速进步以及全球化程度越来越深的今天，世界各国以及各行各业都在为标准而战，行业中的领先者强者制定、推广有利于自己的标准，而落后者往往不得不接受既成的事实，然后不管情愿与否都要支付高昂的知识产权成本，这还算不错的，更难的是要大笔的投资，按照既有标准采用生产工艺和生产设备。这一现象现在已经不仅仅局限于新兴行业或者前沿产业。举一个例子，在东方，基本上每个民族都有各自特色的泡菜，风味各有不同。就拿我们中国来说，由于地大物博，人口众多，各地的泡菜各有不同，在北方，东北、华北、西北的泡菜名称不同，口味也不同；在南方就更明显了，不同的省、甚至不同的县都会奉行各具特色的泡菜，从这个角度来说，我国可以称作是泡菜大国，在饮食业也在国际化的今天，本应该大有作为的，可遗憾的是，现在国际上通行的泡菜标准是韩国人拟定的，从原料选用、加工工艺、甚至外包装都有按照韩国人的口味制定的标准，结果，我们的泡菜就成了深锁闺房的大姑娘，虽然才貌双全，可是却嫁不出去。

现在，国家意识到了这个问题，并且改变了过去的思维方式——过去总是仿照外国人制定标准的模式，或是被动地接受人家的标准——现在，我们开始主动出击制定自己的标准了。就拿中药来说，祖国的传统医学在我们源远流长的历史中为人民群众的身体健康做出了重要的贡献，并且积累了宝贵的财富。然而，在现代医学话语权被西方国家所掌握的时候，我们传统医学的发展从近代开始受到了强烈的冲击。然而，现在看起来，我国的传统医学的理念是先进的；炮制加工技术可以有效地减低药物的毒性，有效地促进有效成分发挥作用；辨证论治和复方避免了单体药物作用单一的弊病，这些都是我们传统医学的优势所在。

然而，由于西方国家在药物标准上拥有强势的话语权，所以中药往往被西方国家拒于国门之外。其实，西方人用他们的标准卡我们的脖子还是出于经济上的考虑，虽然西方国家禁止我们的中药饮片、成药进入他们的市场，可是他们大量地廉价进口我们的药用植物、动物、矿物去提取有效成分，然后把制成品高价卖出，而我们国家的生态环境、濒危动植物却受到了不可逆转地损害；或者，我国耗费资源生产原料药，低价出口，尽管我们的原料药产量在世界上举足轻重，但是因为技术含量不高、附加值低，造成国内企业恶性竞争，利润微薄。

现在，中医药界的有识之士开始朝向相反方向思考这个问题，过去，都是人家制定好了标准，我们去适应标准，等我们满足了标准要求以后，再进入西方市场；现在不同了，中医药是我们国家的专有技术，在这个领域我们是当仁不让的领先者，所以我们没有必要在中医药方面跟着别人亦步亦趋，我们可以制定自己的科学、规范的中医药标准，有了这样的标准，今后的主动权就掌握在我们的手里了，中医药才能真正走向世界。

3. 毒与药——功能逆向

功能逆向就是指从既有事物的功能角度来进行逆向思维，从而寻求解决问题的方法。

我们中国有句俗语叫做“以毒攻毒”。在我们的传统医学中，很多病患都需要用到有毒性的药物，例如砒霜、巴豆、蛇毒、蟾酥等都具有强弱不等的毒性，但是那些有毒性的药物如果施以科学的配伍和适当的用量，可以有效地治疗很多疾病。同时，祖国医学在认为“毒即药”的同时也强调“药即毒”，也就是说，不论什么药物，用量很重要，如果超过了应有的用量，都会对人体造成负面的影响。

此外，中国的传统文化在这方面还有很多耐人寻味的讲究，例如“以柔克刚”、“以静制动”、“以弱胜强”、“大音希声”、“大象无形”、“大智若愚”等等，这充分体现了传统文化中特殊的辩证思想，更是功能逆向的重要体现。

4. 好马也吃回头草——原理逆向

原理逆向是指从相反的方面或相反的途径对原理及其应用进行思考的思维方式。这一点在自然科学中表现得尤为明显。

很长时间以来，人们认为电与磁是两种彼此不同的现象，然而在1819年，丹麦物理学家奥斯特发现，通电导线旁边的指南针会改变方向，这说明电在影响磁。果不其然，第二年法国物理学家安培发现通电螺线管具有与条形磁铁相同的作用，换句话说，通电螺线管可以产生与条形磁铁相同的磁现象。英国物理学家法拉第经过仔细地研究，提出了磁场、磁力线的概念，并且用这两个概念，描述了通电螺线管和条形磁铁的磁现象，进一步确认了两者是相同的。这就把电现象与磁现象紧密地连接在了一起。法拉第没有就此止步，既然电能够产生磁，那么磁能不能产生电呢？法拉第按照这个思路开始了艰辛的探索。功夫不负苦心人，9年以后，法拉第终于发现了电磁感应现象，也就是在磁场中做切割磁力线运动的导体会产生电势差，如果是闭合电路的一部分在磁场中做切割磁力线的运动，那么就会在闭合电路中产生电流。这一理论为发电机的制造提供了理论依据。

类似的例子在化学领域也有体现。19世纪的头一年，意大利物理学家伏特（Alessandro Volta，1745～1827）发明了伏特电堆，后来改进成伏特电池，虽然相对现在的电池来说，这种电池稳定性、安全性都很差，但却是最早有实际应用的电池。这种电池的原理实际上与现在的普通干电池类似，就是把化学能转化为电能。后来，英国化学家戴维想，既然化学能能够转化为电能，那么电能能不能转化为化学能呢？他开始尝试给各种溶液通电或者给熔融态的物质通电，结果获得了成功，提出了电解化学的理论，并且通过对熔融态物质的电解，发现了钾、钠、钙、锶、镁、钡、硼等7种元素。由于这些元素的化学性质非常活跃，在自然界中很难以单质形式存在，而且用常规的碳还原、氢还原等方法也无法获得其单质。所以戴维的工作在化学领域是具有划时代意义的。

5. 时间上的回溯——序列逆向

序列是指时序或程序，而不包含空间上的序列，这是因为，空间上的序列可以归类到前面提到的结构逆向之中。

在传统观念中，厂商往往尽自己的能力多生产产品，然后组织大规模的销售团队把生产出来的产品推销出去，如果市场不景气，那么就会造成产品的积压，这样这些产品在没有出厂时就已经开始“折旧”了，对于饮料、食品行业尤其如此，即便不是饮料、食品等行业，积压产品会带来大量的仓储费用，而生产这些产品花费的固定资产折旧、原材料、劳动力成本都是大规模的浪费。

而现在，很多厂商开始实行订单生产，改变了过去“以产定销”的模式，代之以“以销定产”。在这方面，戴尔公司无疑是其中的佼佼者。戴尔公司并不直接生产电脑的各类硬件，而是与硬件生产厂家签订供货协议，即如果戴尔有需要，硬件生产厂家就要及时供货，这样戴尔公司就解决了产品链的上游问题；而对于产品链的下游，戴尔公司没有像传统电脑公司那样建立复杂的销售渠道，而是借助现在已经非常发达的互联网，建立直接面向消费者的订购中心。消费者如果有了购买电脑的意愿，可以登录相关的网站，选择自己中意的产品，然后下订单，戴尔公司确认订单以后，即要求供货商供货。这样，戴尔公司就避免了大规模的库存，甚至做到了零库存，从而使戴尔公司的运营成本大大降低，使该公司的产品在同等品质基础上要比其他公司便宜。戴尔公司改变了传统的从上游到下游的生产销售模式，而是从下游倒推上游，解决了库存问题，降低了成本，这是应用序列逆向思维的典型案例，这种营销模式使戴尔公司成为近年来成长最快的电脑公司之一。

现在实行订单生产的行业不仅仅是电脑这种高科技行业。在我们印象中最传统、似乎最落后的农业，现在也在逐步地推广订单生产，也就是我们现在经常听到的“订单农业”。这种农业改变了过去，农民由于不熟悉市场的变化使农产品卖不出去，烂在地里，造成“谷贱伤农”；现在，有了订单，农民们根据订单进行生产，保证了农产品将来的出路，免除了农民的后顾之忧。

6. 为了胜利的撤退——方法逆向

方法逆向是指在解决问题时，采用与惯用方法相反的方法进行思维。

飞机是目前速度最快的大众交通工具，由于其舒适的乘坐环境，令人称道的周到的服务，印制精美的旅行手册，精心安排的餐点零食等，从而在服务与环境上也有别于火车、汽车等运输方式。尽管当前客运航空业面临油价高涨、竞争激烈的态势，不过还是有一些航空公司依靠头等舱和商务舱赚钱。但毕竟不是所有的航空公司都能在激烈的竞争中闲庭信步，于是廉价航空公司出现了。这类航空公司一般选择相对冷门的航线或是短途直达航线，采用同一机型，不供应餐点，不对号入座，有的则取消纸质机票，采用电话或网络取得确认号码，凭该号码即可登机。现在，这种廉价航空公司甚至想出了更为令人目瞪口呆的“省钱方式”：飞机上不设座位，乘客都站着，这样，航空公司不仅可以大大提高运送乘客的效率，还可以减少座椅的维护费用。这可能是方法逆向的一种极致吧！

第四节　不药之药——发散思维

对症下药是常识，然而在我们的历史上却留下不少“不药而药”的佳话。先看一个以画治悲的例子。南北朝时，鄱阳王被人杀害后，其王妃悲痛欲绝，茶饭不思，神情恍惚，延遍名医，百般调治，终不见效，眼看卧床不起，奄奄待毙。她的哥哥邀请名画家殷蒨做了一幅画，却使患者起死回生。原来画中描绘的是鄱阳王生前和一位宠姬在镜前调笑的丑态，形象逼真，虚实难辨。结果，王妃一见，冲发冲冠，指着画中的鄱阳王大骂，结果忧愁哀思之情一扫而空，从此断绝了思夫之情，病也渐渐痊愈。

接下来是一个“达生草”助产的故事。明代湖北罗田县有一胡姓财主，年近40，先后娶了一妻一妾，每次怀孕都因难产而夭折。

于是他又纳一妾，也怀了孕，于是这位胡财主差专人侍候，顿顿鸡鸭鱼肉。眼看着肚子渐渐大起来了，可忧愁也随之而来，财主害怕这个也难产，于是一面烧香拜佛，一面求医问药，请了名医万密斋到家询诊。万密斋看了以后，叹了一口气说："可惜，恐怕也可能难产。"胡财主急了，再三请求设法保胎。万密斋沉思半晌说："要想不再难产，必须做到两条，一条是要多吃青菜、豆腐，少吃大鱼大肉；另一条是要找一味名字叫做'达生草'的药物。"胡财主说："这不难，只要世上有的，我就能找到。"可万大夫却说："虽然这达生草就在5里开外的山上，但一定要妇人自己去找方才灵验。"胡财主挠头了："她平时不出门，又挺着大肚子，怎么能爬山呢？"万密斋说："那就没有办法了，还是另请高明吧。"财主无奈，问了达生草的形状，让孕妇每天上山去采药。这下可把孕妇折腾苦了，可是为了顺利生下孩子，还是咬牙前往。日复一日，几个月过去了，达生草根本没有找到，可身子骨倒硬实了。眼看即将临盆，达生草还是没有找到。财主可着急了，派人召来万密斋，大发雷霆。万氏笑曰："达生草已经找到啦！"财主疑惑地问道："在哪里呢？"万氏回答说："上次我来，看到夫人身体肥胖，顿顿荤腥不断，什么活儿也不干，整天不是睡觉就是坐着，导致气血不调，胎体沉滞，势必难产。可是如果我直言相告，恐怕你们难以接受。故而出此下策，让妇人每天活动活动。"过不多久，顺产一男孩。胡财主非常高兴。

再说一个以雨治病的例子。明朝的时候，有一个地方天旱无雨，当地的官员生病，找了数十个医生来医治，都没有效果。后来，有一个医生来了，诊脉后，掐算了一下，说："某天某天的傍晚会下雨"，然后就走了，既没有说这位官员得的是什么病，也没有说治病的方法，也没有开药方。结果到了医生说得那天傍晚果然天降大雨，官员大喜，起身奔至庭院，一直呆到天明，雨停之后，发现病居然好了。第二天，那位医生来访，官员非常高兴，并且问："那天给我看病的时候，没有说我的病，而只说了下雨的事，而今天下了雨，我的病就好了，这是怎么回事呢？"医生说："您的病是因为天旱无雨而导致的忧愁产生的，现在下雨了，病因也就解除了，而病自然就好了。"这个例子与三国时代的孔明借东风而为周瑜治病的故事异曲同工，都体现了"心病还需心来医"的道理。

这些例子说明，医疗的过程决不仅仅是开个药方那么简单，医疗是一个大的概念，要从多个方面、多个角度来考察患者的具体情况，把握其真正的病因，然后根据病证采取恰当的治疗方案，而药物只是其中的一个方面，而非全部。作为患者，也要有一定的心理准备，那就是药不能医治百病，而病也不必都需药来医，只要对症，就可以有很多恰当甚至是有趣的治疗方案。这就是发散思维的体现。

即将在北京举行的2008年奥运会被视为一场举国欢庆的盛事。不仅我们这样看待奥运会，世界各国也都把能够举办奥运会作为展示国力和民风的良好机会而争相申办。此外，大家热情申办奥运会还有一个很重要的原因，就是举办奥运会可以有效地拉动经济增长。一般而言，举办奥运会是能够赚钱的。虽然有报道说2004年的雅典奥运会，希腊中央政府和雅典地方政府财政是亏本的，但是报道也说希腊民间因为奥运赚得盆满钵满。可是，历史上曾经有一段时间，奥运会就像沐浴在凄风惨雨之中，赔得一塌糊涂。1972年以前的奥运会由于项目相对较少，赛会各类场地和设备花费相对不多，因此各承办国家的财政还是可以承受的，但从1972年德国慕尼黑举办的第20届奥运会开始，入不敷出的窘境开始缠绕奥运会。1972年的奥运会使赛会组委会欠下巨额债务，久久不能还清；接下来1976年的加拿大蒙特利尔第21届奥运会，总共花费35亿美元，而亏损就达10亿美元，到今天，蒙特利尔市民还在缴纳奥运特别税，用来还债；1980年的莫斯科第22届奥运会耗资高达90多亿美元，亏损空前。有了这些前车之鉴，奥运会似乎不再受人青睐。经过协商，美国政府和洛杉矶市政府勉强同意了国际奥委会的请求，同意接纳奥运会在洛杉矶举办，但同时声明：不出一分钱！

奥运会似乎要没米下锅了。这时，一个名叫尤伯罗斯的人“承包了”这届奥运会，他不但使各项赛事成功举办，还获得了近100亿美元的资金支持，最终盈利2.5亿元。这使那些看淡奥运会的人大跌眼镜，认为这是一个奇迹。尤伯罗斯承办奥运会说得好听一些时白手起家，说得不好听就是空手套白狼，这不是诬陷，我们就来看看具体的过程吧。

1979年尤伯罗斯就任了第23届奥运会组委会主席，他发现组委会在银行里连一个户头都没有。于是他先在银行开设了属于组委会的户头，然后把一个经过改建的厂房作为办公室，在这里开动了奥运会的巨大机器。

首先，尤伯罗斯认为奥运会的电视实况转播可以卖个大价钱。于是，亲自出马，到当时美国最大的广播公司——美国广播公司（ABC）和全国广播公司（NBC）游说，运用技巧挑起了两大广播公司的竞争。他还用类似的方法也挑起了国外电视转播商的竞争。这样几家大公司全力以赴地投标，报价不断上升，结果仅仅一个电视转播权就卖了2.8亿美元。

接下来，尤伯罗斯开始用相似的方法挑动世界上著名的大企业之间的竞争。具体的做法是，尤伯罗斯看准了一些大公司想通过赞助奥运会以提高知名度的心理，规定这届奥运会的正式赞助商只接受30家，按行业分配，每个行业一家，赞助商可以取得本届奥运会某项商品的专卖权，而成为赞助商的门槛资金是400万美元。这样一来，各大公司就拼命地抬高自己赞助金额的报价。这条妙计为尤伯罗斯筹集了3.85亿美元的巨款。

尤伯罗斯的每个行业选一家赞助商的方法非常绝，一些竞争性很强的行业表现得非常明显。比如，在饮料行业，可口可乐与百事可乐是不共戴天的死敌。百事可乐在1980年的冬季奥运会上争得了赞助权，出尽了风头，以后的销售量不断上升。所以对于这次洛杉矶奥运会，可口可乐公司不敢掉以轻心，一下子就开出了1260万美元的巨额标码，夺得了奥运会的饮料专卖权。

再比如照相器材及胶卷行业。现在已经进入了数码相机的时代，而在上世纪80年代初，人们使用的还是带胶卷的光学照相机。当时的柯达公司自恃是“世界最大”的公司，大摇大摆地与尤伯罗斯讨价还价，认为400万美元的门槛赞助额太高了，要求调低一些。他们以为自己有优势，于是采取拖延战术，以为把时间拖久一些尤伯罗斯就会沉不住气，于是谈了半年也没有谈妥。谁知日本的富士公司却乘虚而入，甩出了700万美元的赞助额，一举拿下照相器材及胶卷行业的赞助名额。柯达公司目瞪口呆，到手的肥肉被抢走了。结果，在奥运会期间，赛场内外到处都是富士胶卷的广告，记者用的也都是富士的产品，全世界的人都在电视前认识了富士，柯达公司大受挫折。一气之下，柯达公司总裁炒了广告部门的经理。

在财大气粗的汽车行业，竞争同样激烈。由于汽车行业也同样只有一个赞助商名额，因此，通用、丰田等开始热火朝天地展开争夺战，这次尤伯罗斯获得的是3.85亿美元。

能够“卖钱”的不只是赞助权。尤伯罗斯开始打火炬传递的主意。第23届奥运会火炬传递在美国国内部分的起点是纽约，终点是洛杉矶将绕行美国的32个州和哥伦比亚特区，途经41个大城市和1000个市镇，全程1.5万公里。尤伯罗斯宣布，交纳3000元美金，就可以获得举着火炬跑一公里的资格。这一下，不少人蜂拥前往交钱。结果这一项又获得了3000多万美元的收益。

尤伯罗斯还利用奥运会的赛场赚钱，比如，设立“赞助人计划票”，也就是如果愿意赞助2.5万美元，那么就可以保证在奥运会期间每天获得最佳看台座位两个。他还想了一个办法，如果想到奥运会场做生意，那么先交50万美元。这样一来，从杂货店到废品处理公司都要交钱，尤伯罗斯就又挣了一笔。

此外，这届奥运会还实行了奥运会纪念品、纪念币的特许经营制度，所有包括奥运会标志“山鹰”的产品均在此列。组委会指定专门的厂家生产这些物品，指定专门的销售商进行销售，当然要获得特许经营权，也要交钱。甚至尤伯罗斯连利息都不放过，他提前一年发售比赛门票，回笼的资金至少可以获得银行利息，如果用来投资，那么收益更大。

要想赚钱，仅仅“开源”是不够的，“节流”同样也很重要。尤伯罗斯深谙这一点。他尽可能多地改造洛杉矶市已有的体育场馆，尽量少地修建新的场馆，即使修建新的场馆，也想办法包出去，例如游泳馆就是以广告业务为条件让“麦当劳”出资400万美元修建的。尤伯罗斯把奥运会的赛期安排在高校放假期间，这样就可以把大学生宿舍适当改造和装修作为奥运村，节省了新建奥运村的花费。

有了这些开源节流的措施，第23届奥运会不仅没有赔钱，相反大大赚了一笔，尤伯罗斯也凭此成为奥运会历史上重要的人物，是他大大加深了奥运会的商业程度。现在，这种商业运作的模式已经颇为成熟，冯小刚的电影《大腕》中就用戏谑的手法为我们展现了现代商业运作的手法。奥运会这种彻底的商业运作肇端于美国，到了同样也在美国亚特兰大举行的第25届奥运会达到极致，以至于很多人后来诟病那届奥运会，说金钱使奥运会变得充满铜臭，这是题外话了。

事后，尤伯罗斯接受《华盛顿邮报》采访时说，他的这些创意受到了他在佛罗里达听英国创造学家德波诺博士关于创新思维的演讲后萌发并不断完善的，尤其是其中的“发散思维”使他印象深刻。有了前面发散思维在不药而药以及奥运会筹资中的应用，现在，我们这一节就来说说“发散思维”。

发散思维，也可以称为辐射思维、扩散思维或多路思维。心理学家吉尔福特把发散思维定义为：“从所给定的信息中，产生信息，从同一来源中产生各式各样的为数众多的输出。”它以所思考问题的需要为基点，把所有与之相关事物作为方向，作为思考的指针，也就是想着多个方向作辐射状的发散思考。我们都有这样的经历，老师上课时常常就一道题目给出多种解答方法，而且也充分鼓励学生这样做，这就是在训练学生进行发散思维。这样的训练不仅可以拓宽学生解题的思路，同时也可以促使学生熟练地掌握更多的知识。

发散思维的客观依据是：由于事物的内部及其所处客观环境的复杂性，使得事物发展的方向不是单一的，而是多样的，每一种发展方向的可能都可以被作为设计一个解决问题的方法的依据。也就是说，事物发展的可能性是多样的，以此为依据设计出的解决问题的方法也是多种多样的。当然，任何人都存在局限性，要想穷尽事物发展的可能性是很难做到的，但是我们需要尽可能多地揭示事物的可能性，这样做往往会收到显著的成效。

在运用发散思维时，我们能够比较容易地产生很多同质性的不同思路；但是产生非同质性的思路就比较难了。比如，在美国有一件作为文物保护的室外大型铜质雕塑在翻新后，现场留下了2000多吨的废料。这些废料不能就地焚化，不能现场挖坑深埋，清理到垃圾场的话，由于距离较远，运费很昂贵，于是处理废料成了一个令人头疼的问题。这时一个名叫斯塔克的人自告奋勇承担了这份差事。斯塔克把废铜铸造成纪念币；把废铝制成纪念尺，把水泥块制成小石碑……于是原本一文不值、难以处理的垃圾变成了这样一些含义深刻、品种繁多、内容丰富的商品，并且价格不菲，不仅完全抵消了斯塔克为此付出的设计、运输、制作费用，还为他带来了丰厚的收益。

我们可以看到，很多人在面对废料时，不是没有运用发散思维想过处理它们的办法，但遗憾的是他们想到的方法都是同质性的，也就是说，在他们眼里，废料是垃圾，他们想的各种方法都是针对垃圾的。而斯塔克不同，斯塔克把废料看成了原料，既然是原料，就可以制成新的产品。这样，结果当然与众不同。

发散思维的水平可以用流畅性、灵活性和独特性等基本特征来评价。

思维的流畅性是指思维表达上阻碍应该尽量少，反映应该敏捷，应该能在较短的时间中表达出较多的信息。在一定的时间内，谁提出的信息越多，谁的发散思维的流畅性就越强。值得注意的是，这种流畅性只是体现了发散思维的数量特点，并不能表明发散思维能力的层次高低。

思维的灵活性，也可以称为变通性。思维的灵活性是指人们运用发散思维时应该能够随机应变，能够提出不同质的思维方向。在信息量相同的情况下，信息的种类越多，表明发散思维的灵活性就越好。思维灵活性强的人在思考问题时能够触类旁通，发散思维的层次较高。

前面我们提到的有关废料问题的例子中，开始的那些人，他们虽然在发散思维的流畅性方面没有什么问题，但是在灵活性上还是有所欠缺的；正是因为斯塔克在思维的灵活性上技高一筹，才使得他不仅有效的处理了废料，而且变废为宝，使废物得到了更有效地利用。

在思维流畅性和灵活性的基础上就引出了思维的独特性。一个人的发散思维越流畅、越灵活，那么他产生独特想法的可能性就越大，也就越容易冲破日常思维的窠臼。

但是，我们必须要注意，在发散思维之后，要进行集中思维，把多种信息逐步引导到条理化的逻辑之中，以便于最终得出一个既有创造性又有可能性的结论信息，也就是解决问题的最佳方案。这个过程实际上是对信息进行分析、判断与选择的过程。所以发散思维与集中思维是协同使用的。

第五节　活血的鸡内金——直觉思维

鸡内金俗称“鸡嗉子”，是一味常用的中药，因具有消食的功效，故通常用来治疗食积。民国时期的名医张锡纯除了按照传统方式使用鸡内金外，还按照中医的思维方法对鸡内金的功效进行了仔细地研究。他说："鸡内金，鸡之脾胃也，……中有瓷、石、铜、铁皆能消化，其善化瘀积可知。"也就是说，张锡纯认为，既然鸡内金作为鸡的消化器官除了可以消化食物以外，还可以把瓷、石、铜、铁的碎片都消化掉，所以鸡内金不仅仅能够消化食积，人体的其他瘀积也能够消化。

于是张锡纯开始把鸡内金应用于治疗血瘀痞瘕，他说："是以男子痃癖，女之痞瘕，久久服之皆能治愈"；他还说："女子干血劳之症，最为难治之症也，是以愈者恒少。唯善用鸡内金者，则治之多能奏效。"

一次，张锡纯接待了一位姓韩的妇人，她患有产后痞瘕，多方求医未果。张锡纯按照自己的观点，除三棱、莪术、水蛭外，还用鸡内金消瘀，开了处方，结果服用十五六剂后，"下紫黑血块若干，病遂全愈。"

应该说，张锡纯对鸡内金的创新使用是直觉思维的结果。但我们不能否认，其中包含着他对中医理论的深入了解和领会。众所周知，中医理论与西方近现代科学理论有着很大的不同，这种不同不仅仅体现在观点上，而且也体现在方法论基础上，也就是说中医理论和西方近现代科学的哲学基础有着很大的不同。中医理论建立在我国传统的天人合一观念的基础上，也就是说，天地万物皆为一理，因此可以灵活地运用。因此，当张锡纯看到鸡内金有如此强大的消化能力以后，很自然地凭借直觉想到，这种具有强大消化能力药物能够消解人体内的瘀积。通过在行医中的实践，不仅验证了他的观点，并且效果还很好。这说明直觉思维在创新活动中具有重要作用。

我们在这里不去评价这种思维方式是否与现代科学理论是否相符合，我们只是用张锡纯的行医经历来说明直觉在创新活动中的重要作用。

如果各位读者对这个例子有所异议的话，我们再用西方现代科技的一个例子来说说直觉思维在创新中的作用。

我们中国有句成语"曲水流觞"，古代的文人雅士们在聚会时把盛满酒的酒杯放入水中，沿着小水渠向下漂流，流到哪个人的面前，那个人就要吟诗或者做文章。后来，这种游戏流传到民间，每逢节日时，人们把蜡烛放到纸折的小船中，放到河里，任其漂流。所有这些人或许不知道，我们脚下的大地竟然也像河水上的酒杯和小纸船一样可以漂移，并且一直在漂移。东方人看到的地图有个特点，非洲位于地图的最左端，美洲位于地图的最右端。然而在欧洲人习惯的地图上，远东地区则位于不起眼的边缘。那么地图的不同能产生什么结果呢？

1910年的一天，一位叫魏格纳（Alfred Lothar Wegener，1880～1930）的德国年轻人躺在床上，对着墙上的一张世界地图出神。无意中，他发现了一个有趣的现象：非洲西海岸的海岸线与美洲东海岸的海岸线吻合程度非常高，好像把一张纸撕成两半一样，甚至可以重新拼合起来。两块大陆的凸起的地方在对面都会有相应的海湾，比如巴西东部的凸起与非洲的几内亚湾就非常明显。这是偶然的巧合吗？

魏格纳的脑海中突然闪现了这样一个想法：在遥远的古代，非洲大陆与南美洲大陆是连接在一起的，那时或许还没有浩瀚的大西洋；后来，由于某种原因，这两块大陆分离开来，并且慢慢的漂移，最终形成了今天的大西洋。这就是最早的大陆漂移学说的雏形。

第二年魏格纳翻阅科技文献，在一篇论文中看到了一些有关美洲大陆与非洲大陆的考古情况。这篇文章说，古生物学证明，巴西和非洲东海岸出土过相同物种的化石，这表明在历史上这两块大陆曾经相连。这使魏格纳关于大陆漂移的设想在脑海里更加活跃起来。他更加相信，大西洋两岸的轮廓如此吻合绝对不是偶然，这是研究地壳运动的一个重大突破口。于是他选择了这个课题进行研究，广泛地收集、分析资料，逐渐把粗浅的见解和猜测发展成为科学理论，最终提出了大陆漂移学说。魏格纳于1912年1月6日在法兰克福地质协会上作了演讲，第一次公开发表了他的理论。1915年，他利用休养的机会写成了《海陆的起源》一书，更加系统地总结了他的理论。

魏格纳是这样论证他的理论的。他认为，如果大西洋两岸的大陆原来真的是一个整体，那么他们必定会有多方面的丰富的联系。就好像一张报纸被人撕破，不仅仅那些破纸片可以对接起来，纸上的铅字也同样可以拼合起来，成为一段话或一整篇文章。类似的，魏格纳考察了大西洋两岸的山系和地层。果然，大西洋两岸的岩石、地层、折皱山系拼合在一起都是可以连接起来的。然后，魏格纳还找到了许多生物学方面的证据。例如，有一种庭院蜗牛，这种软体动物在英国和德国存在，而在大西洋对面的美洲也有。要知道，蜗牛的行动是非常迟缓的，它不是候鸟，也不是有长途迁徙能力的哺乳动物，也不是生活在水中的鱼类、爬行动物，那么这样一种脆弱的动物是怎样远涉重洋在大西洋两岸都存在呢？除了这种现实中存在的生物外，更多的证据是保存在地层中的古生物化石。有一种舌羊齿植物化石在印度、非洲、南美洲、澳大利亚大陆的晚古生代地层中都有，他们是怎样出现在距离遥远、彼此隔绝、气候条件迥异的不同大陆呢？能够解释这些的只能是远隔重洋的大陆原来都是连接在一起的，只是后来才逐渐分开的。

尽管20世纪是一个创新的世纪，各种新的思潮风行，但是大陆漂移学说虽然也在20世纪产生，可起初并没有被接受，相反却饱受非议与嘲笑。这固然与该理论本身的弱点有关，因为这个理论没有能够解释是什么样的力量如此的巨大，以至于能够推动我们脚下的大陆；另一方面，人们头脑中固有的观念妨碍了人们接受这种理论，人们在土地上生活、生产，大地上的动物、植物为我们提供食物，人们在大地上修建各种建筑物，大地是我们存在的根基和依靠，真难以想象，我们稳固的大地是会漂动的。所以魏格纳的理论逐渐被尘封起来，被称为“诗人的梦”。

不过，诗人的梦还是能成真的。在第二次世界大战以后，由于探测技术的进步，海洋科学和地球物理学大大发展，人们发现，大陆漂移学说还是有其合理内核的。新的理论认为，大陆地壳主要是由硅镁层组成的，密度较小，在上层，是分散的；海洋地壳主要是由硅铝层组成的，密度较大，在下层，是连续的。整个地壳由大大小小的板块单元构成，最大单位的板块主要有太平洋板块、亚欧板块、非洲板块、美洲板块、南极洲板块、印度洋板块等。在大洋中脊，地幔物质由于地球内部能量的驱动而上涌，推动周围地壳向两边移动，这就是地壳的生长带；而在海洋板块与大陆板块的相接处，海洋板块俯冲入大陆板块下面，并被弯折，消失于地幔之中，这就是俯冲带。从生长带到俯冲带，地壳物质形成一个循环。在海洋地壳移动的过程中，大陆地壳也被推动，从而产生了移动。这就是现代的“海底扩张学说”和“板块构造学说”。这两种理论继承了大陆漂移学说的思路和成果，借助更加科学的观测结果为佐证，因而使沉默了30多年的大陆漂移学说重新焕发了青春，而魏格纳也被尊为地质学现代革命的奠基者。

魏格纳在望着地图沉思的瞬间产生新的想法，这就是直觉思维。在这一节，我们就来讨论直觉思维。

1. 了解直觉思维的概念与分类

直觉思维是在早已获得的经验知识的基础上，对事物发展变化没有经过精细地、有条不紊地逻辑推理就直观地做出推断的心理过程。

我们在做数学题时，往往在一拿到题的时候，就会对解答这道题的方法有一个大致的构想，然后开始应用已有的公理、定理、定律进行具体的求解。一般来讲，我们所选择的方法正确的居多，除非难度非常大的题目，我们才需要多次的尝试。对于拿到题目后进入脑海中的第一思路，我们难以描述我们这样做的根据是什么，可能是以往见到过类似的题目，在头脑中有了记忆，于是见到了题目就有一种难以言表的感觉引导着我们选择一种恰当的方法去解开这些题目。这就是直觉。工厂里的熟练工人，当机器出现故障时，凭借直觉，根据声音、转速、次品等情况很快就能发现故障所在；经验丰富的农民抓一把土就能判断出这块土地能够种植什么样的作物。所以说，当我们在做出结论时，用的时间非常短，不是按照严密的推理进行的，而是根据经验直接得出的结论。这就是直觉。

按照直觉依赖基础的不同，可以将直觉思维分为：本能直觉、感性直觉和理性直觉三种。

有的时候，直觉来自我们的本能。这种直觉是基于条件反射的生理性的直觉。这种直觉要么是人与生俱来的本能，要么就是由于长期而多次的重复而产生的条件反射。对于前者，比如我们听到音量巨大的声响时，就会捂住耳朵。后者就更常见了，在2003年春末夏初，当SARS肆虐时，首都很多医学院校的学生前往疾控中心承担接听热线电话的志愿服务。由于热线电话非常忙碌，同学们的工作量非常大，以至于他们中有不少人回到宿舍或家里，如果有电话打进来，他们拿起听筒的第一句话就是："您好，这里是疾控中心。"这就是长期反复重复、形成了条件反射的结果。

本能直觉更多地基于人的生理基础，虽然对人的生存和安全能够起到积极作用，但是对于创新则没有很大的帮助。

经验的积累带给我们感性的直觉。这种直觉的形成主要依赖于人们的感性经验。我们在日常生活中遇到的问题大多数与以往遇到的问题相同或类似，当问题出现时，人们会自然而然地在头脑中寻找先前与之相对应的解决方式，找到后付诸实施。感性直觉依据的是人们的感性经验，所以有的时候并不那么可靠。古代的人们每天看到太阳东升西落，自然而然地就会认为太阳是围绕地球旋转的，这种直觉就是错误的；古人看到物体有外力推动或拉动时会运动，如果外力消失了，物体最终会停下来，于是，就得出结论，力是物体运动的原因，这种直觉也是错误的。

以知识与能力为基础的直觉是理性直觉。这种直觉是建立在对事物的本质有了深刻的认识的基础上形成的直觉。这种直觉避免了经验的桎梏，不仅仅包含直接的感受，也包含了长期理性思维的训练后得到的对事物本质的敏感、洞察和透视。理性直觉是把思维的过程进行浓缩、跳跃后才能够产生的，所以需要较长时间的积累和训练。

人们在创造性的活动中积累了丰富的经验和知识，所以面对既有的新现象或新事物时不一定非要经过严格的逻辑程序，而是以直觉的推断来做出判断。

与直觉判断类似的，从事物以往的变化状况和现在的状况对事物或现象的未来发展做出的预测；或者从事物或现象的部分情况推定事物或现象的全部，如果这种预测或推定不是经过严密地逻辑论证而做出的，那么就是直觉猜测。有经验的名医往往很快就能对病患的情况做出判断；在学术上卓有成就的人，往往就是对自己研究领域的发展趋势能够做出迅速的推测才把握住了先机。

2．透析直觉思维的奇特与神秘

就像我们前面提到的那样，直觉思维给人的感觉说不清、道不明，很神秘。虽然现在对于直觉思维的机理还不很清楚，但是它的一些特点还是可以归纳出来的。

（1）直觉思维以经验为基础　人们感知到的信息储存在记忆中而形成心理基础。只有记忆能够提供与直觉有关的信息时，直觉才有可能产生。无论直觉的类型如何、内容如何，它的基本素材都来源于通过实践或学习活动而获知的、存在于记忆中的信息。农业工作者能够对天气变化做出较准确的推测，医务工作者对病患的病情做出较准确的判断都来源于他们记忆中保存的丰富的信息。脱离经验、脱离记忆信息所进行的推测都是凭空产生的，这些不是科学的直觉，而是臆测。

（2）直觉思维具有一定的非逻辑性　前面我们说过，直觉思维往往没有经过严密的逻辑推理或论证。直觉往往是人们面对直观的对象，也就是碰到问题或预见某种现象时产生的，如果没有对象也就难以产生直觉。但是人们面对这些对象时产生的直觉很迅速，没有经过逻辑推理或论证并非人们的意愿，而是长时间的学习和实践的结果。从这个角度讲，虽然在产生直觉的当时存在非逻辑性，但并不表示直觉的结果与对象之间不存在逻辑联系，也不表明完全没有经过逻辑思维训练的人能够产生直觉。虽然并不是每个人都像学者或专家那样经历过比较正统或规范的逻辑思维训练，但这并不表明我们没有丝毫逻辑思维的经验。我们在日常的学习、生活、工作中都会自觉不自觉地接受逻辑思维训练，运用逻辑思维。所以说，尽管直觉具有非逻辑性，但并不表明直觉思维与逻辑思维毫无关联。

（3）直觉思维的形成是瞬时的、简约的　直觉思维直接从对象跨越到结论。这种瞬间的火花是长期积累的升华，是思维过程的简化，尽管如此，却能够瞬间而又清晰地抵达事物的本质。也是因为这个原因，直觉的产生往往非常迅速，过程的简化意味着过程呈现直线型，甚至其过程连形成直觉的本人都难以察觉。

但是必须说明的是，我们虽然在这里承认直觉的形成是瞬时的、简约的，但是我们更有必要指出的是，直觉的产生需要长时间、丰富地积累。我们难以想象，如果一个人对某个问题从来就没有思考过，那就很难产生有价值的直觉和灵感；类似的，如果对某一问题根本不懂，那么也就不会去思考，自然遑论直觉的产生了。

很多时候，直觉不一定产生于对特定问题的特定工作中，而常常产生于紧张思考之余、稍事休息以后，甚至在睡梦之中。为什么呢？我们在针对特定问题的特定工作中，精力和意识都是比较集中的，换句话说思考的方向也是比较集中的，同时由于资源与环境的限制，我们不可能同时尝试好几种方案，所以通常会把精力与资源集中投入到一两个方案上。但创新活动是艰难的，找到正确的方案是创新活动的目的，也是创新活动的难点，所以当人们把精力与资源投入到通常并不正确的方案时自然不会产生令人满意的结果，而当人们比较放松时，自己的思路受到的限制就会比较小，思维的方式也就不会像工作时那样是线性的了，所以这时往往一个灵感的闪现就能带给人们惊喜。

（4）直觉思维是对对象整体上的把握　由于直觉思维具有非逻辑性、瞬时性和简约性，所以产生直觉的人往往不是拘泥于对象的某个局部，因为过多地关注于局部的过程就是“研究”了，也就不是直觉了。

3. 认识直觉思维的功能

过去，我们往往认为直觉思维为艺术家、文学家所专有。然而，我们观察一下科技史就会发现，直觉思维在科学研究中也发挥着重要的作用。

直觉思维能够帮助人们选择正确的方向。我们在认识世界和改造世界的过程中，很多问题都值得我们探讨，但是问题有轻重缓急之分，我们不可能同时对所有问题进行研究。进行选题固然要考虑经济、社会、科技发展的需要，以及现有科学知识和技术发展水平的限制，但是直觉思维可以帮助我们确定研究选题或研究方向，因为我们不可能把所有的解决方法都去尝试，那样会造成时间和成本的浪费。运用直觉思维可以对对象先进行粗略的估计和猜测，而不必马上进行实验设计或计算论证，这也是直觉思维的作用之一。

直觉思维能够进行预测，这一点不言而喻。它的预测能力，也就是预测的准确程度与直觉的水平高低有关。换句话说，与人们日常的积累有关，也与科学家的世界观有关。直觉高度发达的科学家具有远大而敏锐的眼光，能正确地预测科学发展的趋势，有独到的见解。

捅破最“后”（或者“厚”）一层窗户纸的往往是直觉。在科学研究中往往会遇到瓶颈的问题，这些问题制约了研究活动的进程。很多时候，一个直觉是人们找到了突破瓶颈的方法或途径，从而迅速地解决了问题，为今后的研究打下良好的基础。

第六节 血液与胰液——逻辑思维

现代科技的一个显著特点就是逻辑思维在其方法论中的基础性作用，即便是那些以实践或观察为基础的科学，其理论体系的形成也是逻辑思维的结果。哈维创立血液循环理论就是典型的例子。

一般而言，人们认为哈维（Harvey William，1578～1657）1628年出版的《心血液运动论》第一次比较完整、正确地阐述了血液的运动，较完善地建立起了血液循环理论。

在哈维之前的血液运动学说认为存在着两种血液，一种在血管里来回流通，另一种可以从心脏的一侧流到另一侧；血液在肝脏里面形成，像涨潮一样散布全身，消耗完以后就再“涨潮”一次。

为了弄清血液流动的规律，哈维解剖了不下80种动物并且进行了大量的实验。通过解剖，他发现，心脏可以分为两半，而每一半又划分为两个腔，两腔之间由只能单向开闭的瓣膜隔开，这样血液就只能从上面的腔流到下面的腔而不能反向流动。血液只沿着一个方向流动，与前面的学说不符合。

在实验中，哈维把动脉血管进行结扎，发现离心脏较近的血管开始出现扩张的现象，这说明动脉血一定是向着远离心脏的方向流动的；同样，如果结扎静脉，那么远离心脏的那一侧会出现扩张的现象，这样就可以推测静脉血是流回心脏的。再仔细一些观察，每当心脏收缩变小的时候，动脉就会变粗；如果把动脉隔断，那么当心脏收缩时，就可以看到血液从割破的动脉中喷射出来，这也说明血液是向着一个方向流动的。

然后，哈维又对心脏的排血速度进行了测量，并且计算出，如果按照心脏的排血速度，20分钟即可排出人体里所有的血液。如果真是这样的话，按照前面的学说，人体就必须具有非常强大的造血能力和消耗能力，否则，旧的血液消耗不完、新的血液产生不足。

有了这样的观察、实验以及计算的结果，哈维断言血液是循环流动的，并提出设想在动脉与静脉之间还有看不见的布满全身的相通之处。

我们从这个例子看到，哈维的结论是建立在大量的观察与实验的基础上的，根据观察与实验的结果进行归纳得到结论。这就是逻辑思维中的重要方法之一——归纳法。

除了归纳法外，演绎法也是非常重要的逻辑思维方法。

内分泌的研究既古老又崭新，而且它的发展过程充满艰辛又不乏趣事。早在古希腊时期，亚里士多德曾精确地描述了阉割对鸟的影响，并且把这些影响同人阉割后所产生的变化进行了比较，之后，他认为睾丸与人的性征和生殖能力有关。

时光演进到 19 世纪 30 年代，德国生理学家穆勒（J Muller，1801～1858）认为，除了已知的腺体外，人体中还存在着别的腺体，它们分泌出来的液体直接进入血液而不是分泌向体表。这是一个了不起的猜测，可惜的是他没有进行实验验证。将近 20 年以后，一位名叫伯特霍尔德（Berthold）的德国医生发表了题为《睾丸的移植》的论文，他在论文中明确提出睾丸的分泌产物经由血液途径作用于整个机体。此后，人们相继发现了一系列与内分泌相关的疾病，但是内分泌研究的进展并不大。19 世纪 80 年代末，巴甫洛夫（Иван Петрович Павлов，1849～1936）发现迷走神经可以支配胰腺分泌行为，如果把相当于胃酸浓度的盐酸放进狗的十二指肠，可以引起胰液分泌的增加，他认为这个反射的传入与传出神经都是迷走神经，没有充分注意到盐酸的刺激作用。接着，他切断迷走神经，进入十二指肠的盐酸照样能够使胰液的分泌增加，于是巴甫洛夫猜测是不是交感神经也在起作用呢？可是当把交感神经也切断以后，盐酸还是能够使胰液分泌增加。面对这样的事实，巴甫洛夫仍然坚持神经论，于是他把小肠切断，把十二指肠游离出来，再把神经剥离干净，没有想到的是一旦灌入盐酸，胰液的分泌仍然会增多，遗憾的是巴甫洛夫坚持认为还有细小的神经没有剥离干净。

后来，巴甫洛夫的学生发现，如果把盐酸直接注射到狗的血液中进入血液循环，并不会引起胰液的分泌。几乎同时，法国的维尔泰梅进行了一个实验：把狗的一段小肠袢游离出来，切除全部神经，只保留动、静脉血管与身体的其他部分相连，这时候如果把盐酸输入这段小肠袢，胰腺仍然会分泌胰液。

1902 年，施塔林（Starling EH，1866～1927）利用演绎法原则进行了一个具有决定性的实验，找到了胰腺分泌胰液的内在机制。这个实验包含了深刻的演绎设计思想，它成功了验证了由假设推测的结论。

这个实验非常简单，施塔林把一条狗的十二指肠粘膜刮了下来，过滤以后把滤液注入另一条狗的血液，结果这第二条狗的胰液分泌明显增加。

为什么说这个实验包含着演绎逻辑的思想呢？因为施塔林本人坚信胰腺分泌胰液的行为是受到内分泌的体液因素影响和支配的，但这需要证明。从前人的实验可以看出，既然盐酸进入十二指肠就产生胰腺分泌，那么十二指肠的表面粘膜就可能有一些细胞受到盐酸的刺激以后释放出了一些物质进入血液，这些物质到达胰腺以后刺激胰腺而使胰腺分泌胰液。那么按照这种假说，如果取下十二指肠刮下粘膜，粘膜中就可能包含这种物质，如果把这种物质直接注射到血液中，那么应该产生与盐酸刺激同样的效果。这里没有刺激到任何神经，这样就无可争议地预见到了体液因素的存在。后来，施塔林与贝利斯合作，终于从十二指肠粘膜中提取到了促胰液素。

归纳法与演绎法是非常重要的逻辑思维方法，它们两者之间也存在着很大的不同，也包含着紧密的联系。归纳法主要是从观察和实验中的林林总总的现象中找到蕴含着的共同因素或规律，经由抽象化的表述而成为具备一般意义的理论。比如，经过反复的观察，人们发现有很多动物都具备“身体分为头、胸、腹三个部分，具有六条腿，具有外骨骼，从卵到成虫经历若干个不同形态的变态情况”等特点，具备这些特点的动物在很多生理现象上具有共同点，于是人们把具备这些共同特点的动物划归到昆虫纲。这就是一种归纳思维的运用。

而演绎思维则是先提出假设（或公设），然后经由假设（或公设）推得结论或者经由实验验证假设。几何学是很典型的演绎思维的典范。我们都知道，最早的几何是欧几里德几何，其特点是首先提出若干条基本公设，这些公设被认为是不证而自明的，然后经由这些公设推出结论，这些结论就叫做定理。当然，如果公设出了问题，那么建立在公设基础上的理论体系就会出现问题，后来的非欧几何就是由于对欧氏几何中的平行公设进行其他方向的理解建立起来的。在前面我们提到的发现促胰液素的例子也属于演绎思维，与几何学不同的是，这个过程是首先提出假设，这个假设并非不证自明，而是待证明的，然后通过设计实验、实施实验、获得实验结果，通过对实验结果的分析来证明假设是否正确。

物理学是一门崇尚理性的学科，尽管它并不像数学那样充满了形式逻辑过程，但是物理学发展历史上的很多故事能够更好的体现逻辑思维的作用。

在前面，我们曾经叙述过伽利略与亚里士多德隔着时空的学术交锋。他们的很多故事现在读来颇有些传奇的味道。当然，也有人声称，伽利略当年的比萨斜塔试验的结果并不令人满意，重的铁球的确稍比轻的铁球落地快些。但是这个结果并没有使伽利略裹足不前，他对试验结果进行了认真的反思，最终找到了问题的所在——摩擦力。这一点，我们在前面也已经谈过了。现在，我们仍旧要讲一个伽利略与亚里士多德的故事。

关于物体的运动与力的关系，亚里士多德认为，物体要有力的作用才能够运动，如果没有了力的作用，那么物体最终会停下来；物体所受的力越大，那么物体的运动速度就越快。这一点是符合我们日常生活常识的。不论运动多么快的物体，如果失去了外力的作用，那么它会停下来。当然，我们今天都知道，这种现象是摩擦力的结果，但是在遥远的古代，人们的认识水平没有这么高。在成年人头脑中是常识的东西，儿童却难以理解；古人就像人生中的儿童阶段，尽管对世界充满好奇，但是他们对自然的解释却朴素而天真。很显然，这是归纳思维的结果。时间发展到伽利略的时代，人类理性千百年的积累使得人们即将跨入对自然界更加深入了解的大门。

伽利略在物理方面建树颇多，他对力与运动的关系是这样思考的。既然物体必须在力的作用下才能运动，那么为什么一个物体离开了力的作用不是马上就停下来，而往往会继续滑行一段呢？他开始着手进行试验。

他准备了一些高度相同而倾斜程度不同的 U 形槽，这些 U 形槽事前被打磨的非常光滑；又准备了一些硬质的小球。他把小球从相同的高度沿着 U 形槽放下，结果发现，在 U 形槽的这一侧，随着小球高度的下降，它们的运动速度越来越快，当它们到达槽底时，速度达到最大；当它们开始冲向对面的槽壁时，随着高度的上升，小球的速度逐渐减小。当小球最终停下来时，它们所处位置的高度是基本相同的，而且与出发时的高度也是基本相同的。如果 U 形槽不是非常光滑的，而是比较粗糙，那么小球在冲向对面时将无法到达初始时的高度，粗糙程度越大，高度就越低（图 3－2）。

在获得了这些感性的经验以后，伽利略开始进行抽象地思考。

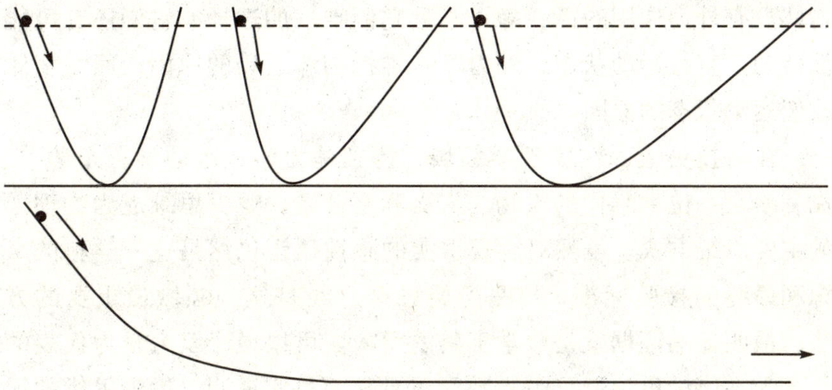

图 3－2 伽利略的 U 形槽试验

在上面的试验中，U 形槽的粗糙程度对试验结果的影响是不言而喻的。那么，如果我们假定 U 形槽是完全光滑的，也就是说摩擦是不存在的，那么，小球冲上 U 形槽对面的槽壁时，肯定就能达到与出发时相同的高度。这是第一步。

接下来，既然不论 U 形槽的倾斜程度如何，小球冲过去是总能达到相同的程度，那么如果把 U 形槽一侧的槽壁放置于水平的状态，那么会出现什么结果呢？从出发点冲下来的小球本应该在与出发点相同的高度停下自己的脚步的，可是它发现对面的槽壁居然是水平的，换句话说，它永远不能达到出发时的高度了；而且，由于槽壁是水平的，所以小球既不能加快速度也不能减小速度，于是小球就只能以恒定的速度向前冲了。这个状态下的小球，在水平方向上是不受外力作用的。

经过了这样的逻辑推理，伽利略认为，如果一个物体不受外力的作用，那么它不仅可能处于静止状态，也有可能处于匀速直线运动状态。换句话说，物体有保持其静止或匀速直线运动的性质，除非有外力改变其运动状态。这就是惯性定律。这一观点虽然被命名为牛顿第一定律，但其鼻祖却是伽利略。

有了惯性定律，如果一个物体处于一种平衡的状态，例如静止或匀速直线运动，那么我们就可以知道其不受外力的作用，或者其所受的外力可以相互抵消。其实这种对规律的应用就是演绎法。

在亚里士多德的观点中，外力是维持物体运动的原因，如果没有了力的作用，那么物体最终会回到静止的状态。在伽利略那里，物体没有外力作用的话，静止不是它们唯一的选择，它们还有可能保持匀速直线运动状态；外力不是维持物体运动的原因，而是物体改变运动状态的原因。

在科技史上，在物理学领域，特别是力学、运动学、光学中，伽利略是一位划时代的人物。从伽利略开始，逻辑思维成为物理学的主要思维方式。虽然对客观事实的感性认识仍然是这一学科的来源和最终的检验标准，可是逻辑思维已经是这一领域最重要的方法，最明显的证据就是数学工具的引入。可以说，以力学为代表的物理学在诸学科中最早引入数学工具。而事实证明，逻辑思维的运用和数学工具的引入大大促进了这一学科的发展。与此类似的，光学也是如此。在此后发展起来的热学、声学、电磁学也继承了这一特点，甚至成为西方近现代科学技术发展的范式——一门学科如果没有把数学作为其研究的主要工具，那么在人们眼里，这门学科似乎就不是成熟的学科。

我们不在这里探讨一门学科是不是必须要大量地运用数学工具，但是必须承认，一门学科虽然不一定非要运用数学工具，但必然要运用逻辑思维，因为这一学科的理论体系必须是符合逻辑的。在我们的日常生活和工作中，虽然不一定随时用到逻辑思维，但逻辑思维确是必不可少的。在创新活动中，逻辑思维也是非常重要的，我们这一节就来讨论逻辑思维。

在前面，我们讲述了伽利略是怎么运用逻辑思维打破亚里士多德的理论的。可历史总爱跟人们开玩笑，因为亚里士多德是系统阐述逻辑学的第一人。“逻辑”这个词来源于希腊语，原意是指思想、言辞、理性规律性。逻辑思维也可以称作抽象思维，与形象思维是相对的，是指人们借助概念、判断、推理等思维形式所进行的思考活动。

逻辑思维的基本形式是概念、判断和推理。这三个基本形式是相互联系的。概念的形成往往要通过一定的判断和推理过程，判断用来肯定或否定概念之间的联系，判断的获得也需要通过推理。

概念是人脑对事物的一般特征和本质属性的反映。概念的形成要以抽象概括为基础，换句话说，概念所定义的对象来源于个别事物，反映的是个别事物所蕴含的一般的、共有的特征；概念必须以个别的事物加以体现。

概念在形式上以词语的形式存在，或者说概念用词来标志。如果没有词语，那么尽管在人们脑海中有对某种事物的印象甚至是其一般特征的总结，也无法表述这个概念，或者说其他人也就无法了解这个概念。

判断是指用来表述事物的状况或事物之间关系的过程及其结果。判断用来断定事物的方式是肯定或否定，也即通过一句话肯定事物的某种状态或否定事物的某种状态；肯定事物的某种价值或否定事物的某种价值；肯定事物之间的某种关系或否定事物之间的某种关系。

从逻辑学的角度来讲，判断可以分为简单判断与复合判断、模态判断与非模态判断等。然而，在我们的日常生活中，对于“人的判断”的分类则多从是否能够迅速作出判断的角度来进行，这也体现了人在判断的独立性和机敏性方面巨大的个体差异，比如优柔寡断的人与当机立断的人就是在判断上的风格与个性不同。一般来说，判断的独立性和机敏性主要取决于个体进行判断必须依据的有关知识、经验以及所能获知的信息。

推理是对判断进行分析与综合，从而产生新判断的过程。人们进行推理时用来作为依据的判断叫做“前提”；推理过程引出的新的判断叫做“结论”。从个别的前提得到一般结论的推理过程被称作归纳推理，就是我们前面提到的归纳法。从一般前提得到个别结论的推理过程被称作演绎推理，就是我们前面提到的演绎法。与归纳法和演绎法类似的，还有分析法与综合法。分析法主要是指由结论向前提的方向思考，或者说由结果推理原因；综合法主要是指由前提向结论的方向思考，或者说由原因推理结果。

既然逻辑思维是我们在日常生活和工作中自觉与不自觉都会用到的思维方式，那么它与创新的过程也有必然的联系。

我们在本节的案例中可以清楚地看出，伽利略在进行了实际的试验以后，开始进行“想象试验”，也就是合理地抽象掉对事物影响居于次要地位的因素，突出或放大影响的主要因素，从而得到正确的结论。这就是很典型的逻辑思维。这个例子凸显了逻辑思维在创新活动中的重要性。

逻辑思维与创新思维分别是根据不同标准对思维进行分类的结果，因此它们之间存在交叉，也就是说，有的逻辑思维是创新思维，有的就不是；有的创新思维是逻辑性思维，有的就不是。

不过，逻辑思维与创新思维也有着不同。从思维的存在基础来看，大多数的逻辑思维主要是依据现成的知识和现成的经验，创新思维虽然也依赖现有的经验与知识，但更注重联想、想象、猜想，追求创新。

从思维的形式来看，逻辑思维可以分为形式逻辑思维和辩证逻辑思维，形式逻辑思维还可以具体分为归纳、演绎、分析、综合、抽象、具体等思维形式。而创新思维的主要形式则是联想、想象、直觉、灵感等。

从思维的方向来看，逻辑思维一般是单向的，也就是从概念出发，经由分析、判断、推理等形式来得出结论。创新思维的方向是多方向的，而且鼓励多方向的思维。

从思维的结论来看，大多数的逻辑思维一般都是在现有的知识经验范围内进行的，如果前提应用正确，选择的方法正确，那么所得的结论也是正确的，换句话说，逻辑思维的结果是可以预期的。创新思维则不同，创新思维的结果不一定是正确的，也就是说创新思维的结果是难以预期的。

把上述区别整合起来，如果从逻辑思维的角度来看创新思维，往往认为创新思维的证据不足，不合情理；反过来，从创新思维的角度来看逻辑思维，可能会认为逻辑思维呆板，循规蹈矩，缺乏新意。

既然如此，如果我们把逻辑思维与创新思维能否结合起来呢?

首先我们先来看看他们赖以存在的物质基础吧。逻辑思维与创新思维各有其存在的物质基础。现在有学者认为，人的大脑的左半球主要功能为以数学运算和语言为主的逻辑思维和抽象思维；右半球主要功能为直觉、想象等形象思维，当然左右半球的功能不是截然分开的，而是互有补充和交叉的，它们相辅相成、密切配合，形成了一个统一的整体。创新思维中大量运用联想、想象、直觉等形象思维。这样，由于逻辑思维和创新思维的物理基础之间存在紧密联系，所以我们也就不可能把逻辑思维和创新思维截然分开。

逻辑思维在创新活动中的作用体现在：完善创新思维活动的结果；论证创新思维活动的结果的正确性；运用已经掌握的规律，进行后续的工作。

从另一个角度来说，如果把逻辑思维和创新思维截然分开的话，创新活动也是不可能完成的，只能说在创新活动的不同阶段，逻辑思维和创新思维的主次地位不同。创新活动在资料准备、分析、归纳、筛选的阶段要用到大量的逻辑思维；在创新活动的顿悟阶段，则联想、想象、直觉等创新思维方式居于主要地位；而在结论的验证阶段更是需要运用大量的逻辑思维。

从形式上来说，逻辑思维的基本内容保持着稳定性，但是由于人类的知识、经验和技术的内容和水平在飞速的发展，所以逻辑思维应用的领域和发挥的作用也在不断的扩大，而我们知道创新思维是创新活动重要的组成部分，因此可以说，创新思维与逻辑思维相互配合，螺旋式地上升和发展。

逻辑思维是人类揭示客观世界的本质和规律的最重要的思维方式，逻辑思维几乎渗透到人类获取所有新理论和新知识的每一个过程；而且也是运用已知的客观规律来解决问题时用到的重要思维方法。逻辑思维在创新活动中的作用体现在：完善创新思维活动的结果；论证创新思维活动的结果的正确性；运用已经掌握的规律，进行后续的工作。

在19世纪，化学的发展已经比较成熟，自然界存在量比较大的元素均已被人们发现，并且比较精密的测定了它们的物理性质和化学性质。但是，当时的人们把诸多的化学元素看成是独立的个体，并没有在意它们之间的联系。这时候，俄国化学家门捷列夫（Дми́трий Ива́нович Менделе́ев，1834～1907）把当时已经发现的化学元素按照原子量的顺序排列起来，发现了这些看似互无关系的元素之间竟然存在着微妙的联系。元素单质及其化合物的物理性质和化学性质出现了周期性的变化。门捷列夫把当时发现的所有化学元素排列成表，横向的叫做“周期”、纵向的叫做“族”。基本上，在“周期”方向上的变化主要体现在元素由金属性强的元素开始向非金属性强的元素过渡，元素金属性逐渐减弱、非金属性逐渐增强；在“族”的方向上，元素的化学性质基本上比较类似，但一般位置越靠上的元素非金属性越强，越靠下的元素金属性越强。

有了元素周期表，门捷列夫发现，元素周期表里存在着空格——也就是还没有被发现的元素，按照空格所在的“周期”、“族”的位置以及周边已知元素的性质就可以推断空格位置元素的基本性质了。

根据元素周期表，门捷列夫预测了好几种未知元素的性质，其中有三种被称为“类硼”、“类铝”、“类硅”1875 年，一位法国化学家发现了一种元素，并把它命名为“镓”。这种新元素除了密度以外，其他的物理、化学性质与门捷列夫预言的“类铝”一样。门捷列夫致电巴黎科学院，提出镓的比重应该在 5.9 ~6.0 之间，而不应该是4.7，而那位化学家对此十分惊讶，并给门捷列夫回信说，自己的测定没有错误。门捷列夫去信，建议他进一步提纯以后再进行测定。那位法国科学家再次提纯了新元素的单质后，测得的密度为5.94，证实了门捷列夫的预言。

其后的1886 年，德国一位名叫温克勒（Clemens Alexander Winkler，1838 ~ 1904）的科学家发现了“锗”，这个元素曾经被门捷列夫预言为“类硅”，这种新发现元素的物理、化学性质与门捷列夫对“类硅”的性质非常类似（表 3 -1）。

表 3 -1　类硅与锗性质比较

元素名称	类硅（元素符号：ES）	锗（元素符号：Ge）
原子量	72	72.5
密度	5.5	5.47
原子体积	13.0	13.22
最高化合价	+4	+4
比热	0.073	0.076
氧化物密度	4.7	4.703
氢化物密度	1.9	1.887
四氯化物的沸点	低于 100℃	86℃
乙基化物的沸点	160℃	160℃
乙基化物的密度	0.96	1.0
最高价氧化物化学性质	其最高价氧化物（ESO_2）易溶解于碱溶液，较容易被氢单质和碳单质还原为金属	其最高价氧化物（GeO_2）易溶解于碱溶液，较容易被氢单质和碳单质还原为金属

在进行了比较之后，温克勒由衷地评价说：“再没有比‘类硅’的发现能这样好地证明元素周期表的正确了”。此后，门捷列夫预

言的元素陆续都被发现了，而且与门捷列夫预言的性质基本吻合。

现在我们看到的元素周期表不再是按照原子量排列的了，而是以其原子序数（也就是其原子核内质子的数量）进行排列，这种排列方式比门捷列夫按照原子量进行排列要更加科学。我们现在知道，被门捷列夫预言为的“类铝”，也就是镓元素，与铝同属于一族；而被称为“类硅”的锗元素与硅同属于氧族。

可见，在元素周期律发现以后，新元素的发现不再像原来那样没头没脑，而是有了客观规律的指导。门捷列夫在尝试把化学元素用列表的形式排列时，运用的是创新思维，是直觉、灵感的作用。但是，在具体对元素进行排列的时候用到的就是逻辑思维了；更为重要的是，在借助元素周期表对新元素进行预言时，用到的更是逻辑思维。

在西方科学技术的发展历史上，逻辑思维扮演着重要的角色。最早系统总结归纳方法的是亚里士多德。在他看来，人们在做归纳这个智力游戏的时候，应该首先收集观察资料，然后对资料进行一定的排列组合，最后从中找到一些规律或特点。而就演绎法来说，欧几里德则是后人难望其项背的人物，这种以简单的公理为基础，构建一座宏伟的理论大厦的工作，今人已经难以再完成了。当然，这并不意味着现在的人不及欧氏那样聪慧，而是因为现今的科学实在艰深。

在经历了中世纪的黑暗以后，古希腊先贤们的智慧成果重新被人们发现。逻辑思维再度显现其巨大的威力。在归纳法方面，达尔文在环球旅行中目睹了众多彼此相似但却差异明显的诸多物种之后，使生物学不再对着神学低头；而在演绎法方面，哥白尼改变了天体运行公理——由“地球是宇宙的中心”变为“太阳是宇宙的中心”，在推理方法不变的情况下，托勒密的理论体系崩溃了。

在今天，逻辑思维仍然是检验一种理论正确与否的重要手段。比如，在三段论推理中，不论大前提错误还是小前提错误，都有可能导致结论错误。因此，在证明或证否某种理论、学说时，这种方法经常被使用。

在20世纪80~90年代，我国有些学者提出了全息生物学、全息胚、生物全息律、全息疗法等理论概念，一时产生了巨大的影响。比如，有人认为：完全发育成熟的细胞是正常细胞；癌细胞具有发育分化不足的特点，说明癌细胞是发育不成熟的；而癌细胞发育程度越低，其恶性程度就越高。有鉴于此，他们提出：一个正常细胞乃至一个成熟的个体，都可以因为含有生物全部遗传信息而被视为一个全息胚；成熟的细胞和个体是完全发育的全息胚，而癌细胞是未发育完全的全息胚。

这就是全息论学者理论的前提和出发点。他们认为，既然癌细胞是发育不完全的全息胚，那么现有的以抑制为主要特征的治疗癌症的方法不但不能治疗癌症，反而会因为抑制生长的无选择性而使发育中的细胞停留在癌阶段而不再分化，这样就会诱发新的癌症。故此，在治疗癌症时，应该促使发育不成熟的癌细胞继续向前发育，穿越癌区，发展成为正常细胞。他们把这样的药物称为全息胚分化促进剂，并认为这才是理想的治疗癌症的药物。

乍听起来，这种理论似乎很合理，也很科学，但是如果我们仔细地推测一下，就会发现其中包含的问题。

首先，人是由细胞组成的，但这些细胞并非完全相同，其有各种各样不同的形态，换句话说细胞分化、发展的最终形态是不同的，因此，虽然癌细胞所在的状态的确是发育未成熟的状态，但这并不能说明癌细胞还能向前发展，换句话说，很有可能癌细胞的状态已经是其发展的最终状态，没有再向前发展的可能了。

其次，按照全息理论，一个受精卵细胞之所以能够发展成为一个成熟的个体，是因为受精卵尽管只是一个细胞，但它包含着一个成熟人体所具备的全息信息。那么按照这个前提，如果按照全息论学者治疗癌症的方案，推进癌细胞继续向前发展，那么癌细胞作为细胞也具有成熟人体所具备的全息信息，那么癌细胞也可能会不断地向前发展，并且也像受精卵细胞那样不断分化，产生不同的组织、器官等等，换句话说，每一个细胞都有可能发展成为一个人。而且全息论者也无法保证所用的药物只对癌细胞起作用，而不对正常细胞起作用。

这个例子说明，经由一个前提，推论出荒谬的结论，由此可知前提是错误的。这实际上也是我们检验假说时常用的方法。

从这里我们可以看出，归纳法和演绎法是两个方向相对的过程。虽然如此，这两个方法并非彼此排斥的。归纳法得到的结论往往成为演绎法的假设（或公设）；假设（或公设）证明的过程，往往与归纳法是类似的。比如，欧氏几何的公设并非空想出来的，而是从人们的生活中积累而出的，因为这几条公设在当时人们的生活中找不到反例，故而无法否认它们，所以承认他们的正确性。后来，随着人们认识能力的提高，人们认为平行公设并非理所当然，而是存在着更多的情况，于是对该公设的不同理解和使用就产生了非欧几何。

所以，不论归纳法还是演绎法，反例都是非常重要的，在使用归纳法时，要注意是否有反例，如果出现了反例，那么就不能仓促地进行抽象；在应用演绎法时，也要考虑，如果出现了反例，那么说明假设（或公设）是错误的，那么模型就要重建。

在历史上，归纳法与演绎法曾经是两种“老死不相往来”的思维方法。两种方法固然都强调了人类的与众不同，然而，归纳法被学者们认为是人作为自然之灵，能够揭开自然的神秘并且掌控它的工具；而演绎法则凸现了人类理性的光辉与神奇。

还好，从遥远的古代到今天，科学技术的发展日新月异，我们已经有了比较雄厚的科技积累，不再像古人那样处于盲人摸象的阶段，因此，单纯地使用归纳法、演绎法已经比较少了，更多的是两者的混合使用。

比如，通过流行病学调查或临床病例的诊断，找到某些疾病在分布或症状上的特点，经过统计工具的应用给予其特点的描述，这就是归纳法；在寻找这些分布或症状特点背后的原因时，根据已掌握的理论建立假说（模型），然后再通过调查或实验来验证假说（模型），这就是演绎法。

不过，与众多的学科类似，逻辑思维的研究逐渐演变成以逻辑学为核心的思维科学，在数学、信息科学、系统科学等领域发挥着重要的作用；然而，在哲学家的眼中，这仅仅是技术而已，远未达到形而上的层次，远未回答人类的终极关怀。在哲学家看来，人类与宇宙的关系怎样，逻辑思维究竟在其中发挥着怎样的作用才是他们所关心的。各位读者，如果你对技术层面的逻辑思维感兴趣，可以阅读逻辑学方面的著作；如果你想从宇宙的高度来做做思维的体操的话，汗牛充栋的大师著作会让你酣畅淋漓的。

在我们掌握的科学规律越来越多的今天，我们对逻辑思维的运用会越来越多。但是这并不意味着逻辑思维是“唯一的”的思维活动方式，逻辑思维不能被滥用，否则，就会成为空洞的套话和无聊甚至有害的诡辩。

第四章　你拥有金手指吗？——创新能力

在前面，我们阐述了对于创新活动十分重要的思维方式。思维是人们的意识活动，但是创新思维想要见诸于客观世界的话，还需要拓展、延伸，需要有一系列创新的能力和技法才能够实现由思维到真实的蜕变，真正完成创新活动。在本章，我们讨论创新能力；在下一章，我们讨论创新的技法。

第一节　华佗的发现——观察能力

在遥远的古代，技术水平和装备水平非常落后，因此，人们在认识和改造客观世界的时候不可能像现在一样运用精密的仪器设备，设计完善的实验方案，更多的是需要耐心的观察，不放过每一个有价值的细节。

华佗是东汉末年的一位名医，他在我国传统医学的发展历史上起着重要的作用。传说有一次，华佗在野外采药的时候，无意中看到一只黄蜂掉进了蜘蛛网并被网缠住。蜘蛛迅速冲到黄蜂跟前，打算放出蛛丝把黄蜂包裹起来。这时，黄蜂祭出自己的绝招，用它尖锐而剧毒的蜂刺刺中了蜘蛛的腹部。受到突然袭击的蜘蛛陡然一缩，从蛛网掉落下来。华佗以为这下蜘蛛必死无疑，但是受伤的蜘蛛竟挣扎着向前爬去。蜘蛛爬上一片背阴处的苔藓上，在苔藓上翻滚摩擦，特别注意摩擦自己腹部的伤口。没有多久蜘蛛竟然奇迹般地恢复了原状，并且动作麻利地重新爬回蛛网，继续与黄蜂搏斗。

华佗目睹了这一切，并开始仔细的思考：被黄蜂蜇过的蜘蛛，开始的时候连行动的力量都显得不足，这说明它的身体受到了重创；然而，蜘蛛在苔藓上摩擦以后，竟然能够恢复活力，这说明苔藓帮助它解了蜂毒。那么能够为蜘蛛解除蜂毒的苔藓能不能帮助人解蜂毒呢？带着这样的疑问，华佗开始了反复的尝试，最终成功研制出治疗黄蜂蜇伤、解除蜂毒的良药。

蜘蛛捕食、黄蜂蜇人，这些现象在日常生活中非常常见，我们却熟视无睹，即使注意到了，也把这些现象当作热闹来看，不会仔细而深入地进行思考。华佗则不同，看到了蜘蛛与黄蜂搏斗的场面后，他没有停下来，而是继续观察，于是就发现了与众不同的现象：蜘蛛会用苔藓为自己疗伤。注意到了这个细节，华佗就有理由进行进一步的思考：苔藓是否能治疗人的蜂毒。在这个例子中，华佗的过人之处就在于他有意识地运用了观察的手段，并且没有放过细节。除了这个例子以外，华佗还仔细地观察了动物的生活形态和活动方式，发明了强身健体的“体操”——五禽戏。

在上面的例子中，观察是成功的关键。不过，成功的观察不是简单的“看一看”。

观察是人们有目的知觉，是人们通过感官，感受研究对象所提供的信息的过程。观察是科学研究中最基本、最常用的获取感性材料的方法，甚至在科学实验中也要经过观察这个过程。观察能力就是能够并且善于全面、深入、正确地认知事物特点的能力。

观察不局限于视觉，也包含听觉、味觉、嗅觉和触觉；观察也绝不是简单的“看、听、闻、感觉”，它包含着人的主观愿望。浮光掠影、走马观花、视而不见、熟视无睹、见而不疑的观察是一般性的观察，这样的观察不利于创新；而独具慧眼、眼观六路、见微知著的观察是创新性的观察，这样的观察可以得到完整而准确的感知，从观察中悟出新意。

观察是人类创立最早的科学研究方法，一直到现在人类都没有放弃运用观察的方法来认识自然、利用自然和改造自然。观察存在于人类活动的各个领域，而且不论我们做什么都需要对所从事的对象进行系统而精确的观察才能有所斩获。

在生命科学和医学的发展历史上，很多发明和发现都是运用观察方法获得的。比如，中医的基本研究方法就是观察，就是在不干扰对象的条件下研究生命和疾病。诸如症候、药物功效、经络、穴位的作用等等，都是观察的结果。而西医中的综合征、急腹症、垂死状态的症状表现，也都是长期观察的结果。在生命科学中，生物分类学、生物进化论等学科，主要的研究方法也都是观察。所以，虽然现代科学仪器日益先进，但在医学研究中，掌握观察方法仍然是必须的。

观察能力应该具备三种品质：敏锐、准确、独特。

对于进行创新活动的人来说，观察力的敏锐性非常重要。敏锐的观察不仅能促使创新者迅速获得观察对象的有关信息，而且可以帮助人们发现容易忽略或不易发现的东西，往往一个看似普通、微乎其微的现象中就蕴含着发明创造的契机。

俄国生理学家巴甫洛夫最重要的实验动物是狗。有一次，他给狗的胃做了手术，造成一个通向体表的瘘管。手术很成功，但是他担心反复喂食刺激会造成狗的伤口感染。可是很长时间过去了，狗的伤口并没有发生感染。巴甫洛夫对此感到非常奇怪，于是让助手注意观察，可助手并没有发现什么特殊的情况。偶然的一天，巴甫洛夫发现造瘘的狗不回窝，又发现墙壁上的石灰粉被狗扒下了很多，他进一步观察发现，狗扒下石灰，然后把伤口卧在石灰上，这样等于用石灰粉给伤口消毒，所以有效防止了伤口感染。

本来担心的感染出乎意料地没有发生，让助手去找原因也没有找到，而他自己却发现了狗的生活细节，并从细节中找到了消毒的原因。这说明巴甫洛夫的观察力非常敏锐。

观察力的准确性就不必细说了，观察的目的就是为了掌握事物的准确状况和正确的变化趋势。但在这里有必要说明，观察的客观性是保证观察准确的重要因素，在观察时要尽量防止先入为主的意识形态或者某种带有倾向性的主观预期，否则就会影响观察的准确性。

观察力的独特性在于，观察者要能看到别人看不到的现象，听到别人听不到的声音，能够掌握别人无法掌握或没有注意到的信息。特别是好的观察者要能够从一般人看来没什么价值的东西中找到无穷的财富。比如，苍蝇是我们非常厌恶的传播疾病的害虫，然而有的科学家却发现，尽管苍蝇身上携带着无数的病菌，可苍蝇本身却不会受到这些有害病菌的感染。观察到了这个现象，科学家就开始思考这是为什么，并开始着手研究。有些学者发现，苍蝇体内含有一种特殊的抗菌蛋白，杀菌效力超过青霉素是且不产生耐药性苍蝇虽然被各种有害病菌包围却不患病的一个重要原因。他们还认为，这对药物发展很有启示。

提高观察能力还要借助必要的技术手段。随着人类认识世界和改造世界的范围扩大、程度加深，单纯凭借人类自身的感官已经难以满足需要了。就拿视觉观察来说，运动过快的物体，人的眼睛难以把握；运动过于缓慢的物体，人的眼睛难以察觉；过于遥远的物体，人的眼睛无法感知；而物体的微观结构，人的眼睛难以分辨……这样就必须要借助技术手段或仪器来提高人类的观察能力，获得更加准确的观察结果。人类借助技术手段提高观察能力一方面是人类认识世界、改造世界的要求所致，另一方面技术水平的进步和装备水平的提高是提高观察能力的保证。例如，从视觉观察角度来看，在观察微观结构方面，从单纯使用肉眼到使用放大镜，到使用光学显微镜、电子显微镜、质子示踪显微镜，放大倍数不断增大，成像质量不断提高，为推动人类对微观世界的认识做出了重大贡献；在远距离的天文观测方面，从单纯使用肉眼到使用普通望远镜，到使用光学天文望远镜，到使用不同波段的射电天文望远镜，再到把天文望远镜安放在人造太空飞行器上，使人类获得的天文资料的种类和质量都大大增加。

可以说，技术手段和装备是人类感官的延长，可以把人类感官不能直接观察的对象转化为可以观察的对象，从而在广度和深度上极大地增强人类的观察能力。

观察历来在科技创新中发挥着重要作用，而科学家们也一直非常重视观察能力。英国的细菌学家、青霉素的发现者弗莱明在接受诺贝尔奖时，由衷地感慨：“我的唯一功劳是没有忽视观察。”现在，我们来看看观察具体有哪些作用。

人类科技的发展可以说是从观察起步的。观察是我们获得研究对象的感性材料的基本途径。任何科学研究都不可能从一开始就达到形而上的水平，总需要经历由感性到理性，由简单到复杂，由具体到抽象的过程。人们在进行发明创造之前，总要对客观世界进行研究了解，掌握其内在的规律，以达到对事物本质的认识，这之后才能进行发明创造。从科技史的角度来看，任何联系实际的科学研究都是从观察开始的，即使是所谓的“纯理论”的研究最终也都要以客观事实为基础的其他学科或理论作为准备，并最终也需要客观事实来验证。就拿抽象性最强的数学来说，其肇端和发展都起源于实践，尽管现代数学已经发展到如此的程度，以至于看不出它与实际情况有怎样的联系，但是我们可以看到数学理论在物理、化学、生物、天文、地理、经济等等诸多学科中的应用。纯粹的思辨性的数学理论虽然存在，但是人们却不断发现，过去认为是纯思辨的数学理论现在却有非常实际的应用。

观察是有目的、有计划的活动，在观察时，人们可以获取丰富的信息。历史上，很多重要的科学发现和技术发明直接来源于观察。有些发现和发明乍看起来是在不经意之间产生的，但是我们要知道，得到这些看似“不经意”之间的收获的人往往都具有敏锐的观察力和良好的科学素养，所以看似不经意，实际上是有充足的准备的。

1582 年的一天，伽利略到比萨大教堂做礼拜，宏伟的教堂大厅里吊灯高悬，密集的信徒们安静地聆听牧师布道。大家都听得认真，可是伽利略却把注意力放在了屋顶的吊灯上。吊灯在微风的吹动下不停地摆动。他目不转睛地看着，并用自己的脉搏为计时器计算着吊灯摆动的时间。忽然，他惊奇地发现，同样长度的吊灯不论摆动的幅度是大还是小，摆动的时间都是一样的；倒是如果吊灯的长度不同，摆动的时间也就不同了。伽利略经过思考，提出了单摆的等时原理。伽利略曾经根据这个原理绘制了“摆钟”的图纸。几十年以后，荷兰的物理学家惠更斯发明了世界上第一台摆钟，实现了人类计时史上的一次巨大飞跃。教堂里屋顶上吊灯的摆动是人们司空见惯的事情，可是伽利略却在无意间对这个现象产生了兴趣，并发现了单摆的等时原理。就像前面说的那样，看起来伽利略的发现充满了偶然性，但是我们前面也多次提到了伽利略具有出众的敏锐性和科学素养，他在知识准备、研究方法和思维方式上都有过人之处，所以他取得这样的发现固然有偶然性的一面，但是必然性的一面也是绝对不能忽略的。

亚历山大·弗莱明（Alexander Fleming，1881～1955）发现青霉素也有异曲同工之妙。

在残酷的第一次世界大战中，几乎每一个欧洲人的生活轨道都被改变，弗莱明也是如此，他以中尉军衔参加了皇家军医部队。在血与火的战场上，人的血肉之躯在冷酷的炮火面前只有伤痛和碎裂，死伤者越来越多。弗莱明发现，感染是游荡在战场医院上空的最可怕的幽灵，因为很多士兵的伤患本身并非不可治愈，但感染却令医生无能为力。弗莱明眼看着渴望生存的士兵在感染带来的痛苦和脓水中不情愿地被死神带走，他下定决心，一定要找到一种药物，能够杀死那些引起感染的病菌。于是，在战争结束后，回到圣玛丽医院的弗莱明开始了抗菌物质的研究。

弗莱明的实验室中放置了许多用于培养各种菌种的玻璃器皿，而他有一个难以评论优劣的习惯：他在初步研究过自己培养的细菌后，就随手把培养皿放置在一边。这种习惯加上众多的设备使他的实验室像杂货店一样杂乱无章，有的地方甚至布满灰尘。1928 年 9 月，伦敦的天气虽然不热，但格外潮湿。弗莱明培养了一些能够引起传染性皮肤病和脓肿的葡萄球菌。由于临近假期，他如同往常一样，把培养皿放在一边自己休假去了。一个星期以后，弗莱明和一位同事回到了实验室，一边察看各种菌株的生长状况一边闲谈。忽然，他注意到了一个有点不对头的现象，话还没有说完就上前去观察那个引起他注意的培养皿。原来，那个培养皿就是培养葡萄球菌的，原本应该生长着金黄色的葡萄球菌，现在却长满了青色的霉菌菌落，只有在离霉菌较远的地方才有葡萄球菌的生长，霉菌附近的葡萄球菌则都溶解消失了。原来，葡萄球菌受到了污染，而外来的污染者——青色的霉菌消灭了它附近的葡萄球菌。

弗莱明看着这种现象，突然想到，这种不知名的青色的霉菌居然对葡萄球菌有如此强烈的抑制和裂解作用，而葡萄球菌是人类致病病菌的重要种类之一，那么这种现象中一定包含着某些了不起的东西。他想知道，这小小的青色的霉菌中包含着什么东西有如此的效力。弗莱明迅速地从培养皿中取出一点霉菌，在显微镜下进行观察，确认了杀死葡萄球菌的就是青霉菌。然后他把培养皿中剩下的霉菌放到一个装满培养基的罐子里继续观察。几天后，青霉菌生长成了菌落，培养基也变成了淡黄色。结果弗莱明惊讶的发现，不仅青霉菌具有杀菌的作用，连那淡黄色的培养基也具有杀菌作用，甚至稀释800倍后仍能够发挥作用。于是，弗莱明推论，青霉菌固然具有杀菌的作用，但真正起到杀菌作用的是青霉菌在生长过程中产生的某些代谢物——青霉素。

耐心、细致的观察造就了弗莱明的成功。科学史上很多的原理、定律也都是在长期、耐心的观察后才被发现的，特别是天文学、地理学、地质学、气象学、生物学等学科尤其如此。这些学科往往需要长期、艰苦的野外实地考察或是枯燥无味的观测，搜集大量资料，并运用科学的方法对所掌握的资料加以整理和描述，才能从中综合出若干规律。

我们都知道开普勒发现行星运动三大定律是科学史上的重要事件，为牛顿提出运动三大定律奠定了基础。开普勒是丹麦著名天文学家第谷的得意门生，第谷一生坚持不懈地进行天文观测，而且他的观测技术在当时的欧洲首屈一指，这样，第谷掌握了当时欧洲最为详尽和准确的天文观测资料。不过第谷因循守旧，坚持地心说的观点，因此他在理论上没有太多的建树。不过后人在评价第谷时还是中肯地说，第谷对科技发展最重大的贡献在于他培养了开普勒。第谷死后，把他所有的观测资料留给了开普勒。正是借助这些观察得来的翔实的天文资料，开普勒才有可能提出行星运动三大定律，并在观测中验证之。

我国地域广阔，地形多样，存在着多种多样的地质形态。可是清末以后的中国，积贫积弱，几乎在所有方面都被轻视和嘲笑。当时，西方的地质学家声称，在中国东部找不到第四纪冰川的遗迹。可是北京大学地质系的教授李四光的心底不相信这样的观点，他始终认为地域如此广阔，地形种类这么多样的中国怎么会一点第四纪冰川的遗迹都没有呢？李四光在1921年就已经在山西大同及河北太行山东麓发现了冰川漂砾，识别出冰川流动形成的擦痕。30年代，他又在江西庐山发现冰川沉积物，在鄱阳湖边发现具冰川擦痕的羊背石，并在安徽黄山发现U形谷削壁上的擦痕，在该山后海发现具擦痕的漂砾。

在这些重要发现后，李四光先后发表了《扬子江流域之第四纪冰期》和《安徽黄山之第四纪冰川现象》等论文，以后又出版了专著《冰期之庐山》。他提出庐山冰川可分为 3 个冰期，最老的为“鄱阳冰期”，发生在早更新世，规模最大，鄱阳湖畔的绿色泥砾是重要证据。之后是“大姑冰期”，属中更新世早期，以大姑山一带赭色泥砾为代表。较新的是“庐山冰期”，属中更新世晚期，以庐山的橙色泥砾为代表，规模已大大缩小。建国以后，有学者又提出比“庐山冰期”更晚的“大理冰期”，属晚更新世，以云南大理苍山的冰碛物为代表。这样一来，第四纪就有了以上四大冰期，这四个冰期正好与20世纪初德国的彭克、布吕克纳根据阿尔卑斯山区第四纪冰川沉积物研究所提出的四大经典冰期一一对应。

从这里我们可以看出，科学创新不是意气之争，而是需要潜心地研究才能得出正确的结论。

在现代科技领域中，有一门叫做仿生学的学问，就是通过对自然界的生物进行仔细、深入的观察，并开发设计出结构和功能类似的人造设备并应用于实际之中，比如雷达、响尾蛇导弹，电子蛙眼等等。

所以，敏锐的观察能力对于创新者而言非常重要，甚至是必不可少的。只有能够洞幽烛隐，见微知著，才能从一般人熟若无睹的现象中，探寻到重要的科学真理，做出发明创造。

在进行创新活动时，从技术上来说，观察是确立选题、建立假说、验证假说的重要手段。

创新活动的正式起点是确立选题。大千世界有很多现象是人类未知的，但在一定的历史条件下不是所有课题都值得人类去探索，值得人类去探索的也不是每一个人都能够去进行研究。因此要确立既适应社会经济发展需要又适合某个人或团队的选题，就需要一定的准备工作，而观察就是其中重要的手段。

而确立选题后，人们通常会根据已经观察到的现象之间的联系建立假说，然后寻找更多符合假说前提条件的现象，看看这些现象的发展变化是否符合假说预期的结果。如果在假说前提范围内没有找到反例，那么就可以认为假说是科学的，假说即转化为科学理论；反之，假说就不能成为科学理论。但是，我们要强调，假说的前提条件是非常重要的，因为前提条件往往对假说所适合的时空范围做出了比较严格的限制。科学理论如果经过大范围、深层次的观察，找到了不符合其预期结果的情况，那么就要对科学理论进行修正，甚至把它抛弃。

我们在第三章中曾经举过关于力与运动的关系的例子。在亚里士多德的时代，人们在日常生活中的观察到，用力推物体，物体就可以运动，如果这个外力消失，那么运动的物体就会停下来。因此，亚里士多德提出了“力是物体运动的原因”。由于当时人们观察水平、认识能力的限制，人们没有发现反例，因此一直认为这种观点是科学的。到了伽利略的时代，人们的观察水平和认识能力都有了显著地提高，因此，从逻辑上对亚里士多德的理论进行了证伪，并建立新的假说，即“力是改变物体运动状态的原因”。此后，人们对物体的受力和运动情况进行了更加深入的研究，在牛顿手中发展的比较完善，被人们称之为牛顿理论。在此后的相当长的时间里，这一观点也是符合人们的观察结果的，因此也被视作科学理论。而到了二十世纪，人们的观察水平和认识能力有了空前地提高，特别是技术进步和装备水平的提高使人们观察视野的广度从普通的宏观扩展到了宇观、深度从宏观进入到微观，发现了大量新的现象。在这种条件下，人们发现了很多不符合牛顿运动定律的现象，从而引起了对牛顿理论的修正。提出了新的力与运动的解释，相对论和量子力学是其中人们共识较大的理论。当然，人们并没有把牛顿理论抛弃掉，而是为牛顿理论添加了“小小的”前提，那就是牛顿理论是量子力学在宏观尺度下低速运动物体的近似。换句话说，牛顿理论在应用时要加上两个前提，也就是：宏观尺度和低速运动。在这样的前提下，牛顿理论仍然是科学理论。

所以，我们在进行创新活动中，要格外注意观察能力的培养和运用。

“黑夜给了我黑色的眼睛，我却用它寻找光明。”这是我们这本书开篇所引用的顾城的诗句。光明是我们需要并渴望的，如果我们把这美好的诗句通俗地讲出来，那就是，观察帮助我们找到需要，也就是那种引起我们创新活动的原因·（需要与创新的关系，在本书第一章有所论述）。

前面我们提到的观察的作用，更多的是探讨观察为创新提供技术支持的作用。而有很多时候，观察可以发现人们未能满足的需求，由这些需求引致某些发明创造。换句话说，观察活动虽然没有为创新活动提供直接的技术支持，但是为创新活动的价值性提供了保证。

方便面虽然被指责为没有什么营养价值的“垃圾食品”之一，但是在忙碌的生活、工作中以及对食品不可能做太高要求的旅行途中，方便面仍是我们重要的选择。我们知道，方便面是日本人发明的，下面我们就来看看方便面被发明的过程。

日本人是很喜欢吃面条的。日本人传统食用的面条要用开水煮20多分钟才能食用，而且要另外准备调料。尽管大家都在这样做面条，但是很少有人注意到这种做法的繁琐。注意到这些的是一位食品作坊的老板——安藤百福（1910～2007）。这位老板喜欢观察人们的生活，敏锐地感受着人们生活的细节，想办法让他的产品满足人们生活的需求。他每天上下班要乘坐通勤电车，在等车、乘车的时候也不忘观察生活。一天下班在车站等车时，他看到许多人在饭馆门前排着长队等待买热面条吃。他感到，日本人这么爱吃面条，那么在面条上动动脑筋应该会有收获的。于是他开始观察日本人喜欢吃的面条的特点。在观察后，他发现了前面我们提到的日本面条的特点。在掌握了这些特点以后，他开始思考，在生活和工作节奏这么快的社会中，人们不可能每天都花费时间和精力去做、去吃传统的面条，那么如果有一种用开水一冲就可以吃的方便的面条，应该会受到大众的欢迎。在一次变故破产后，这位食品作坊的老板开始把自己事业的关注点放到了这种方便面条上。1958年，这种使用开水冲泡即可食用的方便面研制成功并投入市场，获得了消费者的青睐和抢购。

这里，观察的作用就在于发现了人们日常生活中的需求，尽管很多时候这种需求还未浮出水面，但这正是一种新产品横空出世、令人惊艳的上佳时刻。所以，观察不仅能在技术上为创新提供保障，而且能够提供一种创新能够存在、能够为大家接受的理由。

观察的目的是为了获得正确的信息，要达到这样的目的，我们需要遵循一定的原则。

1. 观察要坚持以科学事实为根据，要以事物的本身为中心，而不是带着主观的导向去观察事物。如果观察受到了主观意向的影响，那么观察的结果就有待商榷了。这样就要求人们在进行观察活动时，要采取实事求是的态度，按照事物和现象的本来的、客观的面目去观察它们、认识它们，不仅不能被主观意向影响或误导，更不能用主观愿望代替科学事实。

要保证观察的客观性，就要有耐心，要进行系统的、全面的、动态的观察。在过去，生命科学还不很发达的时候，农业研究中往往一个项目就需要长达十多年甚至二十几年的时间。比如进行玉米的杂交、育种的时候，不可能像现在一样通过基因技术可以大大缩短杂交和育种的时间，而需要把具备有用性状的植株进行杂交，结出的种子再进行栽种，然后选取有用性状沉淀下来的植株，抛弃无用的植株。这样反复很多次才能培育出高产量、抗倒伏、抵抗病虫害等优良性状集于一身的玉米品种。在进行这样的观察和研究中，就必须要把握客观性原则，不能有主观上的引导；当然，就算有，也应该是尽力培养出符合我国气候、土壤、水文等环境的高产玉米，或是有利于农民的播种、管理、收获以及加工等的生产工艺。

另外，就如同我们前面曾经提到过的那样，观察要防止先入为主的意识形态和带有倾向性的主观预期。

比如曾经有一位名叫高尔顿（Francis Galton，1822～1911）的英国人试图以法官家族中出现名人的比例作为证据，证明法官家族中具有天才遗传的特点。通过运用一定的统计分析方法，他得到了平均每100个英国法官的亲属中就有8.4个名人父亲，7.6个名人兄弟，11.7个名人儿子……总共38.3个名人亲属。而根据《名人辞典》和《泰晤士报》上每年公布的名人讣告的统计，高尔顿得出全英国平均4000人中产生一个名人的结论，由此可见，天才在法官家族中是遗传的。

高尔顿的数据采集和分析还是比较科学的，从数据中得出结论的过程也符合一定的逻辑和理性。但问题在于，高尔顿是望族出身，他在进行这项研究时一直就带有具备倾向性的主观预期，他本来就希望得出天才可以遗传的结论，本来就希望得出不同的人的社会地位不平等，是由于天生的遗传带来的这样的结论。实际上，固然法官家族出现名人的比例较社会平均水平要高，但是这种描述性的结论并不说明天才可以遗传。我们知道，法官在当时的社会中属于上流社会，他们的物质、精神生活水平远远高于社会平均水平，因此法官家族中的人生活无忧，有充足的财力和时间接受教育。同时由于社交关系的原因，他们所掌握的人际关系和社会资源要远远多于普通民众，换句话说，法官家族的人的社会角色和人生的起点就比其他人要高得多，所以出现名人的几率高也就是理所当然的了。再换句话说，如果进行的是客观的研究，得出的应该是社会因素大于自然遗传因素的结论。

2．观察要注意全面与系统。客观事物之间存在着广泛而复杂的联系，也都有其产生、存在、发展和转化的历史过程。在这种横向和纵向的复杂性中存在着各种矛盾，这使得事物的发展是复杂的、曲折的。所以，在进行观察活动时，要想真正地认识事物，就必须把握、研究它的各个方面、各种联系，要注意观察事物的矛盾发展、变化和转化的全过程。要从实际出发，要联系一定的时间、地点、条件和范围等情况，对具体的事物进行具体的观察。不能只抓住个别事例或事物的某些侧面而不顾其他，否则就不能获得全面、准确、系统的信息。

法国盛产葡萄酒，为了保证葡萄酒的产量和品质，葡萄的产量和品质就非常的重要。法国的波尔多就是生产葡萄的好地方。然而在1878年，一种由真菌引起的“葡萄霉菌病”悄悄潜入了波尔多的葡萄园，染病的葡萄会日渐衰竭、枯萎，甚至导致颗粒无收。本来期望丰收的农民碰到了这种病害，就用传统的除虫菊、烟草和硫磺制成的混合物进行喷洒，但无济于事，一年的血汗即将付诸东流。这时，人们发现一座位于大路边的葡萄园里的葡萄却长势旺盛。于是人们纷纷前去取经，可是这座葡萄园的主人却对此茫然无知。尽管许多人作了细致的考察，却失望而归。波尔多大学植物学教授佩尔马利·埃里克西·米亚路德也感到奇怪，并前往考察。米亚路德考察了葡萄园主怎样浇水、怎样施肥、怎样剪枝、怎样喷药，可园主的回答却是：“我跟别人没什么不同，都是按照祖传的老规矩进行的。”米亚路德感到很失望，可是园主随后的一句话引起了他的思考，园主说：“我的葡萄园在大路边，来往的行人很多，每到葡萄成熟的季节，总会有人顺手牵羊，摘走很多葡萄。每年我都要为此大费脑筋。平时，为了防止发生病害，我都会用石灰水粉刷树干，使用硫酸铜溶液喷洒葡萄的果实。一个偶然的机会，我把石灰水和硫酸铜溶液混合在了一起，结果混合物发出了非常难闻的气味。于是我就想，如果把这种有难闻气味的混合物喷洒到葡萄上，会不会赶走那些顺手牵羊的人呢？于是我就这样做了，结果树上的葡萄颜色变得不蓝不白，感觉又脏又臭，于是摘葡萄的人少了很多。后来，我就一直使用这种方法了。”

葡萄园主的无心之语却引起了米亚路德的思考，是不是这种特殊的混合物防止了葡萄霉菌病呢？他回到实验室开始了实验，在石灰水和硫酸铜混合物的基础上，改善了成分和配比，1882 年制成了能有效防治葡萄霉菌病的药物。米亚路德为了纪念波尔多市的那家葡萄园，把这种药物命名为“波尔多液”。

从这里我们看到，在米亚路德之前到那个葡萄园进行考察的人们，尽管也作了细致的考察，但是还是百密一疏，把重要的线索遗漏了。而米亚路德凭借其良好的学术背景，意识到了细节的重要性，所以葡萄园主随口的一句话为他提供了研究的突破口，并带着他发明了新的抗病药物。

3. 在顾及全面与系统的同时，还要善于发现典型。在前面，我们讨论了观察的全面与系统的原则。但是，在实际的观察活动中，我们不可能面面俱到。这是因为，一方面，事物在形态上千差万别、种类繁多、错综复杂；在数量上是无限的；在范围上是无边无际、非常宽广的；在性质上也各不相同。我们的观察能力、技术水平和装备水平总是有限的，不可能达到洞悉世界中万事万物的水平，所以要求完全做到全面、系统地进行观察是不现实和不可能的。

所以，在尽量把握观察的全面性的同时，要注意兼顾观察的典型性，要正确地选择典型事例。我们要识别出事物的主要矛盾或研究的重点，在这些主要的方面不出现片面性。在选取典型事例时，要注意典型事例要具备代表性，同时具备简明性，这样可以在提高观察效率的同时保证观察的质量，主要的方法有直接从自然界的某一类事物中选取具有代表性的种类，及采用科学合理地简化和抽象的方法等等。

比如，为了研究生物性状在世代之间的传递规律，选择什么样的典型观察对象呢？以往人们曾经长期进行过农作物的杂交，也进行过动物的杂交，也得到了很多杂交后代。可是这些后代表现出来的性状太多了，人们很难从中发现其传递的规律，所以没有人得出遗传学的重要结论。奥地利的修士孟德尔（Gregor Mendel，1822 ~ 1884）则选择了豌豆作为观察对象，通过杂交和自交，发现了性状在世代间的传递规律，提出了分离定律和自由组合定律。应该说，孟德尔的成功很大程度上要归因于他正确地选择了研究对象——豌豆。豌豆是严格自花传粉的，在花开之前就已经授粉完毕了，因此花开后就不再受到其他花粉的干扰，可以确保后代性状的来源清楚；另外，豌豆的性状鲜明，特点容易区别，比如豌豆的颜色非黄即绿、形状不是光滑就是皱缩等等；而且，豌豆的杂交后代可以繁殖，容易栽培等等。有了这些典型特征，才使世代间的性状传递规律清楚地表现出来，这才使孟德尔的观察得以成功。

观察的目的是为了获得观察对象的事实情况，因此，人类一直努力运用各种手段和装备来提高观察的准确程度，尽一切可能保证观察的客观性。然而，观察毕竟是以人的感官为基础的，因此难以避免出现影响观察的准确与客观的情况。要避免这些情况，就要避免以下一些负面影响。

4. 在观察活动中，要避免无意的过失。我们在观察过程中出现过失是难以避免的，而其中有很多是观察者不自知的。历史上曾有这样一个著名的实验。

我们知道，在法律诉讼，特别是刑事诉讼中，证人证言是非常有力的证据，各国的法律无例外地想方设法地保护证人，严厉制裁做假证的行为，保证证词的可靠性。然而，在实际的诉讼过程中，却有不少的案例出现了在同一案件中，不同的目击者的证词大不相同，可是每个人又都言之凿凿，即使经过了测谎试验，也看不出哪位证人在说谎。于是，这种现象成了法律界人士和心理学家研究的对象。

有一天，40 多位心理学家聚集在德国城市哥廷根开会。突然，一位村夫冲进会场，紧随其后的是一个手持短枪的黑人。两人在会场中间搏斗起来。突然，一声枪响，两个人又一起冲了出去。这一幕，惊险而紧张，虽然仅仅持续了 20 余秒，但却给人以极深刻的印象。随后，会议主席要求在场的所有人马上写下自己的目击报告。

实际上，这是事先巧妙安排的一次实验。现场的全部过程都被摄影机拍摄了下来以供核对，当然，与会的 40 余位心理学家并不知道这些。这次事件的场面惊心动魄、扣人心弦而且有枪击的声响，应该足以引起在场所有人的注意；而且会议主席要求在场的人当场写下目击记录；再有，这些目击者都是心理学家，受到过比较系统的观察训练，有很好的观察能力，并且他们与这次事件没有牵连。

这样说来，目击者的报告应该是相同的，即使有差别也应该是大同小异的。可是结果却远非如此：

把收集到的40多篇报告与录像对比后发现，只有一篇在主要事实的叙述上错误少于20%；有14篇的错误率达到20%～40%；有多达25篇报告的错误率竟然在40%以上。在一多半的报告中，每篇都有10%的细节纯属臆造。举例而言，只有10%的人准确地报告了黑人是光头的，其余的人要么说他戴着便帽，要么说他戴着礼帽；黑人本来的上装是一件黑色的短衫，可是有人说黑人穿的是全红色的，有的说穿的是咖啡色的，众说纷纭。

我们说过了，这些心理学家与事件本身没有什么利害关系，当时也都全程关注了这一事件，而且是即刻写下了目击报告，所以我们很难说这些心理学家是有意说谎，只能说，他们的确有过失，但这些过失并非有意。他们要么在撰写目击报告时不自觉地掺入了自己的想象，要么对自己不那么确定的细节做了错误的判断或臆造。

因此，我们在进行观察时，要采取措施避免这种无意识的过失。由于这种过失是无意识的，单凭人本身的力量难以克服，故而需要借助技术手段和科学仪器来反复进行观察。

5. 不能戴着有色眼镜来观察，避免先入为主。先入为主是指观察者用自己既有的知识和经验来填补观察中的空白，把观察到的新事实纳入到自己原有的理论中，更重要的是纳入自己的愿望之中，导致主观结论与客观事实脱节。

我们在前面讨论过的权威思维定势就是先入为主的重要表现。过去曾经有这样的报道，某医院的产科病房，要求新生儿的母亲把孩子从仰卧的状态改为俯卧的状态。新生儿的母亲往往不问任何原因就照着做了。这样做的原因在于，人们往往认为医院里的工作人员都是懂得医学原理的，他们的指示多少会有医学根据，所以往往不会怀疑医生和护士的指令。但是，让孩子俯卧不仅对孩子的生长发育没有好处，反而会造成儿童的窒息，甚至造成死亡。而有的护士之所以这样做，原因竟然很简单——她们厌烦新生儿的哭泣声。

在创新活动中，虽然我们要合理运用已有的经验和知识，但要尽量避免先入为主对我们的影响，换句话说，不要让已有的知识和经验桎梏了我们的思维。

6. 人类感官系统并不完美，它们有时会跟你开玩笑，我们不能被玩笑左右。我们的视觉不及鹰、嗅觉不及犬、听觉不及鼠等等。此外，还有一些感官特性会影响观察结果，例如视觉暂留现象，听觉系统只对一定频段的声波有感受能力等等。通过技术手段可以把原本人类感官无法感知或者存在感知局限的现象转化为人类不仅可以感知而且可以准确判断的形式，供人类使用，例如红外线成像技术就是把人类的眼睛无法有视觉感应的红外线信号转化为可见光信号。

另外，我们的感官也会带给我们不同的感觉或者错觉。我们都知道这样一个实验，我们把左手放在40℃的水中，把右手放在10℃的水中，放置一段时间后，把两只手放进同为25℃的水中。这时我们的左手会告诉我们水是凉的，而右手会告诉我们，水是暖的。这就是感官带给我们的错觉。

在这种情况下，要格外注意运用正确的观察方案、利用合理的技术装备来避免由于人类感官系统功能不足而导致的观察误差和错误。

7. 爱因斯坦说：“上帝或许是神秘莫测的，但他绝无恶意”。上帝是否有恶意，我们不得而知，但是，上帝是神秘莫测的这一点毫无疑义。

很多事物表面的现象并不能客观地揭示其内在的本质或真实情况。所以，有的时候假象就是假的；但也有很多时候，假象虽然谈不上是真实的，但它是客观的。例如，每天太阳东升西落，如果以地面为参照物，这就是客观事实，但这并不表明“太阳围绕地球运动”就是真实的情况。真实的情况是地球围绕着太阳运动，之所以有太阳东升西落的现象，是由于地球自转的缘故。

有的时候，事物虽然未见得以假象呈现于人们面前，但是由于其发展变化的时间较长，如果我们观察的时间不够长，不能涵盖事物变化的全过程，那么得出的结论很可能也是错误的，这一点也值得我们注意的。

第二节　对自然的质问——创新与实验

实验是科学创新中最重要的手段之一，我们可以说，如果没有实验，就不会有科学技术如此飞速的发展。居维叶说：“观察听命于自然界，而实验者则质问自然界，并且迫使自然界袒露奥秘。”这一节我们就来谈谈实验。

在科学研究中，根据研究的目的，利用仪器，人为地控制或模仿自然现象，排除干扰，突出主要因素，在有利的条件下研究自然现象及其规律的方法就是科学实验。与观察相比，实验的目的也是为了揭示本质、发现规律。不同的是，观察是被动地描述自然现象，并从现象中找到事物的本质与规律；而实验则是通过构造和模拟，重现自然现象，并从中找到事物的本质与规律。但这种模拟和构造要根据研究目的控制条件，排除很多无关因素的干扰。这是因为，在自然条件下，各种因素混杂在一起，相互影响和干扰，无法确定哪些因素起着什么样的作用，也无法准确把握不同因素之间究竟存在着什么样的关系。而在科学研究以及创新活动中，如果不能认识每种因素的确定性，不能认识不同因素之间的关系，那就无法认识整体。

比如，在西医的发展过程中，早期，希波克拉底用四种体液来说明生理与病理，盖伦用三种灵气说明生命现象。这些概念固然可以说明生理现象，在一定程度上也可以用来指导临床实践，但是相对来说还是以猜测为主，所以经不起最终的检验。直到近现代科学技术发展起来以后，西医的发展开始逐渐地以实验作为基础，于是对人体的生理、病理、病源、病因等有了比较明确、科学的认识，并且有了生理、病理等学科分支。

从西方近现代科学技术方法论看来，中医在这个方面尤为明显。在漫长的古代，中医学无法用实验方法研究生命与疾病，也不能用实验方法来研究方药等等，所以只能凭借观察的方法来认识人体和疾病。由于这样的原因，中医就从风、寒、暑、湿、燥、火等角度来确认病因。在辨证求因的过程中不能脱离病证，必须依照病证。如果没有了病证，病因就无从谈起。正因为病因不能独立存在，也就不能独立研究它，所以中医历史上从来没有出现过专门的病因学家。生理方面也如此，因为不了解生命过程的各种因素及相互关系，所以只能从出现异常的病理表现反向推断生理功能，造成中医没有独立的生理学，只能生理病理合一不分。方药是客观物质，但是由于不能以实验方法研究，长期以来只能凭经验进行验证，有效的处方来源于中医理论的推衍和设计，然后在反复应用中从经验中确定下来的。由于不了解药物和方剂的物质成分及其相互作用关系，所以从理论出发设计的方剂，在应用前一般无法预见其实际效果。

但我们在这里要指出，上述观点是在西方近现代科学技术方法论的基础上得出的，而不是从中医学的方法论中得出的。尽管在西方近现代科学技术方法论的立场上，中医药理论是不符合其原则的（也因此，现在有人质疑中医的科学性），但我们有必要指出，虽然中医药理论是朴素的唯物论和自发的辩证法，运用西方科学技术的方法论难以解释和论证，但其理论体系同样是来自于实践的，并且在其理论体系比较完整以后，已经能够指导基础理论的不断发展以及临床实践的不断进步。所以我们有必要说明，中医药理论是自成体系的，其理论体系具有与西方的科学技术理论不同的观点和方法论基础。就好像胡克定律指出了弹簧的弹力与其形变之间的定量关系，却没有指出弹力与形变之间内在的因果关系。但是这并不妨碍我们在实际的工作与生活中应用胡克定律。例如，制造弹簧秤的人不全知道是金属内微观粒子之间的相互作用力造成了形变产生弹力。

1. 在创新活动中，实验具有重要的意义，具体体现在

（1）实验可以化繁复为简单，可以解释很多东西：我们、研究对象和环境。我们前面提到了，自然现象往往是复杂而相互交织的，事物的本质往往深深地掩藏在复杂的现象之下，很难为人们清晰地认识。而实验方法则可以通过精巧地设计，利用科学仪器，排除干扰因素和偶然因素，较为容易地发现事物的原因和本质。它把环境条件因素简化以便人为控制；把研究对象孤立出来便于人们单一地加以研究。

我们前面曾经提到了一位名叫罗伯特·科赫（Robert Koch，1843～1910）的德国细菌学家，他发明了细菌的固体培养技术、细菌染色法以及显微照相等沿用至今的方法。

起初，科赫在研究细菌时，各种细菌通常混在一起，他用来培养细菌的肉汤里经常生活着各种各样的细菌，有球形的，有杆状的等等。细菌太微小了，分离比较困难。如果能够研究什么样的细菌就培养什么样的细菌，没有其他菌类的共同生长那该有多好。于是科赫就开始思考这个问题。

一次在厨房里，科赫发现半生不熟的土豆上生长出了一些分散的红、白色的圆形小点，原来是一堆堆细菌在土豆表面上繁殖起来的菌落。他在显微镜下小心地观察了每一个圆形小点的细菌，结果发现每一个圆形小点里的细菌是都单一品种的细菌。于是，科赫想到，如果用土豆来培养细菌不就可以解决多种细菌混生的问题了么？他开始了尝试，可是由于土豆养分太少了，细菌繁殖不起来，能长成小点就不错了，难以培养出能够满足研究需要的细菌数量。但是，土豆提醒了科赫：肉汤培养细菌容易混杂是因为肉汤是液体，能够流动，所以细菌会混生，而土豆是固体，细菌生长时就不会混杂了。那么如果有既富有营养，又呈现固体状态的物质，那么就能够培养出足够的单一菌落了。于是他让妻子用肉汤和洋菜熬成了胶冻状的半固体培养基，这种培养基符合“既具有丰富的营养，又具有固体形态”的条件，很适合培养细菌。正是因为有了这种培养基，霍乱弧菌、白喉杆菌、伤寒杆菌、破伤风杆菌、肺炎球菌、脑膜炎球菌、结核杆菌等等才得以发现。

这个例子可以说明观察的重要性，从另一个方面说，研究对象的纯化对于认识事物的本质和规律具有很重要的意义，而实验正是通过简化和纯化研究对象和环境来更好地认识事物。

（2）实验像放大镜一样把研究对象更清晰地呈现在我们面前。通过实验，可以有意识地强化实验对象的变化和运行状况或者人为地设定极端环境状况，从而更为明确地认识事物。虽然在自然界并不缺乏极端环境情况，但是那些极端环境要么我们人类难以到达；要么即使能够到达，也因为条件恶劣而使人类很难生存；要么人们难以控制环境变化，而科学实验则是在较小的空间内制造可以控制的极端环境。或者，可以交替强化引起某些现象发生的某些因素，从而找到不同现象背后的原因。

在20世纪60年代，人们发现再生障碍性贫血患者和白血病患者大都具有接触放射性物质的记载，但为什么同样是接触放射性物质却罹患不同的病症呢？再生障碍性贫血表现为血细胞不再生，而白血病则是血细胞过度增生。人们推测，是不是与所受辐射的剂量和时间有关呢？

于是，有人进行了相关研究。他们以狗为研究对象，用X射线进行照射。他们把狗分为两组，一组狗每次照射的剂量为10伦琴

（旧制），但照射的时间短，照射的总剂量也比较小；而另一组每次的剂量为5伦琴，但每次照射的时间长，总剂量比较大。结果发现，第一组狗大多数发生了再生障碍性贫血，第二组则大多患上了白血病。

这个例子就是通过实验来强化了致病环境，从而找到了致病的原因。

（3）“多、快、好、省”——实验是一种经济的尝试方法，有利于节约。虽然现在的很多实验花费不少，但是如果没有实验，我们难以想象我们要为此付出多少代价。中医药的治疗方法和方剂基本上没有经过实验研究，千百年来一直是直接应用于临床的。发展到现在，筛选出了不少疗效不错的治疗方法和方剂，但我们不得不承认这些是以鲜活的生命为代价的。当然，西医在发展的过程中也有以人的生命为代价换来的经验与教训，但是相对而言，西医由于有实验作为先行的尝试，所以能够在一定程度上减少人的生命的损失。减少生命的损失无疑是最有价值的节约。

实验应用在其他的领域也能够起到节约的效果。很多产品如果不经过试验就盲目投入生产，如果不能达到预期的效果就会导致大量的浪费，这种浪费既包含物质资源的浪费，也包含人力资源以及时间上的浪费。

2．在人类长久的创新实践中，实验有了很多的实施方向

（1）按照实验的精细程度可以把实验划分为定性实验与定量实验。

定性实验一般是用以判断某种因素是否存在、某些因素是否相互关联的实验。一般来说，定性实验是探索性的。定量实验则是以测定某因素存在多少，或者找到某些因素之间的数量关系的实验方法。运用定量实验可以精确地找到研究对象的原因、本质和规律。在药物研究中，就必须要精确地测定有效量、中毒量、致死量、起效时间、半衰期，如果不弄清楚这些问题，药品的使用就会不准确、不安全。这种不准确、不安全可能体现在：虽然药物本身是有效的，但由于用量不足或给药间隔过长，可能造成药效不明显而导致延误治疗；还可能体现在由于用量过大或给药间隔过短而出现药物中毒。

我们前面提到的青霉素的发现过程中，弗莱明偶然间观察到的青霉菌周围没有其他细菌存活的实验可以认为是定性的实验。其后弗莱明以及其他的一些科学家就做了一系列的定量实验来确认青霉素的功效。

弗莱明把青霉菌肉汤培养基的滤液用水稀释 1 倍、2 倍、10 倍、100 倍……逐个把它们滴在长满葡萄球菌的培养皿里。结果发现，滤液一直具有强大的杀菌能力，甚至稀释到了 800 倍，杀菌力仍然没有消失，肺炎球菌仍然被杀死。

后来，钱恩和弗洛里先从液体培养基中提取活性物质，得到黄褐色的粉末。把这些粉末加水稀释到 50 万倍，仍然可以杀死细菌，比当时常用的磺胺类抗生素抗菌力强 20 倍。同样是在定量实验中，人们还发现，青霉菌在培养一个星期时，是提取青霉素的最佳时期。

（2）通过实验，可以探求事物之间逻辑上的因果关系或结构。

用已知的结果去寻找原因的实验方法是析因实验。这种实验主要是寻找与已知结果存在因果逻辑关系的各种因素。

比如，1976 年诺贝尔医学生理学奖获得者盖达塞克（Daniel Carleton Gajdusek，1923 ~）就是因为成功地找到了库鲁病的病因而获奖的。

在新几内亚岛流行着一种可怕的疾病，患病者最初发病的时候表现为下肢颤抖、头痛、腿痛，走路时摇摇晃晃；然后逐渐加重为肌肉强直、抑郁、痴呆等症状；最后便进入昏迷状态，不省人事、渐渐死去。从发病到死亡一般为四个月到两年。盖达塞克获知这种疾病以后，前往疫区进行调查。他在那里住了 10 个月的时间，之后带着库鲁病死者的冷冻血清、尸脑样品回到美国。不久，他发表了一篇考察报告。当时很多医学家根据他的报告得出结论，认为库鲁病可能是中毒或营养不良等方面的疾病。不过，盖达塞克并不这么认为，他猜测病人的脑组织中可能寄生着某种病毒，而这种病毒的作用特别慢，所以会经历较长时间的潜伏期。他开始进行实验来验证他的猜想。1963 年 8 月，盖达塞克选择了十几只黑猩猩，把库鲁病死者的脑组织制剂分别注入这些黑猩猩的脑组织里。八个月过去了，黑猩猩与往常一样健康和活泼。于是，很多微生物学家开始作出结论说，盖达塞克的实验不会成功了。可是盖达塞克却不放弃，仍然坚持耐心观察，进行记录。又过了四个月，有一只猩猩的行为开始发生变化——开始颤抖了，一段时间后开始表现出明显的振颤和痴呆。再过一段时间，它病倒了，昏迷不醒，最终死去。整个过程与新几内亚岛的库鲁病人的症状十分相似。第二只猩猩发病的时间是在注射后的第十四个月，并且沿着与第一只猩猩一样的过程走向死亡。接着，其余的猩猩也都陆续发病死亡。令人关注的是，有一只猩猩在接种后的八年半才发病。这说明，库鲁病的潜伏期很长。在黑猩猩死后，盖达塞克对猩猩的脑部做了病理检查，发现与患库鲁病死亡者脑组织的病理变化完全相同，由此证明了库鲁病是由于慢性作用的病原体而引起的。由于新几内亚岛上的部落有吃死人脑的习俗，所以经常会感染这种疾病。于是盖达塞克建议摒弃这一习俗。果然，这种病后来就没有再流行。

盖达塞克对黑猩猩所进行的实验就属于析因实验，在找到引发某种现象的原因以后，通过改变环境或行为使原因不再发生，从而能够避免结果的产生。

而测定研究对象空间结构以及结构对研究对象有哪些作用的实验方法则是结构分析实验。所以，析因实验与结构分析实验之间存在着一定的交叉。因为很多事物的结构正是其性能或结果的原因。例如，药物产生效果的原因有两个，一是其化学成分，二是化学结构，所以分析药物的化学结构时所作的结构分析实验，同时也是析因实验。

正因为如此，在药物学的历史上，几乎所有的化学药物和生物制品都要经过成百上千次的化学结构的测定与修改，最后才有可能获得能够应用的产品，也才有可能阐述药物疗效的原因。

（3）在医学领域，我们经常使用“对照实验”的方法。

对照实验是指以两个或多个相似的组群为研究对象，以一组为对照组，作为比较标准，其他组作为实验组，通过某些实验步骤或处理，以确定某种因素对实验组的影响和作用。这种实验方法在生物学、心理学、医学、教育学等学科中的应用非常普遍，比如为了确定某种药物是否的确比另外一种药物的疗效更好，就需要设计对照实验来进行比较，否则结论是难以比较的。

正是由于对照实验具有上述的作用和意义，因此在进行实验设计时有一些事项需要遵守。

首先，实验对象的取样要遵循有代表性、随机、样本容量适宜等要求。

其次，在取样后要对样本进行分组，分组时要注意各组之间的可比性，其差别要控制在无统计意义的范围内。分组的方法通常有完全随机分组、分层随机分组、配对随机分组、区组随机分组等等。这些方法依照研究对象和研究目的不同而有不同的选择。

完全随机分组是指赋予样本中的每一个个体一个随机数字进行编号，然后按定好的一定规律（如单双数）分组，然后进行对照实验。

分层随机分组是指按照一定的规律对样本进行分层，然后在每一层的内部进行随机分组。比较常见的有，考查某种药物对不同年龄的患者的疗效时，就需要先对样本按照年龄段进行分层，然后在每一层的内部划分出实验组和对照组，然后进行实验，这样经过统计分析后就可以得到药物对患者的作用、年龄对患者的作用以及两者的交互作用。

配对随机分组是指先把条件相似的样本配对，然后每对中每一个样本被赋予一个随机数字编号，然后按照一定规律，如单双数分组。这样，可以保证每一对相似的样本被分到各组，保证组间条件相似。

区组随机分组是指先把条件相似的、相互之间具有可比较性的样本划分成若干区组，然后在区组内进行样本的随机分配，然后进行对照研究。比如，考查某种药物对男性、女性、儿童的疗效如何，就可以先按照男、女、儿划分区组，然后在区组内按照随机的方法划分实验组和对照组，然后进行实验。经过统计分析后，可以得到，药物对疾病的作用，男性、女性、儿童等因素对疾病的影响以及两者的交互作用。

从这些方法可以看出，尽可能地划分区组以及随机进行实验组与对照组的划分，目的无非是尽量分解各种影响因素，使各类因素可以识别、可以量化，这样借助统计工具，就可以知道单因素对研究对象的影响，也可以知道各个因素相互作用以后对研究对象的影响。总之就是保证实验结果以及结论的客观性与科学性。

3. 科学实验需要慎重，应该遵循一定的注意事项

经过了前面的阐述，我们已经知道了有关实验的一些意义、分类以及方法。既然实验对于创新活动有这么大的作用，那么如何才

能够正确地利用这一有效的方法呢？

首先，进行科学实验要有充分的理论指导。这里所说的理论指导并非是那种成型的理论体系，而是说实验设计的每一个环节、应用的每一个设备、数据之间的相互联系和印证等等都要有明确的目的、说明以及对于结论的预期，只有这样，才能真正地明确实验的意义与目的，并且得到数据以后才能够对数据进行科学地处理与分析，并得到客观的结论。

比如，历史上人们对动物的生长可以理解，可对植物的生长充满了好奇。因为动物日常都要吃东西与喝水，所以能够长大；可是人们只是知道植物如果没有水就会枯死，可谁都没有看到过植物吃东西。于是，就有人设计实验试图证明，植物的生长只依赖水。这个人叫赫尔蒙特。

赫尔蒙特（Van Helmont，1577～1644）是这样设想他的实验的：在一个盆子里栽上一株小苗，以后不再培土，只浇蒸馏水。如果植物的生长只依靠水，那么树长大的时候，它的重量就会增加，可是盆中的土由于不被植物的生长消耗，所以不会有变化；相反，如果土的重量有了较大的变化，则说明土壤在植物的生长过程中会被消耗。

有了这样的设计，赫尔蒙特开始了实验。他准备了200磅经过干馏的土壤，用蒸馏水湿润后栽植上5磅重的柳树苗。为了防止尘土落入盆中，在盆上盖上了有小孔的铁板。5年过去了，柳树苗变成了169磅零3盎司的小柳树了，这其间的落叶则没有被赫尔蒙特称量。最后他把盆中的土壤进行了干馏，然后称重，结果只比五年前的200磅少了2盎司。借此，赫尔蒙特认为，这个实验的确能够证明植物的生长只消耗水。

从我们现在的角度来看，这个实验的设计是很不完善的，因为赫尔蒙特没有考虑到空气的作用。植物的生长从土壤里获取的主要是氮、磷、钾、镁、硫等这些对其生长具有重要作用而含量比例非常小的物质，而占其重量绝大部分的碳、氢、氧等元素则分别来自空气和水。

但是，我们不得不承认，在当时人们的认识水平条件下，赫尔蒙特的实验已经相对完善了。而且，我们应该指出的是，赫尔蒙特的实验结论中，植物的生长只消耗水固然片面，但是植物的生长基本不消耗土壤还是有一定合理性的。因为，虽然植物的生长并非完全不消耗土壤，但是与其消耗的水和空气相比，其消耗的土壤重量的确非常非常小。只不过，尽管其消耗的土壤重量很微小，但是其中包含了对其生长非常重要的氮、磷、钾、镁、硫等元素，所以，现在我们知道土壤的肥力对植物的生长非常重要。

虽然赫尔蒙特的实验不完善，但是后人按照他的思路继续往前走，在进行实验时，除了称量赫尔蒙特已经考虑到的土壤和植物外，还称量了浇灌的蒸馏水的总重量，还想办法收集了植物蒸腾出的水分并称重，然后得到两者的差，这就是实际消耗的蒸馏水的重量；在称量植物的重量时还加上了落叶的重量。这样一比较发现，植物的增重远大于实际消耗的蒸馏水的重量。这样，人们知道了，植物的生长除了要消耗水以外，还要消耗其他的东西。由于实验中，植物除了水、土壤外，接触的事物只有空气，于是就有人认为空气也对植物的生长有影响。就这样，对植物生长奥秘的研究从此进入了一个新的阶段。

由此，我们可以看出，要想认真地进行实验，就必须有正确的理论作为指导。在正确理论指导下进行的实验如果出现了预期的结果，那么就能证明假说的正确；如果出现了意外的结果，那么说明假说错误，或者意味着新的科学观点和理论即将被发现。在错误理论指导下进行的实验，即使结果符合预期，其结论也是错误的，但这会使实验者借实验结果来肯定其错误的假说；如果出现了意外的结果，就有可能促使实验者反思其假说。

其次，实验必须要严密地设计。这可以从两个方面来理解：在专业方面，要充分利用专业知识，对实验进行设计，对实验涉及的各种因素及其相互关系要有充分地分析估计和控制，尽量减少不可控因素对实验的影响；在设计实验时还要考虑所使用的统计工具，因为使用不同的实验设计意味着必须使用相匹配的统计工具，否则统计工具的应用就是无意义的，得到的结论也是不科学的。

最后，在实验时，要严格遵守实验操作的技术要求。特别对于医药的实验来说，一点点实验物质的污染都有可能对实验结果产生重大的影响；在生理、病理的实验中，仪器设备操作的一点点偏差都有可能使采集到的数据产生重大的变化，所以操作者务必要遵守各种技术要求。当然，恪守实验操作的规程并不意味着在实验方法和实验设计上不能创新，所以创新者应该在遵守实验操作规程的同时，力求在实验方法和实验设计上进行创新。

创新是一门尝试的学问，既然要尝试就不可避免地要利用实验作为手段。所以实验能力作为创新工作者的一项重要而基本的能力，应该被熟练而灵活地掌握。

第三节　31 年的《昆虫记》——创新与兴趣

在今天，我们非常关注生物的保护，或者说非常关注我们这颗星球的生物多样性保护问题。究其原因是人类生活方式的不断变化以及欲望的不断膨胀，对整个生物圈造成了严重的负面影响。在今天，我们更加强调的是各种生物同人类共生共荣的紧密联系，而不再过分地强调人类位于进化树的顶端了。我们不能不承认，达尔文的《物种起源》固然开启了人类认识自身以及周遭生物的历史的新大门，可是他也更进一步打开了使生物灭绝的潘多拉之盒。从哲学的角度来说，进化论一度带给了人们并不正面的引导。可单纯地从生物学的角度来说，进化论只是在解释我们这个世界上的生物是如何演化的。问题在于一旦生物进化的观点被冠以价值判断或者被人用来证明自己居于高高的金字塔尖而主宰万物的地位的话，这种理论作为一种哲学思想就会对社会的发展产生不好的影响。

实际上，随着人类生活区域的扩大、对自然影响程度的深化，人类对各类生物生存空间的蚕食愈发明显，生物因此而灭绝的趋势也愈发明显。此外，达尔文的生物进化理论经过社会化以后，演变成为社会达尔文主义，被殖民者和种族歧视的人加以利用，成为迫害、奴役其他种族和民族的理论依据。

我们不该怀疑达尔文撰写他那本惊世著作的初衷是善良的，是纯学术的，因为他在他的著作中提到了一个名字——法布尔。

法布尔比达尔文小 14 岁。在达尔文结束了他长达五年的环球旅行之后的 1839 年，在法国南部的亚威农师范学校附近的一座小山丘上，年轻的法布尔第一次看到了神圣粪金龟子努力推粪球用来养育它的儿女的情景，内心感动不已。这时的法布尔 16 岁。

法布尔出身贫寒而资质优异，他自小就与昆虫亲密无间，他的床头经常有他瞒着家人偷偷捉回来用来观察的昆虫们。他的双耳聆听着昆虫世界的喜怒哀乐；他的双眼注视着昆虫的技精艺巧。他为昆虫之间的友谊感叹；他为昆虫之间的仇恨愤怒，总之昆虫的一切都引起他的共鸣。这位对大自然充满好奇和敬畏的科学家曾经发射大炮来测量蝉的听力；为了考察蜣螂的“毅力”而与这种小甲虫“争夺”粪球；他在观察了胡蜂、沙蜂、高鼻蜂母亲们为幼虫准备的粮食后，毫不吝啬自己的辞藻来赞美这些技艺精湛的“麻醉师”们。

1878 年，55 岁的法布尔出版了《昆虫记》第 1 卷，到 1909 年完成了《昆虫记》的第 10 卷。与其他的学者相比，法布尔的论著不死气沉沉，不晦涩难懂，不咄咄逼人；相反，以他自己观察的蜘蛛、燕子、蜣螂、胡蜂和百灵鸟的生活习惯为例，对它们自成系统的生灵法则和自我保护的本能表示敬意。

有人说，法布尔用他的《昆虫记》与达尔文的进化论进行着对话。达尔文周游世界，眼界广阔；而法布尔生活一直困顿不堪，前半生颠沛流离，后半生一直居住在他的阿尔玛斯（意为“荒地”）庭院里。尽管如此，这并不妨碍法布尔对生物世界的认识。法布尔与进化论的对话生动绵长，有理有据，那些或美丽或丑陋的昆虫你方唱罢我登场，展示一幅又一幅生动旖旎的昆虫生活图景，这是用昆虫的语言构成的“法布尔风格”。法布尔自己也为自己的“天真品格”而慰藉，认为这种天真品格就像孩子般对于未知的本能渴求与热爱，对于无所不在的对于生灵的关注与敬畏，以及与自然融为一体的生命状态。尽管法布尔生活贫困、科研条件简陋，但是他自觉地进行着人类理性及其知识结构的补缺工作。

法布尔的《昆虫记》以及其他关于物理、化学等方面的著作在当时是作为科普读物出版的，而法布尔并不以为这样就低人一等，他深信：“荒唐事印入了儿童的记忆，就会成为消磨不掉的印象；错误盖过了真相，真相反而会让人看了觉得扎眼。”（《昆虫记·卷5》）他还说：“一点不假，我在为学者们撰写文章，为将来有一天会多少为解决‘本能’这一难题作些贡献的哲学家们撰写文章，但我也实在，而且尤其是在为青年人撰写文章，我实在想让他们热爱这门你们这么想让人憎恨的自然史。”这段话听起来好像有点晦涩，其实他是在含蓄地批评进化论的观点，他认为这种进化论的自然史观点太过机械与残酷，可能会使一些人（特别是青年人）因为自然史的这种残酷而避而远之。

这位深知兴趣之重要的科学家自己曾经说，他一生遭受的最大的打击就是他的次子朱尔的去世。法布尔说，朱尔是他的孩子中最像他的，朱尔与法布尔一样充满着对自然的兴趣和对昆虫的喜爱；朱尔四五岁的时候就已经开始跟着父亲来到昆虫的世界了，甚至想出了不少连法布尔都佩服的不伤害昆虫而能捕捉它们来研究的好方法。

法布尔的晚年获得了许多荣誉，但是他的生活依然困顿。在1910年4月3日，他的学生、友人、读者举办了一个庆祝仪式，并把这一天命名为“法布尔日”，从此《昆虫记》扬名于世。与这本书同时扬名的还有法布尔的困苦生活。于是，此后开始有众多国内外的捐款寄来。法布尔对此的处理方法是：除地址不明的转赠贫苦人家外，其他全部致谢函退回。从这里，我们更加可以看出法布尔对自然和昆虫的热爱。说句“话糙理不糙的”话，能够在金钱面前波澜不惊的，必有高尚的追求。

说了这么多，我们来谈谈创造与兴趣的关系。

兴趣是人们力求认识某种事物或爱好某种活动的倾向。这种倾向表现为行为主体总是带有满意的情绪色彩和向往的心情，主动而积极地去认识事物、从事某些活动。

有人把兴趣分成了三类：物质兴趣、精神兴趣和社会兴趣。

物质兴趣主要是指对生活需要的兴趣。比如，对饮食、衣着、房屋、汽车乃至一切与奢华有关的东西的兴趣。精神兴趣主要是指对科学、文化、艺术的兴趣，有的人会构造属于自己的精神世界，当他们在自己的精神世界中有所斩获时，他们会得到很大的满足。还有就是社会兴趣，这种兴趣体现在对社会活动、社会工作等事物的钟爱上。我们的兴趣主要集中在哪些方面并没有价值判断上的优劣之分，只要适度、并掌握在合理合法的范围内即可。

一般来讲，需要是激发兴趣产生和发展的基础，而勇于实践、勤于观察和敏于好学则是兴趣产生和发展的重要条件。通常，能够引起人们兴趣的事物或现象有很多，可是其中有很多在较短的时间内就会衰减甚至消失，而只有那些能够符合自己需要的才会较长时间的保持下来。对事物和现象的了解和研究可以不断强化兴趣。随着对事物或现象了解与研究程度的加深，不断发现其内在蕴含的规律和特点会使人产生成就感；而根据这些规律和特点对事物或现象的发展作出预测或依此做出创新能带来经济上的效益，还有可能促进社会的发展、人们生活状况的改变，从而带给人们更多的成就感。相反，如果不深入进行了解和研究，那么人们会觉得这些东西逐渐变得索然无味，最初对事物或现象产生的新鲜感和兴趣就会慢慢消失。

还有人把兴趣分为直接兴趣和间接兴趣。所谓直接兴趣是指对事物或现象本身感到需要而产生的兴趣，比如喜爱看电影的人对电影的兴趣就是直接兴趣。而间接兴趣则是对事物或现象未来发展的状况或其带来的结果有期待而产生的兴趣。例如，有的人对学习有兴趣是因为对知识有兴趣，这样的兴趣是直接兴趣；而有的人则是为了升学、为了学位、或为了晋升职务职称等，那么这种对学习的兴趣就是间接兴趣。这种划分兴趣的原因在于，如果我们希望激发人们对某种对象的兴趣，那么既可以从对象本身着手，使人们感到对对象有所需求，也可以从对象可以带给人们的某种后果着手，使人们因对后果有需求而对对象产生兴趣。同样地，如果我们希望人们对某种对象的兴趣消失，那么既可以让人们对对象本身的需求减弱，也可以让人们对对象产生的后果的需求减弱甚至排斥。在我们的社会经济生活中，很多经济杠杆、法律杠杆等调节手段之所以会产生效果，很大程度上是利用了人们间接兴趣的原理来发挥作用的。

还有的人把兴趣划分为直观兴趣、自觉兴趣和潜在兴趣，前面两种是外在兴趣，后一种是内在兴趣。

直观兴趣，顾名思义是由于感官的直接感知而引致的兴趣。这种兴趣很常见，在日常生活中比比皆是。比如当街市上有人发生了争执，往往会有很多人围观，即使不围观的人通常也会观望一下，这说明还是有很多人对这种事情有兴趣的。然而，争执结束以后，大家就散去了，这说明这种兴趣持续的时间比较短。究其原因，是因为这种现象对围观者而言，价值并不大，除非研究相关心理问题的人士可能对争执双方的心理状态更感兴趣，而更多地加以关注；或是争执双方的相关人士对争执的起因、过程需要明确以及对后果处理的期待而加以关注。

自觉兴趣与我们的情感、联想、记忆和思维紧密相连。这种兴趣相对直观兴趣来说，层次更深一些，所以持续的时间也相对更长一些。比如我们前面提到了，如果一个人是为了升学、升职、拿学位而学习，那么这种对学习的兴趣很大程度上就是自觉兴趣。这种兴趣的持续时间显然要比刚刚提到的看热闹的兴趣要强烈，持续的时间显然也更长些。但是，这种对学习的兴趣很可能在目的达到后，也就是成功地升学、升职、拿到学位后，迅速地消退。

潜在兴趣则与人们的人生观、世界观紧密相连，这种兴趣就可以上升到志趣的高度。这种兴趣的层次是最高的，但是在人们的心理活动中却是居于最基本的地位。如果说，直观兴趣和自觉兴趣还有引致因素的话——也就是能够说出原因，那么对于潜在兴趣，人们往往难以说出原因，只能很笼统地说，“我喜欢这样”或“我宁愿这样做”。这种兴趣成为了人们生活、工作的内在动力。因此，一个人在青少年时代要注意形成良好的人生观、世界观，为自己寻找一个正确的人生奋斗方向。

要想有所创新，我们应该认识到以下几点：

1．兴趣远非我们课余或业余时间的爱好，或使用来消遣的休闲方式。对于创造者来说，兴趣更为重要，而且对兴趣有更高的要求。

（1）兴趣要广泛

创造者的兴趣要广泛是由于创造者的创新活动需要掌握多方面的知识。因为，现代社会中人们的需要是多方面的，所以对创新产品的要求也是多方面的。而且，当今社会中的各种产品大都包含了多方面的科学技术，即使是功能较少、结构简单的物品也会渗透一些良好的创意或思路。所以创造者要想设计出不仅能够满足人民生活、工作需要或社会发展需要，并且能够为市场所承认和接受的产品，就必须了解多方面的知识和信息。这些广泛的知识和信息可以为创造中的联想、想象、类比等思维活动提供有利的条件。创造者的兴趣广泛，还可以使创造者在不同的领域做出贡献。

历史上不乏兴趣广泛的百科全书式的人物。我们还是来说说亚里士多德，在前面我们不止一次地提到他，好像他总充当反面角色，他的一些观点也被后人否定。但我们都知道，其实亚里士多德绝大多数的观点还是被后人所接受并传承，一直影响到现在，构成了西方世界思维方式的基础。

亚里士多德出生于公元前384年希腊北部的斯塔吉拉城。亚里士多德幼年的生活环境不错，其父是马其顿王国的王室御医。年少的亚里士多德聪敏好学，为了向当时最有智慧和学问的柏拉图学习，他只身来到当时欧洲文化的中心——雅典，进入柏拉图的学院，并且一呆就是20年。柏拉图去世后，亚里士多德在学术上已经声名显赫，被马其顿国王亚历山大大帝聘为家庭教师。后人有人评论说，由于当时亚历山大大帝的马其顿王国征服了大片的土地，所以亚里士多德与王室的紧密联系使得他的诸多理论能够被广泛的传播。

亚里士多德的建树是多方面的。当时的知识不像现在有非常系统的学科分化，他的很多观点都是融合在一起的。我们先从哲学方面谈起。

亚里士多德的老师柏拉图（Plato，约前427～347）关心的是永恒不变的事物与“流动”事物之间的关系，他认为自然界中有形的东西是“流动”的，这些东西会随着时间的流逝而变化、侵蚀，这就是柏拉图观点中的物质世界；而在物质世界的背后，铸就这些物质的“模子”或“形式”则是不变的，这就是柏拉图的“理型世界”。比如，在每一匹马、每一只猪或每一个人的后面都有一个“理型马”、“理型猪”或“理型人”（这似乎与逻辑学中的“概念”类似）。由此带来的认识论上的观点则是，由于物质世界是不断变化的，所以我们对于那些不断改变的事物不可能会有真正的认识，我们对于那些属于感官世界的具体事物只能有意见或看法，能够真正认识的，只有那些可以运用理智来了解的事物。例如，如果一位老师问三十个学生彩虹的哪种颜色最好看，老师会得到很多不同的答案；然而，如果老师问学生们3乘以9是多少，那么同学们基本上会给出相同的答案。这就是理型的意义，也就是说我们先有了“理型世界”的马、猪、人和圆，然后才会识别出“流动的”马、猪、人、圆。再比如，我们在生活中没有见过完美的圆形，但是我们都知道，圆是由无数距离某一点距离相等的点组成的平面图形。所以，柏拉图把感官世界和理型世界截然分开了。

在这方面，亚里士多德有不同的看法。他承认这个世界上有“流动”的马、“流动”的猪、“流动”的人，他也认为这些“流动”的东西不是一成不变的，会随着时间的变化而变化。然而他认为并非是由于“理型世界”的存在而铸造了这些“流动”的东西，而是人们看到世间许许多多的马、猪、人等等以后形成了概念。也就是说先有具体的事物，才有抽象的概念。但是，亚里士多德不否认人天生有理性，而且具有理性正是人最大的特征；但他认为在认识具体事物之前，人的理性是真空的。

亚里士多德还提出了“四因说”的因果论。他认为，万物均有其存在和发展的原因，种种原因最终可以归结为四类，即“质料因”、“形式因”、“动力因”、“目的因”。比如，天为何会下雨？按照亚里士多德的观点，“质料因”是空气中有湿空气；“形式因”是水在温度降低后会变为液态；“动力因”是温度的下降；“目的因”则是因为万物的生长需要雨水。

我们再举个简单的例子，天之所以下雨是因为谷子和小虫的生长需要雨水；谷子和小虫的生长是因为母鸡需要吃谷子和小虫；母鸡的存在是因为人们要吃她的蛋和肉。这种因果律我们听来很荒谬，但是请等一下，这个世界上并不是只有唯物主义的世界观存在。这个世界上有很多人相信上帝的存在，而上帝的存在就是这个世界存在的原因，也是上帝存在的目的。

我们刚刚谈过的是亚里士多德的哲学观点的一小部分，我们可以清楚地看到，其中有很多是属于逻辑学范畴的。所以，我们对他逻辑学上的建树就不多谈了，但这并不表明亚里士多德在此方面的著述较少，相反单单一部《形而上学》就是逻辑学的重量级著作。

我们再来看看亚里士多德在自然科学方面的成就。物理学方面我们就不说了，本书在很多地方都提到过。让我们先来谈谈生物学吧。

亚里士多德喜欢亲手做实验，而且具有相当敏锐的观察力。他曾经对500余种不同的动植物进行分类，至少对50种动物进行了解剖研究。他的学生亚历山大大帝非常尊重老师，在他的远征历程中不断地为老师带回各种稀罕的动植物标本，甚至通令全国，如有稀奇古怪的动植物，都要交给他的老师。亚里士多德经过解剖后指出：鲸是胎生的，与普通产卵的鱼显然不同；一种动物不可能同时具有尖利的牙齿和锋利的角，并认为其原因在于这两种武器有一种就足以保护自己了，不必两样都拥有；反刍的动物的牙齿功能通常比较弱，并认为其原因在于由于牙齿功能不强，才不得不反刍……亚里士多德甚至观察过小鸡胚胎的发育过程，并留下了详实的记录。

从这里，我们也可以看到，观察动植物的同时，他还不忘运用他那独特的因果律来解释动植物存在现状的原因。

在伦理学方面，亚里士多德认为，快乐有三种形式：一种是过着享乐的生活，一种是做一个自由而负责任的公民，还有一种则是做一个思想家或哲学家。他强调，人要同时达到这三个标准才能找到幸福与满足，任何一种形式的不平衡都是令人无法接受的。如果他生活在当今这个时代，他也许会说："一个只注重锻炼身体的人所过的生活就像那些只动脑筋不动手的人一样不平衡。无论偏向哪一个极端，生活方式都会受到扭曲。"类似的，亚里士多德也把这种关系应用于对人际关系的评价上。他提倡"黄金中庸"：人既不能懦弱，也不能鲁莽，而要勇敢；既不能吝啬也不能挥霍，而要慷慨。这里，勇敢是懦弱与鲁莽的中庸；慷慨是吝啬和挥霍的中庸。这种伦理道德的规范就像现在提倡的健康生活方式一样：惟有平衡、节制，人才能过着快乐和谐的生活。

在政治学方面，亚里士多德虽然没有像其师柏拉图那样撰写了《理想国》这样的巨著，但这并不表明他在这方面没有自己独到的见解。作为马其顿帝国亚历山大大帝的御师，他不可能不对政治学有所论述。亚里士多德描述了三种良好的政治制度。一种是君主制，即一个国家只有一位元首，这种制度要想获得成功，统治者就不能致力于谋求私利，否则将会成为"专制政治"。一种是"贵族政治"，即国家由一群人来统治，这种制度要小心沦为"寡头政治"，也就是形成小团体的统治集团。第三种制度是民主政治，但这种政治设计不好会成为"暴民政治"。

甚至亚里士多德对女性也有自己的观点。不过比较而言，他对女性的看法似乎比他的老师柏拉图有所后退。柏拉图认为，女性也和男性一样能够有效的治理国家，前提是女性与男性接受一样的训练，而且无需生育、持家，这样的话，女性会和男性拥有不相上下的理性思考能力，但是养育儿童的责任对国家而言极为重要，所以不可由个人从事之，而要由政府来负责。因此，柏拉图成为第一个提出成立公立育儿所和全时教育的哲学家。亚里士多德则认为，女性是未完成的男性，这暗示了女性似乎在某些方面是不完整的，至少不如男性。他甚至宣称，小孩只继承男性的特质，也就是男性提供种子，女性只是土壤。后人在评价这一理论时说，亚里士多德的观点当然是谬误的，且不说现代遗传学已经充分证明了这种理论的错误，亚里士多德身后的历史就充分证明了这种理论带来的不幸。对男性与女性的看法，后世受到的是亚里士多德的影响，而不是柏拉图的，基督教会秉承了亚里士多德的这种歧视女性的观点。在近现代女权运动兴起以前，女性一直是男性的附庸。

上面只是亚里士多德众多研究领域的很小一部分。他在哲学、政治学、美学、教育学、逻辑学、生物学、生理学、医学、天文学、化学、物理学等诸多学科方面都有贡献。据说，亚里士多德撰写了一百七十本书，而流传至今的只有四十七本，而且尚欠完整。亚里士多德与他的前人德谟克里特斯、苏格拉底、柏拉图的只重视哲学思辨不同，他既重视运用理性（就是思辨），也重视运用感官（就是观察与实验）。亚里士多德行文的特点不像他的老师柏拉图那样充满诗意和神话般的浪漫，而是朴实精确，一如百科全书，而且很多内容就是他进行实地研究的结果。亚里士多德在欧洲文化中享有崇高的地位不仅仅是因为他研究的领域如此广泛、成果如此丰硕；不仅仅是因为他创造了许多现代科学家、哲学家使用的词汇；也不仅仅是因为他第一个开始发明了各种不同的学科并加以分类；更因为他使一种文化的、学术的传统正式形成，并流传下来。

近现代社会，由于各门学科发展日益深化，像亚里士多德这样的百科全书式的人物已经不再可能出现，但这并不意味着人们的视野有理由窄小，兴趣有理由单一。实际上，很多卓有成就的人的确是多面手。爱因斯坦是卓越的物理学家，他也是不错的小提琴手；牛顿是物理学家、数学家、技艺精湛的小提琴手，同时还是一位出色的行政管理者（担任英格兰制币局局长、英国皇家学会会长）；苏步青是著名的数学家，可是他诗歌的造诣颇深，有数学诗人的美誉；富兰克林是一位科学家，他证明了闪电与电火花在原理上是相同的，同时他还是一位政治家，他是美国的开国元勋之一，参与起草《独立宣言》。

广泛的兴趣可以使人们开阔视野、多方涉猎，获得广博的知识，为成才创造条件，使人们在事业上取得成功。前面我们提到，创新需要联想，多方面的知识可以为联想提供开阔的思路和活跃的思想。

现代科学技术发展在专业化加深的同时，还有高度综合的特点。这也要求创造者要有广泛的兴趣，不应该把自己封闭在狭窄的空间里。

(2) 兴趣要有焦点

创造者当然需要广泛的兴趣，但这并不意味着必须要达到每一个领域都样样精通，实际上也不可能达到这样的境界。兴趣应该有一个中心点，在这个中心点上多做文章，多下功夫，其他的兴趣与这个中心相结合才行，这是一个广度与深度的辩证统一。只有这样，才可能在某一领域获得更为艰深的知识，才能够到达这个领域的前沿，才能够做出开拓性的工作。

大家都知道在我国的东汉时期有一位张衡。大家知道他大抵是由于他发明了地震的监测仪器——地动仪。实际上，张衡还是一位文学家，他的《两京赋》在当时颇为轰动，是骈文中的典范；他还擅长绘画，被誉为东汉六大画家之一。但是，张衡中心的兴趣还是在天文、历法、地理、数学等方面，并且在这些方面的著述与成果较其他成果对后世的影响更大。达·芬奇是一位著名的画家、雕塑家，当然我们现在知道了他还是一位科学家，他的手稿涉及了医学、机械等等诸多学科，其中的很多思想在当时是颇为超前的，他甚至设计了飞机、潜艇等令人赞叹的机械设备。但是，达·芬奇并没有像对待绘画和雕塑一样去花大力气把他的那些设计付诸实施。我们可以想见，如果达·芬奇把大量的力气和心血用在实现他的那些设计上面，在当时的物质技术条件下当然是难以成功的，如此一来，他的绘画和雕塑事业也就不会有实际中的那样丰厚的成果了。那么后人在评价他时，即便会称赞他超前的思路，但也只能把他归结为一位科学空想家，他也就不会有那样显赫的声名了。

科学发明创造是一种艰巨的脑力劳动，需要注意力、意志力的高度聚焦，只有对某一方面有较浓厚的兴趣，才能使创造者对某一领域进行孜孜不倦、矢志不渝的追求与探索，才能有毅力去发展某方面的特殊才能，这样才可能在这一方面做出水平较高、影响较大的成果。所以，一个人要能够处理好广泛的兴趣与专一的兴趣之间的关系。

一般来说，在一个人的青少年时代，应该注重兴趣的广泛性的培养，也就是向广博的方面发展。因为，每个人的天分是不同的，只有多尝试才能够找到适合于自己的专业或领域，而一旦找到了这个适合于自己的专业或领域，就要把时间和精力聚焦于这个方面，开始向精深的方向发展，当初自己尝试过的领域就成为一种辅助，不能占用过多的时间与精力了。

（3）兴趣要持之以恒

这一点与刚才所说的第2点是有联系的。如果一个人在一个兴趣上聚焦的时间很短，焦点总是来回地变化，那么同样难以有大的成就。只有对某个领域拥有稳定、专一、持久的兴趣，才可能有所建树。我们知道，用放大镜聚焦阳光点燃纸张是需要时间的，不管放大镜的聚焦功能多么强，如果聚焦时间过短的话，纸张同样无法点燃。古今中外有不少科学家，他们终其一生在自己最喜欢或最擅长的领域里孜孜不断地追求，兢兢业业地耕耘，才获得了丰硕的成果。现在，让我们回到本节开始提到的那位法国昆虫学家——法布尔。

法布尔对昆虫的观察研究，常常达到了忘我的地步。有一次，还在幼年时代的法布尔在屋檐下仰着头一站就是三四个小时，弄得他的爷爷以为他得了怪病，其实他是在看屋檐下的蜘蛛如何捕食蚊子。还有，法布尔为了观察蜈蚣怎样产卵，提着灯笼，蹲在田野里仔细地观察。后来他觉得周围好像越来越亮了，一抬头，才发现太阳已经从东方升起了。法布尔观察蚂蚁捕食和运输食物，拿着放大镜扑在地上，全然没有注意到周围挤满了人把他自己当作怪物而围观。这位对昆虫格外关注的科学家曾经跟着推粪球的蜣螂进入到别人家的田地里，结果被人家当作小偷。这样的事情在他的身上不知发生了多少次。

我们现在阅读《昆虫记》的时候，那清新隽永、生动活泼的文字让我们在不知不觉之中融入到昆虫的生活世界中。法布尔的书不是像其他科学家写实验报告一样把实验设计、实验目的、实验过程、实验数据、分析结果等等平铺直叙，而是像描写小孩子做游戏似的手法来讲述，引人入胜。正因为如此，在读这本书时，我们感觉法布尔就像是在做游戏而不是做实验或是进行长期地观察，似乎很轻松。其实，法布尔这样的行文方法是为了引起读者的兴趣，与他共同享受大自然的神奇与乐趣。

法布尔的科学研究持续了很长时间，可以说是厚积薄发。法布尔虽然生活困顿，但却长寿。他55岁才出版《昆虫记》第1卷，其后保持平均3年一本的速度又出版了10卷。

从他的《昆虫记》我们可以看到，法布尔对收集到的各种昆虫都曾进行过长期而细致地观察，从它们的出生、蜕变、成长到死亡，从它们的捕食、恋爱、争执、盖房、生儿育女等等都进行了详尽地描述。法布尔研究土蜂用了两年的时间；研究一种名叫地胆的甲虫用去了25年的时间；研究隧蜂，前后经历30年；研究蜣螂竟然花去了40年！我们想象一下，这些昆虫的生命短则数月，长不过三四年，即便是蜂后、蚁后也不过近十年的寿命，它们一代一代地繁衍，按照自己的方式生活。可是它们旁边却有一双睿智的眼睛关注着它们，随着年华逐渐老去，那双眼睛越来越充满了对这些小生命的喜爱、尊敬、赞叹。

为了生计，法布尔当过小学、中学、大学的老师，曾经研究过从茜草中直接提取染料。1871年，48岁的法布尔由于以前出版的一些书开始支付版税，于是放弃了一切工作，开始专职著述、观察昆虫的生活。尽管其后的一些时间由于战争的原因版税支付停顿使他的生活举步维艰，但他始终坚持自己的观察和生活方式。阿兰马斯庄园是法布尔居住的地方，“庄园”是法布尔对那块土地的爱称，实际上那是一块杂草丛生、昆虫众多的荒地。法布尔乐观地对别人说：“我收获的不是谷物，而是大自然的秘密。”我们不难想象此时的法布尔的脸上洋溢的是满足的光芒。尽管法布尔晚年才声名鹊起，可是在他还很年轻的时候就已经引起了同行的注意。达尔文在《物种起源》一书中称赞法布尔是一位“罕见的观察者”，而那时法布尔才34岁。现在看来，法布尔不只是一位观察者，《昆虫记》中流畅的文字、生动的叙述，既像华丽的散文、又像美妙的诗歌，所以他至少还是一位文学家和诗人。不管是具有丰富知识的成年人还是刚有阅读能力的青少年，都会沉浸在法布尔那娓娓动听的讲述之中。

1909年法布尔84岁时，身体已经十分衰弱，但他还是出版了《昆虫记》第10卷以及诗集。1915年5月，92岁高龄的法布尔在家人扶持下，坐在椅子上绕庭院一周，最后一次巡视他半生居住、生活、研究的阿尔马斯庭院。那里依旧有许许多多的昆虫，那里的昆虫依旧不知人间喜怒地过着自己的生活，然而这位观察了它们一生的老人已经迈向自己人生的尽头，但他仍然不无遗憾地说：“我要做的事情还有很多”。这一年的10月11日，老人辞世，16日下葬于隆里的墓园，据说当时除了亲友，还有螳螂、蜗牛等前往送行。

这种持之以恒的坚持令人敬仰，令人佩服。清末民初的文学评论家、考古学家王国维在《人间词话》中曾经这样说：“古今之成大事业、大学问者，必经过三种之境界：‘昨夜西风凋碧树。独上高楼，望尽天涯路’，此第一境也。‘衣带渐宽终不悔，为伊消得人憔悴’，此第二境也。‘众里寻他千百度，蓦然回首，那人却在灯火阑珊处’，此第三境也……”这些优美生动的诗词艺术地形容了持之以恒的诸种境界。

（4）要充分发挥兴趣的作用

前面我们看到兴趣有可能对实践活动产生效果。然而并非只要有兴趣就一定能够得到效果。要产生好的效果，固然需要兴趣，但也要能够把兴趣转化为行动。如果兴趣只是停留在期盼和等待的状态之中，而不积极主动地努力满足这种兴趣，那么这种兴趣对创新活动是缺乏动力的，不能产生实际的效果，兴趣也就成了黄粱美梦。创造者必须有意识地重视发挥兴趣的作用，推动创造者热情地探索，锲而不舍地为实现创造目标而奋斗，这样才能产生积极的创造成果。

爱迪生在专利局正式登记的发明约有1300种，如果包括未申请专利的发明在内则有将近2000项。爱迪生注意观察生活，观察工作中一切存在不足、不便的地方，他都会想方设法思考解决的方法。爱迪生并不是仅仅思考如何解决这些问题，而且还不厌其烦地进行试验，把他头脑中的想法进行检验。一次次的失败并没有打消他的兴趣和信心，最终他获得了一次又一次的成功。

小男孩通常对火有一种难以言说的喜好，经常背着父母玩火。18世纪后期的英国有一位名叫默多克的小男孩，他也喜欢玩火，他不仅拿手边能够找到的东西来点着玩——例如木头、纸张、煤炭等——还经常挖空心思地找些其他人没有烧过的东西来试试。

有一次，默多克在菜地里挖到了一些页岩。当地的人们知道，这种石头是可以点燃的，可是默多克却没有像别人一样直接点燃石头，而是把页岩放入了水壶同水一起加热。没过多久，壶嘴里冒出了气体，小默多克划了根火柴去点那气体，气体居然着了，壶嘴喷出了火焰。

长大后的默多克依然对玩火有着浓厚的兴趣，甚至把“玩火”当作了自己的专业。1792年，默多克重复了儿时的那个水壶玩火试验，只不过这次的原料不是页岩，而是煤块。他把15磅的煤放在盛有一定量水的铜壶里加热，达到一定温度以后就有特殊的气体冒出，这就是可以燃烧的煤气。

$$C + H_2O \xrightarrow{\text{高温}} H_2\uparrow + CO\uparrow$$

默多克用镀锡铁管把煤气引到自己的起居室内，然后点燃，使得室内一片光明，这比蜡烛明亮很多，引起了不少人的参观。这是煤气第一次用于照明，也是煤气第一次投入到实际的应用。

10年后，默多克已经成功地实现煤气的规模化生产和应用。他在自己公司的楼顶上点燃了一排煤气灯，当那蓝色的火焰在夜空中窜起的时候，楼内大厅中的煤气灯也同时放出光明，使来宾们叹为观止。其后，煤气开始成为人们取暖、做饭的能源，在电灯出现以前，还成为居家和街市照明的重要能源。

我们可以看到，默多克喜欢玩火，但不是低级重复地玩火，他在玩火的过程中加入了自己的思考，加入了自己的研究，最终从玩火中得到了新的知识和新的产品。

兴趣如果停留在期待阶段，那就是空想；只有走进实践才能产生现实的结果。

2. 作为创新者，有必要培养良好的兴趣

前面我们列举了很多实例用来说明兴趣既能激发人们从事创造活动的热情，又能够推动人们积极地从事创造活动。所以，要想有创新的成果产生，就要培养对创造的兴趣。

兴趣的产生并非完全与生俱来，现实中的客观事物和现象可以逐步地促使人们产生兴趣，所以，兴趣是可以在实践中培养和改造的。

树立正确的人生观与价值观。我们前面曾经说过兴趣可以分为直观兴趣、自觉兴趣和潜在兴趣，其中前两种是浅层次的，持续的时间相对比较短；而潜在兴趣则是落脚于人的思想深处，能够长期指导人们的实践。而要形成潜在兴趣，就要树立正确的人生观与价值观。人的创造活动只有与人生观、价值观相一致，才能促进创造兴趣的不断深入发展。从大的方面来讲，要进行爱国主义教育，进行民族责任感和强烈的事业心的培养；从小的方面来讲，要热爱自己所从事的行业，不得过且过、不敷衍塞责，而要兢兢业业。

要能够主动地培养兴趣，发现本领域细节的美。科学技术固然有其严谨的一面，但这并不意味着科学是枯燥乏味的，科学有其内在特殊的美，凡是美的东西都容易引起人们的兴趣和追求。如果能够有意识地捕捉到这些美，那么就会强化自己的兴趣，就能够有更加坚定的信心和意志前进。在西方，很多著名的科学家在进行严谨的科学研究的同时，在业余的时间还会撰写浅显的科普读物。他们在撰写这些科普读物的时候，不仅引经据典，而且行文生动诙谐，运用各种各样的修辞，既能把所写的主要内容的细微之美展现给读者，而且也能够把这些内容放在辽远的时间与空间之中，给人以大气的感觉，很容易吸引读者的眼球，引起很多人，特别是年轻人的兴趣。比如，英国的理论物理学家史蒂芬·霍金撰写了风靡世界的科普读物《时间简史》，这使得很多普通人现在开始对理论物理的关键课题产生了兴趣。这是我国很多科普作家所不能及的。我们不能不说，我国的科普读物质量偏低、数量较少的现状是很多人从小不能对科学产生兴趣的原因。

不要熟视无睹。我们知道，兴趣的维持很大程度上是由于我们对研究对象没有完全了解，我们的好奇心会促使我们继续地关注对象。如果我们对研究对象已经非常熟悉，研究对象对于我们来说已经不再神秘，那么我们不久就会对对象失去兴趣。可是，熟悉与不熟悉是相对的，往往我们觉得很熟悉的东西，其实我们对它们还很不了解。换句话说，我们所谓“熟悉”的东西，往往只是因为我们经常能够感知到，但是我们根本没有仔细了解或研究过。就像我们前面曾经提到的例子，教堂里的吊灯是大家“熟悉”的，但是这种熟悉仅仅是大家经常能够看到这些灯。可是伽利略却注意到了“熟悉”的吊灯、“熟悉”的摆动之中有着特殊的规律，于是就引起了伽利略进行研究的兴趣。所以，我们在生活与工作中要学会把熟悉的事物陌生化，多问一些为什么，这或许能够引起我们更多的兴趣。

有人说，保持一颗童心可以帮助我们对各种各样的事物产生和保持兴趣。这种说法有其合理性。因为对于少年儿童来说，周遭的事物都是新鲜的，因此他们喜欢探索这些事物背后的、内在的秘密。如果我们能够长久地保持着这种对各种事物的新鲜感，那么也就能够激发和保持兴趣。

第四节　“富尔顿蠢物”的成功——创新意志

宽阔的河流、浩瀚的海洋自古以来给人们的出行和不同地区的交流带来了巨大的障碍。尽管随着科学技术的发展，人们建造了各种各样的帆船或人力划桨的船，并且凭借这些船也能够环游世界。但是这些船要么依赖自然界的风，要么受限于人的体力，并且不不十分坚固安全。人们渴望有一种受自然情况影响小、动力强劲、速度快的水面运输工具来满足人们出行以及物资交流的需要。

当历史进入蒸汽时代，这种渴望有了实现的可能。18世纪中后期，英国工程师瓦特（James Watt，1736～1819年）对蒸汽机进行了重大改进，大大提高了蒸汽机的热效率，蒸汽机开始了其改变历史的进程。

当时的欧洲，英国、法国已经成为当时世界上最发达的国家；在大西洋的对岸，美国正生机勃勃地向着富强大踏步前进。可是，浩瀚的大西洋分隔了这两片最富生机的经济区域，两岸的经贸、人员往来依靠的仍然是帆船，速度慢、载重小而且很不安全。于是，人们开始了各种不同的尝试——尝试创造一种不依靠人力和风力就可以快速行驶、能使欧洲和美国成为近邻的水上交通工具。

英国工程师瓦特的美国朋友富尔顿（Robert Fulton，1765～1815）是众多尝试者中最为引人注目的一位。在瓦特改良了蒸汽机以后，富尔顿在巴黎开始了尝试。他把蒸汽机装在了船上，为了保持平衡，蒸汽机被装在船的中央，船的两侧安装了与蒸汽机相连的轮辐状的桨叶，并由蒸汽机驱动。蒸汽机硕大的体积占据了轮船大部分空间，使船显得非常笨重。1803年的一天，富尔顿觉得这艘船可以掀开面纱了，于是准备在风光旖旎的塞纳河上进行试航。前往围观的人不少，他们面对这艘粗笨的船议论纷纷，“船上放着这种铁疙瘩，船不会沉么?”、“这艘船空间这么小，能装多少人？能装多少货呢?”、“这哪是一艘船啊，根本就是蠢物——富尔顿的蠢物。”类似的说法不一而足。倔强的富尔顿虽然听到了这些议论，但仍然让他的“蠢物”生火开动了。然而，富尔顿抱以希望的“蠢物”并没有给富尔顿脸上贴金，虽然它没有沉入水中，但是轰鸣着吐着黑烟，在河中走走停停，结果走了没多远就干脆不动了，于是这首次试航就在人们的哂笑中结束了。

富尔顿的确“倔强”，他认为，既然船没有沉没，说明船上装上笨重的蒸汽机并非不可行；船虽然没有走远，也没有走快，但毕竟走起来了，这就说明，设计思路的方向并没有问题，问题在于细节的设计需要进一步地完善。可是，进一步地完善固然存在技术问题，但是最大的障碍却不是技术，而是钱。富尔顿想到了当时令欧洲闻之丧胆的风云人物——拿破仑。1803 年 8 月，当富尔顿听说拿破仑要越过英吉利海峡对英国作战时，就满腔热情地向拿破仑游说，建立一支不要风帆的蒸汽船队，这支船队即使在恶劣天气中也可以跨海在英国登陆；这种船队可以“使法国和全世界免受英国的欺压”。然而，拿破仑过于自信了，他自信的是他的军事指挥能力和他的军队的战斗能力，可是他不相信的是“船没有帆也能够航行”。于是这位将军没有采纳富尔顿的建议，仍然大笔地花钱扩建他的帆船舰队。1804 年，拿破仑一声号令，1300 多艘平底帆船组成的海军舰队满载着 10 万法国大军浩浩荡荡冲向英国。可是迎接他们的不是英国的海岸线和英国军队，而是英吉利海峡恶劣的天气和滔天的巨浪，结果这支完全依靠风力的舰队被暴风和海浪摧毁了，拿破仑的军队不战自溃。后世的历史学家们说，如果拿破仑采纳了富尔顿的建议，使用蒸汽轮船配备他的舰队，那么必然能够击败英国，那么其后的欧洲历史乃至世界历史或许会改写。然而，历史不能改写，蒸汽轮船似乎也注定不能在欧洲大陆开始其成功的处女航。

拿破仑在那次战争中失败了，可是身陷困境、一筹莫展的富尔顿却开始有了转机。美国的一些实业家看中了富尔顿正在研究的东西，邀请他回美国继续他的研究。

三年多后的 1807 年，在纽约的船坞里，另外一艘蒸汽船“克莱蒙特号”准备下水了。这艘船长 45 米，宽 4 米，比塞纳河上的那艘“蠢物”更加庞大，更加气派。可是，倔强的富尔顿以前曾经多次失败过，于是人们仍然不相信这个庞然大物会成功地航行，仍然倔强地称这艘船为“富尔顿的蠢物”。

这年 8 月 17 日，天朗气清，纽约市的哈得孙河两岸人山人海，因为这一天是克莱蒙特号的试航日。这些围观者其实没有多少抱着祝福的心情前来，而是来看笑话的。克莱蒙特号稳稳地依靠着码头。随着克莱蒙特号上的大烟囱里冒出滚滚浓烟，蒸汽机发动了，巨大的轰鸣仿佛要撼动整座城市一样，装在两舷的轮辐状桨叶在机器带动下开始划水。慢慢地，船缓缓离开了码头，向河中央驶去。这时，船上的40多名乘客和岸上那些原本打算看热闹的人群欢呼了起来，在船尾亲自操纵机器的富尔顿更是热泪盈眶、激动万分。然而，天有不测风云，刚刚出发不久的克莱蒙特号突然不动了。人群骚动起来，刚才还欢呼的人群中有人嚷嚷着："富尔顿，你的蠢物真是蠢啊！"幸运的是，这只是一个小小的机械故障，富尔顿马上开始修理，不久就排除了故障。人们的嘲笑声还在此起彼伏，机器的轰鸣声再度响起，一位贵夫人惊叫起来："天呐，那蠢物又动了！"的确，"富尔顿的蠢物"又动起来了，克莱蒙特号以每小时9公里的速度劈开浪头坚定地前进。机器的轰鸣和飞溅的浪花向人们证明，船可以不依靠风力而依靠自己的动力前进，富尔顿成功了。从那以后，蒸汽轮船技术迅速进步，被大量生产，开始逐步成为航运特别是海上运输的主力，直到柴油机发明以后，才慢慢退出历史的舞台。而"蠢物"的建造者成了英雄，被誉为"轮船之父"，他的故乡——宾夕法尼亚州的兰开斯特县被命名为"富尔顿县"，用以纪念他对人类作出的杰出贡献。

"富尔顿蠢物"，这个轮船初生时的绰号说得好听些叫做讽刺，说得难听些叫做诬蔑与谩骂。但是，这种讽刺、诬蔑、谩骂在科学技术进步的历史上并不鲜见。我们再来看看同一时期的另外一种交通工具——火车的诞生吧。

在火车出现以前，欧洲的主要的陆上交通工具是马车，但是，马车运输的速度慢、运量小，根本无法满足资本主义发展的需要。

在富尔顿发明了蒸汽轮船以后，英国工人史蒂芬孙（George Stephenson，1781～1848）开始了把蒸汽机应用于陆上交通工具的尝试。他把蒸汽机安装在一架马车的"底盘"上，在马车轮子的轮缘上安上了轮箍，这样轮子就可以扣在轨道上，而不会脱轨。有意思的是，史蒂芬孙最早的火车试验是在木制的轨道上进行的。他的小火车头拉着几节运煤的车厢出发了，为了证明这种新车的性能，还有一架马车载着同样重量的煤跟它比赛。比赛的结果，马车获胜。史蒂芬孙的发明也受到了人们的嘲笑，虽然不至于被称为蠢物，但是，矿山依旧使用马车运输煤炭。史蒂芬孙没有退却，他仔细地研究了这次比赛失败的原因，其中当然有使用的蒸汽机动力不足的原因，而另外很重要的原因是木制的轨道。这种轨道强度太小，负重的火车车厢往往把木制的轨道碾碎，这样火车就会脱轨，从而使火车失去控制，导致速度下降。有了这样的认识，史蒂芬孙开始着手改进他的发明。他一方面使用了功率更大的蒸汽机，改善了传动系统；另一方面，与铸造厂联系，铸造了一段铁制的轨道。改造过后，又一次比赛开始了。这一次，火车大获全胜，不仅装载的煤炭大大多于马车，而且速度也快于马车。史蒂芬孙成功了。不久，火车就开始在矿山被使用。

英国政府看到了火车发展的前景，于是计划在煤炭和钢铁的生产基地曼彻斯特与海港利物浦之间修建铁路，并任命史蒂芬孙担任总工程师。可是，并非所有人都看好火车。有人在报纸上发表文章，反对这一计划。一位医生曾这样说："乘坐火车通过隧道时，最有害健康。对于体质较强的人，起码也会引起感冒和神经衰弱等病症；如果身体衰弱，那么将会更危险。"还有人从安全的角度来说明火车的坏处，他们说："要知道，火车的声音很响，这会使牛受惊，不敢吃草，从而牛奶就没有了；鸡鸭受惊，从而蛋就没有了。烟囱里的毒气上升，将会毒杀飞鸟；四溅的火星将酿成火灾；如果锅炉爆炸了，后果更是不堪设想，至少乘客会因此骨折手断的！"

然而，这种攻击并没有阻碍铁路线的延伸。当第一列火车的汽笛声响起时，车上坐满了兴奋的人们。其后，铁路连接了一座又一座城市与乡村。固然铁路在历史上一度受到汽车运输与航空运输的激烈竞争，但现在，随着环保主义的兴起和能源的紧缺，人们越发重视起铁路运输的高效率。在占用土地方面，单线铁路与两车道公路、复线铁路与 4 车道公路、铁路客运专线与 8 车道相比，铁路占用土地面积仅为公路的一半；完成单位运输量所占有的土地面积，铁路仅为公路的 1/10 左右。2005 年，我国铁路每公里完成的换算运输密度约为公路的 34 倍。从耗能方面来说，我国铁路用交通行业不到 1/5 的能源消耗完成了全社会 1/2 的运输量。此外，铁路还具有污染小、环保好的优点。现在，铁路客运开始向高速发展，货运开始向重载发展。如果各位读者还记得的话，我们在前面曾经讲述过一个关于地铁发明的故事。在那个故事中，铁路不仅在城市之间的乡野里被修建，也在城市的地下修建。虽然最初的蒸汽机车导致了乘坐地铁不仅谈不到舒适，简直就是痛苦，可是人们还是相信这种高运输效率的交通工具。随着电力机车的发明，地铁就像蜘蛛网一样开始在城市的地下扩展。现在，伦敦、巴黎、纽约、莫斯科、东京等世界级的大都市的地下都有繁密的地铁线路。虽然地铁无法代替汽车等城市交通工具，但是我们却不能不承认，地铁在日益拥堵的城市中是最快捷、最高效的运输方式之一，最符合通勤一族的需要。这恐怕是当初那些讽刺铁路的人所没有想到的。

蒸汽轮船与火车的发明过程是科学创新艰苦性的体现。面对创新活动存在的困难，创造者应该用坚定的意志来应对。这一节，我们就来谈谈创新意志。

意志，就是为了达到预定的目的而产生的克服各种困难从而实现目标的心理状态。

我们在前面曾经提到，创新就是创造前所未有的事物或发现人们尚未认识的规律。我们在利用已有的事物和已经认识到的规律时尚且要面对很多的困难，更何况要创造新的事物和发现新的规律呢？创新活动的过程中出现意想不到的艰难险阻是经常的事情。这一点不仅仅体现在科学创新活动之中，也体现在文学艺术的创新之中。马克思曾经说："在科学上没有平坦的大路，只有那在崎岖小路上攀登的不畏劳苦的人，才有希望达到光辉的顶点。"

意志能够产生巨大的力量，创造奇迹。这是由于意志能够使人调集身体各部分的潜在能力，做出超出人的一般体能和精力的事情来；而创造是需要人能在创造活动中迸发出更大的力量的，这样意志的特点与创造活动的需要两者之间就能够形成契合的对接。

意志是人的一种心理状态。在这种心理状态下，人可以自觉地为达到一定目的而同困难进行斗争。但是，这种状态并非没有条件，其前提是人对目标的明确和可行性的确认。这样当困难出现或遇到挫折时，尽管人的心情比较低落，可是人对目标的明确和可行性的确认能够补偿低落的心情带来的负面影响，使人在比较短的时间内迅速走出低潮，重新调整心态，继续自己的工作。

人是有感情的，任何人的任何活动都不能忽视感情因素的作用。感情往往因外界的刺激而发生不同方向的变化。创新活动本身，由于有未来产生新事物或发现新规律的目标刺激，可以使人的情绪亢奋，或者创新活动的过程本身由于其探索未知事物的神秘性而产生的一种吸引力，这些都是使人坚持创新活动的重要正面因素。创新活动中的困难带给人的则是负面的影响，这种负面影响主要体现在：开始设定的目标逐渐变得模糊，或者对创新活动的可行性产生疑问，又或者随着热情的消失而产生怠惰情绪。这一正一反两方面的影响产生的综合效应就会决定创造者下一步的活动。

如果创造者的目标明确，对创新活动的可行性深信不疑，那么这种正面的影响将会长时间地发挥作用；当创造者对困难和挫折进行了科学合理地评估后，找到问题所在，那么困难和挫折对人们的负面影响就会渐渐式微。这样，正面影响会占据上风，推动创造者继续创新活动。但是，我们要注意，对目标的确定和可行性的深信不疑要建立在科学的评估基础上，不能武断，不能意气用事。历史上，不乏意志坚定者为制造永动机花费了宝贵的青春和财富，但最后却是竹篮打水一场空。

另外，需要说明的是，意志不仅仅体现在上面提到的一往无前的进取精神，同时也有可能在局部表现为克制。我们知道，我们生活的这个世界充满了诱惑，诱惑虽然看起来颇为引人，但是这种短暂的快乐却容易使人生走向另一个方向，而那个方向的尽头或许是无尽的深渊；即便后果没有如此严重，也会使人走不必要的弯路。抵制诱惑也是一种意志，这种意志在短期内虽然体现为一定的“保守性”，但是从长远的眼光来看，往往表现为一种进步性。

我们知道，钱学森是著名物理学家、火箭专家。1934 年毕业于交通大学机械工程系，1934 年在美国麻省理工学院和加利福尼亚理工学院学习，1938 年获博士学位后留校任教并从事火箭研究，1947~1955 年间任麻省理工学院和加利福尼亚理工学院教授。钱学森还曾担任超音速实验室主任和古根罕喷气推进研究中心主任，当时已经在学术界和军界受到瞩目。当时的美国海军次长金布尔认为：“钱学森无论放在哪里，都抵得上五个师。”还叫嚷什么：“我宁可把他枪毙了，也不让这个家伙离开美国!”而钱学森当时的工作和生活条件是很优厚的，如果钱学森留在美国，在良好的研究条件和充分的学术交流的背景下，他的学术成就是不是会更高，我们无从假设。但是，钱学森没有留在美国，而是历经辗转回到祖国。当时的中国，在科学技术领域，不论是基础理论研究还是应用技术的开发几乎都处于空白状态，更不要说进行原子弹和导弹的研究开发了。就在这种一穷二白的条件下，1956年4月起，他长期担任火箭导弹和航天器研制的技术领导职务，为中国火箭导弹和航天事业的发展作出了重大贡献。钱学森与同时代的科学家们一道白手起家，为祖国建立起了一道坚固的科技长城。钱学森放弃美国的工作和生活回到祖国，这需要意志的力量，而在返国的途中经历的种种困难同样是对钱学森意志的考验。

如果我们把前面提到的两种意志比较，那么就会发现它们具有共同点，那就是意志具有顽强性的品质。换句话说，这两种意志都表现为，具有这种品质的人能够坚守自己的立场和信念，不论是前进还是止步，都有自己明确的目标，并且能够排除内外环境的制约和影响，从而实现目标。

科学创新是一种艰苦的劳动，是要探索前人没有走过的道路，要创造前人没有创造出的成果。在创造的过程中挫折与失败经常发生，只有意志顽强的创造者才能在挫折与失败中不断进取，把失败引向成功。

第五节　黄禹锡的噩梦——实事求是的精神

1953年出生的黄禹锡毕业于韩国汉城国立大学兽医学专业，因在科研上屡有惊人成就，迅速成长为韩国乃至世界生命科学研究领域的权威。

1993年黄禹锡培育出韩国第一头“试管牛”；1995年研制出超级奶牛1999年培育出全球首只克隆牛。2004年2月份，黄禹锡教授组在《科学》杂志上发表论文宣布，在全世界率先成功用卵子培育出人类胚胎干细胞。当年9月1日，首尔国立大学宣布，将一直聘用黄禹锡为首席教授，直至2019年2月其退休。黄还获得了韩国科研工作者的最高勋章——创造奖章，同时黄还被认为韩国最有可能夺得诺贝尔奖的火热人选。为了支持他获得诺贝尔奖，韩国科学财团和首尔冠岳区成立了声援会。

2005年5月，他再次通过《科学》震惊世界——成功利用患者体细胞提取了干细胞。和2004年一样，黄禹锡研究小组从体细胞中取出细胞核后，把该核注入卵细胞克隆出胚胎，并最终培育出了干细胞。这一系列成果为治疗疑难病症开辟了新途径，黄被美国著名科学杂志《科学美国人》评选为年度科研领袖人物。其合作者、美国匹兹堡大学医学中心教授夏腾表示："可以说发生了比研制出疫苗和抗生素更具划时代意义的大事。虽然工业革命起源于英国，但当时谁也不知道那是一场革命。现在，在韩国首都首尔，也许已经发生了一场能改变人类历史的生命科学革命。"

6月24日，黄禹锡正式获得"韩国最高科学家"称号，每年可从政府领取30亿韩元（1美元约合990韩元）科研经费。一时间，疑难病患者向黄禹锡教授后援会网站和黄禹锡的电子信箱发来大量咨询邮件，黄禹锡的研究成果被政府指定为"核心基础技术"。韩国科技政策研究院则预测，到2015年，黄禹锡科研组每年可创造6.6~33万亿韩元的经济效益。

2005年8月4日，他又宣布成功培育出首只克隆狗"史努比"。虽然各国接连克隆出了奶牛、猫、山羊、猪和马等，但成功克隆狗还是第一次，因为狗在卵细胞尚未成熟时就排卵，而且当时全世界在技术上还没有建立起可在体外使狗的卵细胞发育成熟的体外培育体系。这一成果使各界普遍认为，韩国在克隆动物和干细胞领域居于世界领先地位，这只狗被美国《时代》周刊评选为年度最佳发明。

10月19日，世界首家国际干细胞研究中心在首尔成立，黄禹锡当仁不让地成为研究中心的领军人物。

然而天有不测风云，11月12日，黄禹锡的重要合作者、匹兹堡大学的夏腾博士突然宣布同黄禹锡分道扬镳。夏腾是美国干细胞研究和克隆领域的权威，与黄禹锡合作了一年多，在向全世界宣传黄禹锡干细胞研究成果方面功不可没。有报道称，夏腾是以获取研究用卵子过程中存在伦理问题为由决定同黄分手的。果然，11月21日，研究组成员、负责提供卵子的米兹梅迪医院理事长卢圣一迫于压力召开记者会承认："从2002年到2003年末为保证卵子的充足来源，考虑到交通费、生活费补偿问题，曾向捐赠女性每人支付了150万韩元的补偿金。但韩国2005年1月才出台禁止卵子买卖的《生命伦理法》，所以没有违反法律。"他同时强调，黄禹锡并不知情，是卢圣一个人决定支付费用的。

24日，首尔大学兽医学院伦理审查委员会经过调查得出结论：一、黄禹锡科研组在准备2004年《科学》杂志论文时，得到米兹梅迪医院提供的卵子，医院理事长卢圣一向2003年年底之前提供卵子的部分女性每人平均支付了150万韩元，而黄禹锡前不久才得知卢圣一向部分提供卵子的女性支付过报酬；二、科研组的两位女研究员曾捐献卵子，但她们是在干细胞研究因缺少卵子遇到困难后，为使研究尽快取得进展，出于献身科学的目的主动捐献卵子的。虽然卵子来源存在上述问题，但这都是在有关生命伦理和安全的法律于2005年1月施行前发生的，因此不属违法行为；对于女研究员依照本人意愿捐献卵子的不同看法，应归结为东西方文化差异，也不能认定与规范医学实验的国际公约——《赫尔辛基宣言》相悖，所以最终被认定并未违反法律和伦理准则。

11月24日下午2时，黄禹锡举行记者会，承认手下女研究员曾捐献过卵子，并且合作医院向某些提供卵子的女性支付过报酬。为对卵子风波负责，黄禹锡宣布辞去首尔国际干细胞研究中心主任等所有校内外公职，今后将专心从事科研活动。

然而，这仅仅是个开始，丑闻的面纱才刚刚被揭开。12月5日、6日，有人连续在韩国生物学研究信息中心和科学技术人员联合会两大网站上传了黄禹锡论文中的多个干细胞照片相同或相似的文章，称干细胞照片只是倍率不同，可能是对同一个细胞照片进行处理的结果。还指出验证对比结果高度一致说明可能存在人为操作，这种明显的低级错误出现在国际顶尖科学杂志上令人难以置信。这一质疑在网上迅速扩散，围绕“照片风波”，争议进入了新局面。

12月7日，黄禹锡因失眠、过劳和精神压力入院，面目憔悴的照片经媒体披露后，增添了其支持者的愤怒。但韩国首尔大学生命科学领域的少壮派向校长郑云灿提出，为澄清疑惑应对论文成果重新进行验证；12月9日，《科学》杂志也转变了一贯支持黄禹锡的立场，要求黄禹锡和夏腾对引起争议的部分成果进行解释。

这种情况下，黄禹锡小组收回了“不能重新进行验证，只能让后续研究成果证明”的原有立场，向首尔大学提出了验证申请，首尔大学校长郑云灿紧急主持召开了干部会议正式决定实施验证。10日，被派到美国匹兹堡大学进行干细胞研究的黄禹锡科研组研究员金善钟表示，曾按照黄禹锡教授的指示，将2张干细胞照片追加复制成11张用于2005年的论文，于是“照片风波”又带出“真伪风波”。

2005年12月15日上午，作为黄禹锡科研组2005年论文的第二作者，卢圣一到医院探望住院治疗的黄教授，两人发生了激烈争吵。卢圣一气冲冲离开病房后向韩国MBC电视台等媒体披露，黄禹锡今天向他承认“胚胎干细胞根本不存在”。在接受韩国KBS电视台采访时，他进一步解释说，黄禹锡此前主掌培养成功的11个胚胎干细胞中9个是假的，而另外2个也不能确定真假。

卢圣一称，黄禹锡科研组向《科学》报告的干细胞中，6个干细胞被霉菌污染，均遭损坏，其余干细胞是将患者体细胞冒充为干细胞。卢圣一还称，培育干细胞失败后，黄禹锡命令目前在美国匹兹堡大学的金善钟研究员伪造照片，并以此向《科学》提交了论文。

首尔大学医学院研究部主任李旺载当天也表示，已经确认黄禹锡科研组报告成功培养出的胚胎干细胞事实上不存在。16日黄禹锡在举行的记者会上，向国民表示了道歉，并称将证明自己的研究结果。同时黄指出，在米兹梅迪医院冷冻保管的胚胎干细胞可能被医院用受精卵干细胞调换，因此郑重要求司法机关尽快展开调查。随后卢圣一立即召开记者会反驳。

干细胞造假事件，随即导致黄禹锡的其他研究成果也都广泛受到了质疑。

12月29日，首尔大学调查委员会公布了中期调查结果，确认黄禹锡科研组冷冻保管的5个细胞是受精卵胚胎干细胞，也就是说2005年论文中与患者体细胞基因相同的特制胚胎干细胞根本不存在。对此，黄禹锡坚持：“干细胞确实被调换，检察机关调查两天就可查明”。

2006年1月4日，《科学》杂志通过声明表示：“黄禹锡2005年论文的25名共同作者已签名同意撤销论文。《科学》将在首尔大学的调查结束后，宣布撤销论文。”同时韩国最佳科学家评选委员会决定，1月11日举行全体会议，讨论剥夺首尔大学教授黄禹锡“最高科学家”称号的问题。

1月10日，首尔大学“黄禹锡科研组干细胞成果”调查委员会发表最终调查报告，认定黄禹锡教授科研组2004年发表于《科学》杂志上的论文同2005年的论文一样，也是源于编造数据。

此后，不仅首尔大学给予黄禹锡学术上的处分，韩国的检察机关也已介入，展开刑事调查。

韩国舆论认为，“黄禹锡干细胞造假事件”对韩国国内的政治、经济、社会和文化造成的恶劣影响无法估计。“黄禹锡风波”冲击了韩国证券市场，干细胞股和生物股以及新药开发股全线下跌，相关行业股也表现疲软，投资心理急剧降温。

韩国科学界在相当长的时间内无法摆脱其后遗症，科学家们担心在国际著名杂志刊登论文和接受验证的过程中，能否受到公平待遇。更严重的是黄禹锡的“科研成果”给国家与民族带来的无限憧憬化为泡影后，韩国国民普遍感到失落、无助、失望和愤怒。

韩国科技部称，从1998年至2005年底，政府共拨给黄禹锡科研组研究经费113亿韩元，其中8.2亿用处不明。

诚信历来是人们对道德品质的重要要求，对于科技工作者尤其如此。因为，科技工作者的工作成果会直接影响人们的生活与工作以及生命、财产安全；而且科学研究的客观性也要求每个科技工作者具有实事求是的作风。事实上，凡是严格坚持实事求是态度的科学家和专家，大多数具有正直和诚实的美德。相反，如果科技工作者投机取巧、伪造数据以达到与科学宗旨不相容的某种目的，他就不可能取得真正的科技成果。即便他们伪造的数据、故意歪曲的事实能够在一时蒙骗某些同行而取得所谓的“成果”，但是事实终究会被摊在阳光下。当他们的劣迹败露的时候，他们身败名裂的日子也就到来了。

科技工作者的造假行为固然与追求个人的名誉与利益密切相关，有的时候也与周围的环境特别是政治环境有关。在当今社会，企业对科技的投资往往偏好于实用技术的发展与革新，而基础理论的研究往往依靠政府的出资，还有一些公共设施的建设也大都依赖于政府的主导和投资。因此，一些政客出于自己选举或政治生命的需要，往往要求科技工作者为他们的政治决策辩护或提供支持。

所以，我们在对科技工作者的自身道德品质作出要求的同时，还希望全社会都能够形成一种诚信的风气，使科技工作者不受到政治的压力，能够享有学术自治与学术自由，否则，带来的后果不堪设想。

第五章　怎样点石成金？
——创新的技法

我们前面提到了有关创新的基本知识，包括创新的基本概念，对创新有影响的思维方式以及进行创新所应该具备的基本技能。在这一章里，我们将介绍一些可以应用于创新之中的具体技法。创新技法是进行创新活动的有力工具，合理地运用这些工具可以帮助创新工作者迅速有效地越过各种影响创造力发挥的阻碍，更好地得到创新成果。但是我们要说明的是，创新的过程本身就需要开阔思路，掌握和运用多种技法，尽量避免程式化地运用思维方式和实践方法。所以，尽管我们在这里介绍了一些技法，但是请读者朋友们不要囿于这些技法，而要举一反三，触类旁通，开发更多的技法，找到更多的创新途径。

下面，我们就开始吧。

第一节　奥斯本的表格——检核表法

检核表法是利用检核表对研究对象进行缜密的梳理，从而找到我们日常没有注意或者没有想到的用途或功能。这种方法又被称为设想提问法或者分项检查法。这种方法是由美国的创造学家奥斯本发明的，因此人们通常称这种方法为奥斯本检核表法。

1. 检核表法的简介

检核表法实际上是人们在思考问题时，把能够想到的重要内容记录下来，编列成表格，然后对照表格逐项进行检查的方法。当然，在编列表格时，要合理地确定指标项。麻省理工学院的创造工程研究室把奥斯本检核表的指标项归纳成为交叉面尽量少的9个，参见表5－1。

表5－1 归纳后的奥斯本检核表

序号	检核项目	新设想的名称	新设想的概述
1	有无其他用途		
2	能否借用		
3	能否改变		
4	能否扩充		
5	能否缩小		
6	能否代用		
7	能否调整		
8	能否颠倒		
9	能否组合		

下面，我们具体解释一下这九个项目。

（1）有无其他用途　这里的“有无其他用途”一般是指不对研究对象的基本状况作改动。具体而言是指，如果研究对象是具体实物，那么就是不对实物的物理、化学状态进行改变；如果研究对象是一种方法，那么就是对方法的技术路线不做根本性的改变。在这种情况下，考察研究对象是否能够有新的用途。比如，用来吹干头发的吹风机稍加改变就可以成为宾馆饭店洗手间中常用的自动干手器。

（2）能否借用　这个项目与上面一项有些类似，不同之处在于，产品现有用途的开发是基于模仿，而不是单纯地应用于其他领域。后面，我们会提到圆珠笔的例子。

（3）能否改变 这个项目是把研究对象的性状加以改变，例如颜色、状态、形状等物理性质，或者改变其化学性质，通过性状的改变而应用于新的领域。

（4）能否扩充 现有的产品在其尺度、时间、频率、幅度、浓度等方面是否能够扩充。例如，过去的玻璃易碎，玻璃的碎裂不仅使玻璃本身的使用价值丧失，而且会带来进一步的安全隐患。为此，可以进行思考，如何扩充玻璃的存续时间。一方面，可以通过增加玻璃的硬度，使玻璃可以经受更大的外力打击；另一方面，可以在玻璃中加入纤维组织，当玻璃受到外力打击出现裂纹后，在纤维组织的牵连下，仍然保持整体而不致散落的状态，这样就可以在一定程度上延长其使用价值的存在时间。

（5）能否缩小 这一点与第 4 点恰好相反，即产品的尺寸、尺度、时间、频率、幅度、浓度等方面是否能够缩减。我们仍以玻璃为例，普通玻璃碎裂后，碎块比较大，而且棱角尖锐，极易出现安全问题。通过改变玻璃的内部结构，研制出新型的玻璃，这种玻璃碎裂后碎块很小，而且断面圆滑，从而大大避免了安全隐患。目前，这种玻璃已普遍应用在汽车上。

在这一点上，医学领域迫切需要这方面的发明。我们知道，现在很多的诊断手段，如内窥镜等，使用起来会给患者带来较大的痛苦，而且其成像质量不佳，不稳定。这样，如何开发体积很小、性能却极佳的摄影摄像设备就成为医疗检验设备研究及生产机构的研究重点。早在 2000 年，英国科学家就宣布成功研制出新型医用摄像机。这种摄像机的外形如同普通的感冒胶囊，内部装有微型视频摄像装置、光源和信号发射器。患者像服药一样把机器吞下，当该机器在患者消化道内移动时，利用摄像装置可以仔细地拍摄消化道内的细节情况，并通过信号发射器把视频信号转化为无线电信号发出，而患者可以利用系在腰带上的接收器获取摄像机发出的信号。这种体积非常小的装置使用起来没有痛苦，患者甚至感觉不到该装置的存在，不影响患者的工作与生活，检查结束后，患者把腰带和接收器送回医院即可，而体内的摄像装置随着消化道的自然蠕动在经历胃、肠等器官后会自然排出体外。现在，人们在这样的装置基础上继续研发，把摄像装置和信号发射装置安装在微型机器人上。患者服食后，新装置不像刚才的装置那样被动地随着肠胃的蠕动而移动，而是可以在外部控制者的监控下，改变移动方向和拍摄方向，从而更有目的地进行拍摄，为诊断起到更好的辅助作用。

（6）能否代用　这种思路在我们的科技发展中非常普遍。有限的产品性能，较高的使用成本，过高的资源耗费等因素促使人们思考采用更好的产品加以替代。例如以往的空调、电冰箱等制冷设备采用氟利昂作为制冷剂，然而氟利昂的排放会对大气层中的臭氧层产生持久的破坏作用。所以，人类一直在不断寻找其代替品，研究出制冷效果同样良好而且对环境破坏较少的产品。

（7）能否调整　这种思想的主要内容是现有产品的要素是否能够调整，例如改变成分、改变配比、改变顺序等。例如，柴油作为汽车燃料，其燃烧效率低、燃烧不充分一直是个难以解决的问题。这个问题不仅使燃料的利用率降低，产生浪费，而且其排放物中的有害成分更多。可是柴油机的功率一般比同类汽油机或天然气燃料发动机来得强劲，所以人们又舍不得放弃柴油机的应用。于是，人们开始思考把柴油燃料与其他添加剂配合使用，以提高其燃烧效率，有的把柴油与天然气混和，降低燃料的平均碳含量，提高其燃烧效率，有的则利用物理方法改变柴油的分子聚合结构来达到节省原料的目的。

（8）能否颠倒　这种思想在发明创造中也经常出现。我们所熟知的磁、电相互转换的原理就可以制造出两种功能完全不同的产品：一种是利用导电体在磁场中运动而把动能转化为电能，成为发电机；另一种是利用电能在磁场中流动而使导电体产生移动，把电能转化为动能，从而成为电动机。再比如，利用曲轴主动、滑块从动，制成水泵等设备；而利用滑块主动、曲轴从动，制成蒸汽机、内燃机等。

（9）能否组合　现有的各类产品能否相互组合。这种现象也颇为常见。我们在外出旅游时，往往需要携带一些常用的物品以备不时之需，可是携带物品太多又会增加负重、影响便捷。而最大限度地减少负重、增加便捷、提高机动性在军事组织中非常重要，于是组合军刀应运而生。不同的军刀虽然形制不同，但大都包括刀、叉、汤匙、螺丝刀、开瓶器、指甲钳、工具钳等等。这些物品被巧妙地组合在一起成为小巧却实用的工具，方便了人们的出行。

应该说，奥斯本检核表的内容仍存在彼此交叉的情况，但是它基本上能够概括我们在进行创新活动时的若干思考方向，有利于我们突破日常的习惯性思维，有利于我们突破不愿提问的心理障碍。当然，我们在应用奥斯本检核表时，应该注意，奥斯本检核表虽然为我们指出了9个思考方向，但这只是9个大的思考方向，我们仍要在大方向内尽量找寻新的思路，不放过任何一个创新机会。

例如，我们都知道，钢笔或圆珠笔的使用原理是墨水利用自身的重力从笔尖流出，在纸上留下痕迹，从而达到书写的目的。早年间宇航员进入太空后，由于飞行器内的微重力环境，使得平常的钢笔、圆珠笔无法使用。而当时又没有现在的便携式电脑，所以如何利用钢笔和圆珠笔在太空进行文字书写成为一个不大不小的难题，当局甚至广泛征求解决难题的方法。后来，一封普通来信半带戏谑地问道："试过铅笔没有?"如果我们用奥斯本表来看待这个提议，我们可以看出，这符合第6项"能否代用"的思路。只不过，这种代用不是发明或发现新的产品来代替既有的产品，而是利用人们非常熟悉、甚至达到熟视无睹的传统产品来代替令人挠头的功能不符合要求的产品。当然，这并不妨碍人们继续思考发明新的产品代替老的产品。铅笔固然能够在微重力下使用，但是使用铅笔会增加空气中的粉尘，而且这种粉尘含碳量很高，而飞行器是封闭的，所以这些含碳粉尘很可能造成电子设备的短路，这非常危险；另外，铅笔的笔迹留存不长久，易擦除、改写；而且需要经常"削铅笔"。于是，人们开始思考改变铅笔的笔芯成分，使用不含碳的笔芯，这就是第7种思路的运用；人们还开始思考改变笔芯的运动方式，即把笔芯的被动露头（就是削铅笔）变成主动露头，这又是第8种思路的应用。还有一些人在圆珠笔上做文章。既然圆珠笔是利用墨水自身的重力作为动力，这不仅在太空中难以使用，而且我们在日常生活中如果要水平或笔尖向上使用圆珠笔时，也经常会出现不出水的情况。于是人们就把圆珠笔的笔芯做成封闭的（如果你仔细观察现有的圆珠笔，会发现圆珠笔笔芯是开放的，这是保证笔芯内外的大气压平衡），并在笔芯远离笔尖的一段留一段空间，里面充入适当气压的空气，其气压要能够抵消大气压与墨水压强之和。这样，圆珠笔就可以在微重力条件下使用，也可以笔尖向上地使用了。我们不难看出，这与压缩水枪的原理非常相似，我们可以把它看作是模仿，也可以看作是借用。

当然，奥斯本检核表的利用还只是停留在思维的阶段上，即处在观念和意识的层面上，这只是创新活动的开始。要想继续进行创新活动不仅要勤动脑，而且要勤动手，也就是把观念层面上的东西转化为现实层面的东西。

第二节　头脑的风暴——智力激励法

在现代管理理论的决策理论中，有一种重要的方法叫做“头脑风暴法”，也就是 Brain Storming。这种方法就是本节的内容。“头脑风暴法”是一个抢眼的名字，相对来说，“智力激励法”不那么张扬。智力激励法最早的提出者是上一节我们提到的那位美国的创造学家奥斯本。智力激励法是奥斯本在 20 世纪 50 年代提出的，并得到了学术界的肯定。此后，一些心理学家为智力激励法的完善、发展和应用做出了贡献。这种方法被推广以后，取得了显著的社会效应，产生了较大的影响。

智力激励法是一种集思广益的创新技法。它是依据一定的规则，共同无拘无束地讨论问题，激发智力，通过集体的思考和思维交流在短时间内产生大量的创新性设想的方法。使用智力激励法，要达到两个目的：

一个是从智力的角度来看待智力激励法。利用这种方法给予参与者较多的信息刺激，相互填补知识空隙，相互激励和诱发，产生智力碰撞的连锁反应，促使参与者把已有知识与所得信息围绕着要解决的问题重新安排，形成多种新的组合，从而产生大量的新设想。每个人的知识结构和掌握的具体知识不可能完全相同，通过会议上的相互交流，彼此之间所掌握的知识相互影响，参与者可以了解很多自己所不了解的信息和未曾掌握的知识，这是一个学习的过程，是一个完善知识结构、增加个人知识总量的过程。有了更加完善的知识结构和数量更多的知识点，那么人的视野就会扩大，思路也就更开阔。个人的思路开阔又引起了群体思路的开阔，也就是彼此形成共振和连锁反应。

另一个是从精神的角度来看待智力激励法。使用智力激励法需要营造良好、宽松的讨论环境，鼓励参与者大胆思考和提出新的设想，提高他们的创造积极性。鼓励参与者实现自我超越，克服自卑、倦怠、从众、墨守成规、过分自我批评等消极精神状态，排除这些阻碍创造力发挥的心理因素。

1. 智力激励法的使用规则

很多人认为，智力激励法就是自由自在、无拘无束地思考、讨论，实际上并非如此，智力激励法的应用也要遵循一定的原则。原则主要有：

（1）问题要限制在一定范围内，并且要提出一些具体的要求，也就是参与讨论的人的注意力要集中在讨论对象上，而不能天马行空。

（2）与会者提出的任何一种设想，不论其是否可行，都不能批评或攻击。

（3）鼓励对已提出的设想进行改进和综合，特别是给准备修改自己设想的人提供适当的发言权。

（4）提出的想法越多越好，不论好坏，要一概记录下来。

（5）发言要精炼，不需要详细论述展开，否则将会使会议时间过于拖沓，并且会妨碍产生创造性成果的气氛。

（6）一般不鼓励与会人员按照事先准备的发言稿照本宣科。

2. 智力激励法的实施步骤

智力激励法的实施步骤一般有如下一些：

（1）确定人员　确定人员包括确定好讨论会的主持人。智力激励讨论会议的成败与主持人的水平密切相关。会议的主持人要具备理解力强、反应敏捷、能够把握会议讨论方向和进程等素质，并且要能够平等地对待每一位与会者，使他们能够充分地发表自己的意见。

确定人员包括确定好会议的记录员。智力激励讨论会议的记录不仅仅是记录每个人的发言要点，更重要的是要与主持人配合，及时地把发言者的言论主题展示在公示板上，让所有的与会者能够清晰地了解会议中已经产生的各种论点、方案，并能够通盘考虑不同论点、方案的优劣、分类、组合等。

确定人员还包括确定好会议的参与者。从数量来说，不同的学者有不同的观点，一般来说，讨论会的人员数量要根据讨论议题的性质来确定，没有一定之规。但是人数不宜太多，否则会限制参与者的发挥空间，并且容易产生分歧甚至跑题；人数亦不宜太少，否则讨论面会变窄。从结构上来说，参加者的专业结构应多样化，以便与会者能从不同的专业视点看待所讨论的问题；部门结构或地区结构也应多样化，这样与会者能站在不同的立场上发表自己的观点，才能达成能为各方所接受的妥协方案。从经验积累方面来看，与会者最好有相关的实践经验，但不一定所有的人都具备极为丰富的经验。虽然经验较少的人有“无知者无畏”之嫌，但往往这样的人冲劲比较足，不像经验极为丰富的人一样出现畏首畏尾、瞻前顾后的情况。

（2）确定主题　会议需要讨论的问题一般要围绕明确的中心，使讨论会有明确的讨论重点，因此确定合适的主题是必要的。会议的主题要提前通知参加者，并且附上必要的说明，让参与者有时间去收集资料，整理自己的思路，这也对会议按照正确的方向发展有帮助。

（3）会议热身　要想激发头脑的风暴，宽松、热烈的环境是必不可少的。换句话说，智力激励讨论会的会场气氛应该是活跃、轻松的。因此，在会议开始之初，可以采取一些措施活跃一下会议的气氛。例如，与会者作一下自我介绍、讲一些幽默故事、做一些智力测验题或脑筋急转弯练习等。

（4）问题解读　虽然在开会以前已经把所讨论的问题向与会者进行了通报，但是在会议开始之初进行适当的问题解读是必要的。在简单的问题介绍后，主持人可以对问题进行适当的分析，并作引导性的发言，甚至可以把要讨论的问题划分为若干个小问题，启发与会者的思路。问题的划分有多种方法，不过一般常使用我们上一节介绍的奥斯本表格法来对问题进行细分。

（5）自由畅想　在进行了前面的准备工作以后，与会者就可以掀起头脑的风暴了。在讨论的过程中——就像我们前面提到的那样——会议的主持人和会议记录者要集中精力，一方面要准确把握会议进行的方向，另一方面不能放过任何一个有创意、有建设性的思想火花。

（6）会后总结　会议的结束并不意味着头脑风暴的结束。要知道，头脑风暴刮起来后，虽然会有多种多样的火花产生，但不能否认的是，在会场上产生的这些火花往往是零散的，不甚集中；往往是浅显的，不甚深入；往往较为杂乱，不甚有条理；往往有较大的感性成分，不甚全面、严密。如果不对会议的讨论情况进行总结，那么会议上的讨论一般难以形成有实用价值和现实可行性的方案。

会后总结要注意以下几个事项：

◇ 对会议上的主要观点进行客观评价，必要时可以召开后续会议或谈话，与观点持有者进行交流。由于讨论会召开的目的本身就是激发人们的创造力，鼓励大家进行开放式的思考，因此对于与会者要进行正面激励，尽可能地避免负面评价、指责。

◇ 对评价意见较好的观点或方案进行完善，如果能够合并，那么是最好的，这样可以集中多个方案的优势；如果不能合并，但各方案又的确有其优越之处，那么可对诸方案分别进行完善，并进行“成本－效果”、“成本－效益”、“成本－效用”分析，然后把诸方案提交给决策者进行决策参考。

3. 智力激励法的推广

从上面的论述我们可以看出，智力激励法的基本原则就是不同的思想、观点相互交流与碰撞。在智力激励法实践的过程中，很多人把它的基本原则推而广之，派生出了更多的智力激励方法。下面我们就简单地介绍几种。

（1）默写式智力激励法　默写式智力激励法是由德国学者霍利戈创造的。他认为，德意志民族惯于沉思而不喜高谈阔论，所以，传统的会议讨论式的智力激励法不太适合在德国推广。那么，不采用会议讨论的方法如何能够达到交流的目的呢？霍利戈提出了利用默写、传递的方法来进行交流。首先选择 6 个人围坐在圆桌旁召开会议，只是不进行口头的讨论，而是首先由主持人解释议题、基本要求和原则，然后每个人在 5 分钟内提出 3 个创新设想，并写在纸上，所以这种方法又称为“653 法”。在第一个 5 分钟结束后，大家同时把书写了设想的纸张依次传递给各自左（右）邻的与会者。接到纸条后，每个人就可以从他人的想法中得到启发，并把自己的新想法书写在纸张上，再接着传递给自己左（右）邻的与会者，依此循环。这样，半个小时之内，纸条可以传递6次，不仅能够产生很多的观点和方法，并且有益的方法会在纸条的传递过程中不断被完善。

这种方法在我国推广时被进一步发展为“集思广益”法，由我国学者袁张度于1984年提出。这种方法在实施时，前一阶段的方法与“653”法相同，不同的是，与会者在完成纸条传递以后，要把自己最初的想法、纸条传递过程中受到的启发、对自己最初想法的完善等进行概要性的选读，并有记录者记录在黑板上。最后，对诸方案进行独创性、可行性和实用性等方面的评价，最后获得优选方案。如果有必要，可以对脱颖而出的几个方案进行专家测评，供决策者参考。

（2）MBS法、CBS法与K·J法　这三种方法都是日本学者在智力激励法的基础上发展而来的。相对于默写式智力激励法和集思广益法，这三种方法对智力激励法没有筋骨上的改动，更多的是在细节上的改进。

◇ MBS法对智力激励法的改变最小。这种方法要求每个人先提出1～5个设想，并写在自己的笔记本上，然后轮流宣读设想。其他的人则在聆听的基础上在自己的笔记本上写下自己的新设想，然后宣读自己的设想。这样反复进行，直到全体人员把所有设想宣读完。然后开始对诸设想进行质询，提出设想的人可以进行说明，然后主持人对讨论结果进行归纳，最后对设想进行评价，整理出有用的设想来。

在这里，我们可以看出，这种方法与原始的智力激励法相比，改动不大，其特点是借助“设想—宣读—启发—设想—宣读”这样一个有意识的连串动作，使得大家的设想螺旋式的上升。这种做法可以比较有效地避免在激烈的讨论中，不知不觉地走题或过分地集中于某个问题点，而忽略所讨论议题的其他角度。

◇ CBS法主要是要求与会者利用卡片书写自己的设想，然后轮流宣读卡片，并摆放在桌面上，读一张、放一张。别人可以提出质询，在交流中，可以完善自己的设想。在这一过程完成后，去掉重复的设想，最后由主持人进行归纳。我们可以看出，这种方法与MBS的不同之处在于，各自的设想以卡片的形式在第一时间展示在与会者面前，这样可以相对较快地使与会者掌握大量信息。

◇ K·J法的特点在于，在经过原始智力激励法后，把获取的每一条信息概括成比较短小精干的语句，然后书写到卡片上，给每一位与会者抄录一套。然后进行卡片的整理，首先是卡片的分组，这个过程主要分三步：

第一步：小组划分。与会者按照自己的思路各自把自己的卡片分组，把内容在某点上相同（似）的卡片归在一起，形成一个小组，并给予命名。然后把这个名字书写在一张新的卡片上，成为“小组标题卡”，不能归类的，每卡自成一组。

第二步，合并小组。与会者按照自己的思路各自进行卡片分组，把每个人所写的小组标题卡和自成一组的单卡都放在一起，让与会者共同讨论。将内容相近的小组卡归在一起，再确定一个适当的标题，写在一张新的卡片上，成为“中组标题卡”，不能归类的自成一组。

第三步，按照与第二步类似的方法，把中组卡和单卡放在一起，并归成大组，再确定一个适当的标题，从而获得“大组标题卡”。

在分组工作完成以后，要根据上述过程，把所有卡片按照“大组—中组—小组—设想”的归类结果固定在黑板上，并用线条将它们连接，这样就形成了类似逻辑结构图一样的图解。一般来说，经过讨论而得出的图解，应该是符合现实状况和逻辑关系的，然后用文字描述出这些关系，那么一份设想方案就出炉了。

从这里看出，K·J法更注重对智力激励法讨论所得的诸多设想进行整理、归纳和评价。

第三节　条分缕析——列举法

列举法，顾名思义，就是一种将研究对象的某个方面的本质内容——例如特性、缺点、希望点等一一罗列出来，对所列条目进行分析研究，从中找到各种创新方案的技法。实际上，列举法与我们在本章的第1节提到的奥斯本表格法非常类似。只不过奥斯本表格法更多的关注于事物的外在特征，而相对来讲列举法更多的是关注事物的本质特性。另外，在进行列举时，要尽量不要有遗漏，这样可以避免因罗列的内容有限，导致思考不周全。一般来说，列举法主要针对事物特性、缺点、希望点来列举。

1. 特性列举法

特性列举法是美国内布拉斯加大学的教授克劳福德（Crawford）提出的。他认为，应该把问题化整为零，问题区分的越小，设想就越容易进行。就好像有一串珍珠项链断了，珍珠散落一地，如何能够把所有散落的珍珠无一遗漏地找到呢？我们可以在地上画格子，给每一个格子编号，一个格子一个格子地找，这样就不会有遗漏了，这就是所谓的“地毯式搜索”。同样的道理，对一个问题或一个事物进行研究时，可以把研究对象进行细分，用一个成语来说，就是“格物致知”。

对于研究对象可以先就大类划分为名词特性、形容词特性和动词特性。在基础上再对每类特性中的具体性质加以改进、拓展、更新。

主要的操作步骤包括：

（1）确定创造对象并加以分析　既然是特性列举法，那么就要分析列举事物的现状，熟悉基本结构、工作原理和使用场合等。

（2）特性列举并归类整理　按照名词特性、形容词特性、动词特性的分类来进行特性列举，然后把内容重复的项目进行合并，相互矛盾的项目先进行协调整合，若无法整合则根据实际情况进行取舍。

（3）依据特性项目进行创新性思考　这是特性列举法的目的，也是最重要的一个步骤。在这一步骤中要充分调动创新性观察与创新思维的参与，针对特性进行改进、拓展、更新等方面的大胆思考。

我们以电子词典为例，展示特性列举法的使用方法。

（1）了解现有的电子词典　电子词典是在信息技术飞速发展的背景下发展起来的具有一定替代传统纸质词典的工具。当然，从功能上说，现在的电子词典不仅仅局限于查阅词条了，而是有了更多的功能。同时，由于其所采用的技术相对比较成熟，故而生产厂商众多，竞争激烈。

（2）对电子词典进行特性列举。

名词特性

整体：便携式电子词典

部件：显示屏、机壳、按键、电池仓、电路板、存储器、运算器、扬声器等。

材料：塑料、玻璃液晶板

形容词特性

外观：形状、尺寸、重量

颜色：白、黑、银、红、蓝

动词特性

功能：英汉查询、汉英查询、学习、考试、运算、闹钟、通讯录、记事簿、电子书阅读等。

针对这些特性，可以有很多改进的设想，例如：

名词特性：从部件来讲，显示屏可否由单色改进为彩色；提高扬声器的音效；延长按键的弹性疲劳期；可以考虑按键式、触摸屏式产品的结合等。从材料来讲，机壳是否可以采用重量轻但强度大的合金材料；玻璃液晶板是否可以覆盖透明但有较大强度的材料，保护脆弱的液晶屏；存储介质能否更快地运用现有的芯片存储或微硬盘存储技术，扩大电子辞典的存储器空间等。

形容词特性：从形状上来讲，可否开发不影响携带方便但更具特性的形状；尺寸可否在不影响功能和使用方便的情况下尽量缩小；重量可否更轻等。

动词特性：从功能上来讲，很多电子词典的专业词汇相当有限；虽然现在很多电子辞典提供了全科学习的功能，但是缺少古汉语词典的收录，而文言文学习是高中学习的重要内容；现有电子词典的运算功能虽有科学计算功能，但是与便携式计算器相比，无法提供统计计算功能，按现在的技术水平，电子词典应该不仅能提供基本的统计运算功能，甚至可以提供双变量回归等较为复杂的统计运算功能；电子书阅读的支持格式较少；现有电子词典与电脑的连接方式多为串口（COM）式，由于串口位于电脑机箱后方，所以这种连接方式很不方便，可以尝试采用 USB 口连接的方式等。

这个例子只是很浅显、简单地描述了特性列举法的使用。实际上对于某个对象的特性列举法研究还可以更深入、更细致，只有这样才能更好地找到创新点。

2. 缺点列举法

缺点列举法最早是由美国通用公司在改进老产品、开发新产品的创意过程中最早使用的。金无足赤，人无完人。任何事物都不可避免地存在缺点和不足之处，尽可能地找到事物的这些缺点和不足之处并列举出来，有针对性地提出改进方案，就可以形成有创意的新设想和新方案了。当然，新的事物产生后，同样具有不足之处。这固然与事物本身不可能十全十美有关，更重要的是人们不会满足现状，需求和要求不断提高，所以没有任何一种事物是完全满足人们要求的。

在应用缺点列举法时，要把握两个原则。

第一个原则，也是最重要的原则是：必须克服心理障碍，要有面对缺点的勇气，要树立强烈的创新意识。这一点对于我们中国人来说特别重要。由于受中庸观念的影响，我们在日常的生活和工作中往往持有“不求甚解”、“点到为止”、“浅尝辄止”等传统认识，这在农耕社会固然有利于保障社会安定，但是在竞争激烈、技术发展迅速的今天，这种思想显然是不利于创新和社会进步的。所以，在现代社会的创新活动中必须要有“吹毛求疵”的精神，特别是面对自己开发的产品时，要“爱之深、责之切”，不能对缺点视而不见，更不能“把麻子当酒窝”，否则就没有创新可言了。

第二个原则是列举法的通则，那就是对于研究对象要尽可能地列举出所有的缺点和不足之处，特别是要注意那些潜在的缺点。潜在性的缺点往往容易被人们忽视，因而也就容易产生难以预料的后果。比如，阿司匹林是一种传统的治疗感冒的药物，随着医药科技的发展，很多其他的感冒药开始替代阿司匹林，使这种药物曾经一度淡出人们的视野。后来人们发现阿司匹林似乎是一种“包治百病”的良药，对心脏病、高血压甚至癌症都有一定疗效，于是很多人开始大量服用这种药物。但是，阿司匹林有强烈的酸性，造成患者严重的胃穿孔和胃出血，甚至导致死亡。这就是没有看到阿司匹林使用时存在潜在危险的例子。然而，围绕着阿司匹林的故事还没有结束。20 世纪 80 年代，有的药理学家发现阿司匹林对人体内的两种酶（COX-1、COX-2）能产生抑制作用，尤其以抑制 COX－2 为主，以此产生其药效。于是科学家们开始寻找一种单纯对 COX－2 起抑制作用的新物质用来代替阿司匹林。后来，科学家们的确开发出了一种新药可以有效地抑制 COX－2，经过了临床实验后，这种药物在 1999 年获准上市了。人们原本认为，阿司匹林本身是一个奇迹，那么这种能够代替阿司匹林的新药自然应该是奇迹中的奇迹了。然而奇迹没有发生，发生的却是遗憾。因为这种新药固然可以减少胃出血的危险，却使心脏病和中风的危险增加了一倍。到 2004 年，这种药物被撤出了市场，大批的患者要求索赔。

在进行缺点列举时，可以结合奥斯本表格法、特性列举法等方法的原则，先划分大类，再对大类进行细分，然后针对细节来寻找缺点，并寻找改进方案。在诸多方案提出后，可以采用智力激励法对方案进行整合。

值得注意的是，缺点列举法的使用除了为改进方案提供依据外，还可以利用逆向思维的方法利用缺点，或利用具有缺点的事物，而不是一味地排斥缺点。

食物如果味道发臭，恐怕不会有人喜欢，所以我们通常认为臭味是食物千方百计要避免的缺点。可臭豆腐却是很多人喜欢吃的食品，不管是带有汤汁的以“王致和”为代表的北方臭豆腐，还是南方的臭豆腐干，都有不少拥趸。

在西方也有类似的例子：葡萄酒的酿造工艺对原料的要求非常高。在历史上，德国的一个葡萄种植园很不幸地遭受了霜冻的袭击，很多葡萄被冻伤。而伤病会造成葡萄的品质下降，相应地会降低葡萄酒的品质，所以葡萄的伤病是葡萄酒的酿造中不能容忍的缺点。种植园主眼看着一年的收成毁于一旦痛心不已。为了尽可能地减少损失，种植园主花费大量精力把遭受冻伤的葡萄采摘下来，小心翼翼的剥去外面的冰冻层，把里面还没有冻结的葡萄汁采集起来，然后抱着试试看的想法酿造了葡萄酒。结果，用冰葡萄酿造的葡萄酒格外清醇、甘洌、味美，由于产量很少，遂成为高官显贵争相追逐的奢侈品，价格一路走高。这里，虽然冰葡萄酒是一个无心的创新，但却是利用缺点的一个生动的例子。

利用带有缺点的事物也不乏其例。老鼠是人人喊打的有害动物，但是由于其生理特点与人类有不少相似之处，因此很多医药试验都是用老鼠作对象；此外还有人利用老鼠敏感的嗅觉，来进行缉毒、防爆等勘验工作。所以，虽然在我们的日常生活和农业生产中老鼠仍是被消灭的对象，但现在的老鼠在我们的视野中不再是一无是处了。

3．希望点列举法

在很多时候，事物所具有的特点或性能既谈不上优点也难以归类为缺点，只是随着人们喜好、需求的变化不再为人们所喜欢，或者唤起了人们的追求。那么在这种情况下，就要发现研究对象能够满足人们需求的那些特性，从而获得需求。希望点列举法的目的就是找到事物能够满足人们希望的特征或特性。这很大程度上取决于人们的心理需要。这其中涉及到一个很重要的心理学理论——“人类需要层次学说”理论。这是美国心理学家马斯洛提出的一种理论。他认为，人们的需要可以分为由低到高的五个层次，分别是生理的需要、安全的需要、社交的需要、尊重的需要和自我实现的需要。这五种需要一方面体现了由低级到高级的渐变，另一方面也是由物质到精神的渐变。当人们的低层次需要被满足后，他们就会开始追求更高层次的需要。对人们需要层次的研究有助于寻找到事物的希望点，满足人们更高层次的需要。

在寻找希望点时，还要注意多种事物之间的逻辑关系。特别是在专业分工不断细化的现代社会，产品之间的上下游联系越发的紧密。当市场上产生了某种新产品时，如果能够根据产品的上下游关系，那么就可以开发出更新的产品或服务。

比如，随着城市人口密度的不断扩大，高层建筑成为了城市建设不可避免的选择。围绕着高层建筑会有上下游的新产品或服务的需要（图5－1）。

我们前面提到了，在进行希望点列举时，很大程度上要考虑人们的心理因素，但这并不意味着可以对满足人们需要的特性进行无节制的宣传，这一点很重要。

随着高教体制的改革，一部分贫困生的学费负担相对较重，生活困难，在校园中处于一种边缘状态。为了缓解他们的压力，很多高校都设立了助学金。为了鼓励贫困生申请助学金，有些工作人员往往大张旗鼓地宣传助学金的好处，甚至寻找一些典型事例进行宣

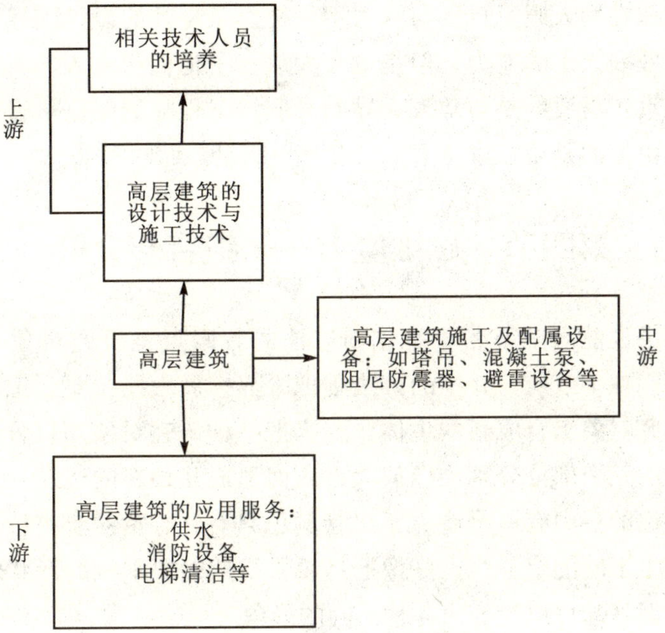

图 5－1　围绕高层建筑的产品和服务

传。结果却造成相当一部分贫困生不愿申请学校的助学金。对此，有心理学家解释，贫困生本身由于家境困难背负了较大的心理压力，而进入大学后，由于学生之间生活水准的不同，使贫困生又产生了较大的心理落差。这样导致贫困生的性格以内向、敏感者居多，他们往往有较强的戒备和自我保护心理，不愿意他人过分关注他们个人的情况，所以他们会尽量地躲避到校园生活的边缘，因此也就不愿意申请助学金了。相反，一些家境较好的学生，由于生活花销大，又没有什么心理压力，反倒积极地申请助学金，甚至不惜为此提供假材料。这就说明，对于希望点不一定全都要大张旗鼓地宣传。

对于希望点也不能矫枉过正。曾经有一位在医疗技术单位工作的工程师，为了满足肢残人士的需要，构思了一种具有叠套伸缩和连续旋转功能的假肢。其中的上肢功能强大。他信心满满地对肢残人士说，戴上他设计的义肢，可以伸到几米高的地方；由于义肢可以连续旋转，故而使用螺丝刀时比天然手臂方便很多。然而，肢残人士听了他的介绍、看了他的演示却哭笑不得，不愿接受。为什么会这样呢？因为对于残疾人来说，他们渴望的是正常人的生活，他们不希望在别人眼里自己与常人不一样。工程师的设计固然大大地增强了肢残人士的能力，但是也大大放大了他们与常人的不同，所以他们真正需要的是与常人无异的义肢。工程师的工作尽管非常不错，但可惜的是矫枉过正了，没有真正满足人们的需求。

第四节　思维魔方——组合与分解

如果说前面三节若干种创新方法的着眼点是研究对象本身的话，我们在本节所要介绍的方法则把眼界扩展一些：要么把几种不同的研究对象组合成新的主体，要么把一种研究对象加以分解，把分解出的几个部分分别加以放大，从而形成几种新的产品。这一切就好像你的手中有一个魔方，尽管颜色只有红、黄、蓝三色，可是却能产生不同的组合；也好像七巧板，虽然七块木板的形状固定且有限，但是却可以组合出各种不同的形象。

1. 组合法

一般来说，组合表现为若干种不同的事物或对象通过一定的联系组织成新的整体。可以说组合的范围要大于综合的范围，因为综合一般来说更注重不同对象在逻辑上的联系，而组合则不仅仅局限于逻辑上的联系，也包括非逻辑性的联系。在自然界，组合俯拾即是，例如质子与中子组合成原子核，原子核与电子组合成原子，原子又可以组合成分子，数目庞大的分子可以组合成我们可以直接感知的世界万物。我们的各种组织组合成器官，不同的器官组合成系统，不同的系统组合成我们的人体。

由部分组合而形成的整体可以因部分的性质不同而不同，也可以因各部分间的联系不同而不同，同样可能因为各部分的组合方式不同而不同。例如，同样是由两个原子组成的分子，如果一个分子是由两个氮原子组成，那么形成的就是氮分子；如果一个分子是由两个氧原子组成，那么形成的是氧分子；如果一个分子是由一个氧原子和一个碳原子组成，那么形成的就是一氧化碳分子了。同样是由碳原子组成的分子，如果每个碳原子均以共价键与周围的碳原子形成放射状的组合，并不断向周围扩展，那么就形成硬度极大的金刚石；如果碳原子只是以共价键与周围的碳原子连结成为层状结构，二层状结构之间只是以范德华力相连，那么形成的就是柔软的石墨。还有就是分子式同样是 C_4H_{10} 的分子，其结构不同，则所形成的物质也有所不同，它们是丁烷与异丁烷两种同分异构体。

在人类的生产和生活中，人们经常采用组合的方法来获得新的事物。比如，把不同的图形和色彩加以组合并静态的放置，形成的是美术作品；把不同的图形和色彩加以组合并动态的播放，形成的是电影或电视；把不同的音符组合，形成的是音乐作品。总而言之，组合法就是人们把若干的事物加以组合而形成新的、有价值的事物的创新技法。

（1）主体添加法　主体添加法的特征是以某一事物为主体或核心，在其基础上添加其他的附属单元，附属单元主要起到补充与完善的作用。

我们知道，含碳量超过 2.11% 的铁碳合金，叫铸铁（生铁）；含碳量低于 0.0218% 的铁碳合金，叫工业纯铁（熟铁）；含碳量在 0.0218% ~2.11% 之间的铁碳合金，称为钢。熟铁软，塑性好，容易变形，强度和硬度均较低，用途不广；生铁含碳很多，硬而脆，几乎没有塑性；钢具有生铁和熟铁两种优点，为人类广泛利用。由此可见，虽然碳元素在钢中的比例很小，可作用却不小。如果碳元素含量较小，那么钢的硬度就会大大下降，较容易发生形变；如果碳元素含量较大，那么钢的硬度虽然会显著增强，但其韧性却大大下降，变得脆而易断。尽管钢的性能已经比铁要好很多，可是仍然不能满足人们多样的需要。后来人们发现，如果在铁碳合金的基础上掺入其他的微量元素，可以大幅度地改善钢的某些特性，从而生产出特种钢。

比如，向铁碳合金中加入微量的锰或钨，制成的钢就叫做锰钢或钨钢，硬度很大，一般用来制造金属加工工具、拖拉机履带和车轴等；如果向铁碳合金中以恰当的比例填入锰元素和硅元素就可以制造出韧性特别强的锰硅钢，这种钢一般用于制造弹簧片、弹簧圈等；如果添加钼元素，则生产出来的钼钢不仅硬度高而且可以抗高温，所以用来制造飞机的曲轴以及其他特别硬的工具等；如果添加入钨元素和铬元素，那么形成的钨铬钢同时具有硬度大、韧性强、耐疲劳的特点，可用来制作机床刀具和模具等；如果加入镍元素和铬元素，那么就可以生产出我们常见的不锈钢，学名镍铬钢，它的抗腐蚀性能强，不易氧化，可以用来制造化工生产上的耐酸塔、医疗器械和日常用品等。有了这么多的特种钢，最原始的单纯由铁元素和碳元素组成的钢就被称为普通钢或碳素钢了。

主体添加法可以划分为两种基本的方式，一种是物理上的添加，即不改变原有事物的基本性质。比如在铅笔上安装一个橡皮头，这使用的就是主体添加法，因为新的产品仍是铅笔，人们主要用它来写字，而橡皮头则是其附属品，人们不会专门用铅笔上的橡皮头去擦除笔迹。还有一种方法是化学上的添加，这种添加实际上改变了事物的性质。我们前面提到的通过添加不同的微量元素制造出各种特种钢的例子就是化学添加的生动例子。当然，这两种方法也可以组合使用。驰名世界的中华美食讲究“色、香、味、形、养”，从食材的选料、初加工、烹制、出盘等等都有讲究，这就是一个物理添加与化学添加的组合：“色”与“形”可能物理添加的成分多些，而“香”、“味”、“养”则以化学添加的成分多些。

（2）同类组合法　顾名思义，同类组合法是指参与组合的是相同的事物。同类组合法的主要目的是扩展整体的使用效果，当然也有方便使用的目的。

在空调普及以前，电风扇是人们日常生活中实现空间降温的主要工具。常规的电风扇只有一组叶片，所以其送风只有一个方向，即使添加了摇头装置，其送风方向也是非常有限的。后来，一家台湾公司对电风扇进行了改进。他们在电风扇上安装了三组叶片，这样就可以同时向三个方向送风，如果再加上摇头装置，可以轻松地实现360度送风，大大扩展了电风扇的送风范围。这种电风扇被称为“球面魔扇”。只不过遗憾的是，这种新型的电风扇还未来得及普及，空调的时代就已经到来了。

这个同类组合的电风扇改善了产品的性能，而有的同类组合则没有改善产品的性能，更多的是营销上的考虑。例如，我们在超市经常可以看到所谓的“全家乐”牙刷组合，这种组合是把几支不同的牙刷统一包装出售，这样买一套牙刷就可以满足全家的需要。这种组合基本上没有改变和扩大牙刷的使用效果，只不过是方便了消费者的选购而已。

同类组合法在部件的连接上相对比较容易，但是性能相同的部件之间可能会有较大的相互影响。例如前面提到的三轴电风扇，虽然有三组叶片，但是电动机仍然是一个，只是设计较为巧妙的传动机构实现了三组叶片的联动。但是较大的问题是如何在保证送风量的前提下减少扇叶的幅面，防止扇叶间的相互碰撞。另外，如果三组叶片处于同一水平面上，那么即使加装了摇头装置，那么送风也只能局限于同一水平面上，而要想实现全空间送风，那么三组扇叶就不能完全处于同一水平面上。可是由于电风扇的支撑轴只能是垂直的，这样带有摇头功能的三轴电风扇就会出现重心偏移的问题，如何克服这一问题是一个技术难点。

（3）异类组合　与同类组合相对的是异类组合。异类组合是把结构、功能不同的事物组合成新的整体，故其思维广度更大、技术难度更高、创新性也就更强，往往产生划时代的变革。由于部件的结构、功能不同，所以部件的选择很重要，同时也不能机械地拼凑，而应该站在整体的高度来实施。

在组合部件的选择上，虽然异类组合谈不上谁主谁次，但是在进行设计的时候总要有一个基本的出发点。在此基础上进行联想思维或发散思维，遴选相应的部件。在选择了合适的组件后，要考虑组件之间的有机组合问题。异类组件在尺寸、形态、结构、功能、运作方式等方面都有显著的差别，其连接的难度可想而知。如果只是勉强进行连接的话，不仅造成新产品性能上的差强人意，甚至可能造成新产品故障频发，容易损坏等不足。所以，在异类组合法的运用过程中，天马行空的开放式的思维固然重要，但是脚踏实地的知识和技术同样不可或缺的，否则观念上的东西不能转化为现实的东西，意识上的东西无法转变为物质上的东西。

1895 年德国科学家伦琴发现了 X 射线并应用于医学领域以后，人们开始更为感性地认识自身的内部情况。X 射线观察利用的是人体不同的组织对 X 射线的吸收强度有差别从而可以形成不同的影像的原理来工作的。但是由于单纯的 X 射线观察要求组织对射线吸收强度的差别较大，因此一般只能把骨骼与软组织区别开来，而软组织中的肌肉、肌腱、血管、脑组织、脏器等就很难彼此分清了。为此人们绞尽脑汁，发明了很多的造影剂来增强密度差，改变对射线的吸收强度，使原来不显影的器官显影；以及设计了 X 射线断层摄影技术，使重叠而不需要的阴影变得模糊不清，以突出主要的诊断、治疗对象。这些方法固然改善了 X 射线的诊断技术，但毕竟没有根本性的变化。

当时间进入 20 世纪 60 年代，两位分别叫做柯马克（Allan Cormack，1924 ~ ）和洪斯菲尔德（Godfrey Hounsfield，1919 ~ 2004）的人，改进了 X 射线机，使 X 射线从不同方向对人体的横断面进行“切片”式的扫描，这样可以得到大量的比较精确的 X 线图像。由于针对同一断面的扫描是由多束 X 射线从多个方向同时进行的，所以这样形成的 X 线图像是零散的，如果摆放在医生面前，他面对的将是一大堆的 X 射线影像。一个横断面尚且如此，如果想获得人体某个部位的 X 射线影像，那么原始的图像会更多。这就需要把这些零散但却是面对同一对象而且是同时产生的图像进行组合，还原成横断面的整体情况。柯马克在 1963 年至 1964 年间造出了第一台 CT 的原型机，虽然从原理上来说它已经是 CT 了，可是由于这台机器使用的是简单的台式计算器，还根本无法完成机器所需完成的计算量，所以并不是一台实用机型。于是他们想到了电子计算机。当时的电子计算机虽然已经显露了其强大的计算功能，可是面对前面提到的重构图像的工作来说，还是显得能力不足。因为当时的计算机能够在每秒钟内计算上万次加法就已经很不错了，可重构图像的工作却要解几十万道高次联立方程，所以对一个横断面的图像组合就要运算好几个小时。尽管速度仍不快，可结果是令人鼓舞的，他们不仅获得了能够清楚地区别各种器官（例如肝、肾）的图片，而且还获得了可以区分脑灰质和白质的脑部图片。到了 20 世纪 70 年代初，洪斯菲尔德使用这样的机器扫描了一个女性患者的脑部，照片清晰地显示出脑中有一个阴暗的圆形囊肿，这意味着这种机器在肿瘤的诊断方面可以发挥重大的作用。不久以后，他采用了功率更强大的扫描器，可以在 18 秒内拍摄出高分辨率的躯体照片，这样，第一代真正可以实际应用的 CT 机问世了。

到现在，X 射线 CT 机已经发展到了第 5 代，而且除了 X 射线 CT 机外，人们还发明了核磁共振 CT、正电子 CT 等新设备。现在的 X 射线 CT 机，可以在断层扫描后形成立体图像，从而可以实现立体观察、动态观察和追踪观察，并且其图像分辨率较传统 X 射线照片高 100 倍以上。CT 已经广泛应用于颅脑、脏器、五官、脊柱等部位疾病的诊断。

CT 机发明的过程就是把 X 射线成像机与电子计算机组合起来的过程。我们从上面的叙述中可以看到，这种组合多么的困难，从创意的产生到实用机型的问世用了 10 多年的时间。

（4）分解组合　分解组合相对就比较简单了。其研究对象本身就是一个整体，然后把组成这个整体的不同组件分开，然后重新组合，从而实现性能的优化。运用分解组合的方法首先要分析现有整体的结构原理、结构组成和结构方式，以此为出发点考虑通过改进整体中各个部件的组合形式来实现其各类指标或某些指标的优化。

举例而言，发动机是现代交通工具的心脏，从汽车到火车到飞机都离不开发动机。传统的内燃发动机一般由若干个气缸组成，这样可以增加动力，并且提高做功的连续性与稳定性。直列式发动机是指把若干个气缸线性排列，通过与各气缸的活塞相连的曲轴输出动力。它成本低，结构简单，运转平衡性好，体积小，稳定性高，低速扭矩特性好，燃料消耗少，尺寸相对紧凑，是技术上最成熟、运用最广的一类发动机。随着人们对发动机功率的要求不断提高，人们一方面在提高气缸的工作效率上以及扩大燃烧室上做文章，另一方面想方设法增加气缸数目，可这样一来，这种直列式发动机的长度就会大大增加。为了减小发动机的长度与高度，人们把气缸的排列方式进行了改进，发明了 V 型发动机：将所有汽缸分成两组，把相邻汽缸以一定的夹角布置在一起，使两组汽缸形成两个有一个夹角的平面，从侧面看汽缸呈 V 字形，故称 V 型发动机。V 型发动机的高度和长度尺寸比较小，在汽车上布置起来较为方便。尤其是现代汽车比较重视空气动力学，要求汽车的迎风面越小越好，也就是要求发动机盖越低越好。所以在现在很多高档汽车上 V 型发动机比较多见。此外还有气缸水平对置的 H 型和新出现的 W 型等等。

（5）信息交合法　信息交合法是组合法的扩展。这种方法更多的是面对广义的信息而不仅仅是具体的产品。信息交合法是运用信息概念和灵活的手法进行多渠道、多层次的推测、想象和创新的创新性发明技法。应用信息交合法进行创造发明，就是把某些看来似乎是孤立、零散的信息，通过相似、接近、因果、对比等联想手段搭起微妙的桥梁，使之曲径通幽，将信息交合成一项新的整体。信息交合法主要运用在资料阅读、资料归纳和主题概括等方面。

信息交合法认为，人的思维活动的实质是大脑对信息及信息之间联系的输入反映、运行过程和结果表达。所以一切创新活动都是创造者对自己掌握的信息进行重新认识和联系的组合过程。把信息元素有意识地组成信息系统，使它们相互联系、影响，就会引申出新的信息组合，这种信息组合物化以后就可以出现新的产品。

提到信息交合法，就不能不提许国泰。1983 年 7 月，在广西壮族自治区的省会南宁召开了中国创造学第一届学术讨论会。与会者中有一位名叫村上幸雄的日本专家演讲时拿出一把曲别针，问听讲者："请诸位朋友动一动脑筋，打破框框，说说曲别针有多少用途？看谁想得好，说得多，说得奇特！"不久，有人说："曲别针可以别相片、夹杂志、别报纸"；有人说："扣子掉了可以用曲别针钩起来"；还有人说："可以把曲别针连起来晾东西"。人们七嘴八舌地说着，但算了算也就是 20 来种用途。后来，有人问村上："那么，你能够讲出多少种呢？"村上伸出三个手指头，人们问："是 30 种吗？"村上摇头："不，是 300 种！"人们不禁惊讶，这小小的曲别针会有这么多的用途吗？村上面对着台下那些透着怀疑的眼睛，从曲别针的用途开始了自己的演讲。

出乎意料的是，与会的一位中国学者却认为村上在演讲中提到的曲别针的用途只是一小部分，曲别针的用途还可以有很多。他就是许国泰。许国泰递了一张纸条："对于曲别针的用途，我能说出上千种。"

第二天上午，许国泰走上讲台，首先回顾了村上讨论曲别针用途的方法，即从"钩、挂、别、连"四个方面来考虑。许国泰认为，还能够更广泛地拓展曲别针的用途。许国泰把曲别针的总体信息分解成若干信息，比如材质、重量、体积、尺寸、截面、韧性、色彩、弹性、硬度、直边、曲边等若干部分，并把它们依次排列于横轴（X 轴）上。然后，把人类所进行的各种研究领域或实践活动也进行分解，例如数学、语文、外语、磁、电、音乐、美术等等，并把这些要素依次在纵轴（Y 轴）上排列起来。然后把横轴上的坐标与纵轴上的坐标两两组合，这样就能产生很多的组合。例如，把曲别针与数学组合，我们可以想到，我们可以利用曲别针变形为 10 个阿拉伯数字以及"＋、－、×、÷、＝、( )、[ ]、∫ 、∵、∴、∑、……"等等数十种数学符号，进而可以进行各种数学运算，从简单的四则运算到高等数学中的微积分等等；曲别针还可以变形、组合成各种文字，从简单的字母，到复杂的繁体汉字等等都能实现；磁化后的曲别针可以制成指南针；由于曲别针中含有铁，所以可以从盐溶液中置换出比铁金属性弱的金属……这样算起来，曲别针真是有很多用途呢！

在这个例子中，曲别针的很多用途并不一定可行，或者说不一定有效率，比如用曲别针来做四则运算，没有这个必要。但是，这种方法提示了一种重要的思维的技法，这种技法可以大大地扩展人们的视野和思维方向。许国泰的思路是两维的，如果有需要的话，还可以建立三维的模型，即在 X 轴、Y 轴的基础上，再增加 Z 轴，这样组合的方法和数量就可以呈现几何数量级的增长。

2. 分解法

分解法是与组合法相对的一种创新技法。然而在组合法广泛应用的时候，分解创新的方法却长期为人们所忽视。在以往的创新活动中，分解法一般局限于对整体中的部分进行分解、研究、改进，从而实现整体功能的改进。例如，把一个圆桌划分成一块正方形和四个相同的弓形，然后铰链成一个整体。这样人少的时候可以把弓形部分旋至方形桌面以下，可以节省空间；人多时可以把弓形部分旋开，可以供更多的人同时使用。

现在，很多的分解法的应用主要目的是为了使运输、维修更加方便，例如组合家具、组合灯箱等。还有更为有价值的分解法。我们都知道铀－235 是制造原子弹的原料，即利用铀－235 达到一定的浓度和体积（也就是临界体积）后如果没有适当的减速剂就会发生正反馈而使核裂变不可控，在极短的时间内释放出巨大的能量，产生威力可怕的爆炸。这种爆炸物的保存和运输就成了一个令人挠头的问题，即体积造小了，爆炸不了；造大了又无法保存和运输。后来，人们想到了可以把体积超过临界的铀－235 分成两个部分，中间隔开一定的空隙，这样就可以安全的保存和运输了。待需要使用的时候，打开自动控制装置使原来分离的两个部分组合成超过临界体积的整体后，原子弹就爆炸了。

现代标准化生产的风行，使得分解法的应用越来越广。现在有很多电脑 DIY 爱好者，他们不太喜欢购买整机，而是喜欢根据自己的喜好购买电脑的各种组件，例如主板、中央处理器、硬盘、机箱、电源、显示器等等。在这种风潮下，计算机零配件的生产厂商的市场除了面向整机生产厂商外，还可以直接面对消费者。这种现象的大量出现要归功于电脑各类部件连接部分的标准化，例如硬盘接口、PCI 插槽、电源接口等等。虽然不同厂商的产品性能、价格不同，但是它们的接口都遵循共同的标准，使得消费者可以根据自己的需要来选择产品。

还有一些分解法的应用可以提高产品的性能，具备更好的使用价值。在我国，早期的家用空调是窗式空调，也就是压缩机与送风机是同体的。这种空调虽然具有体积小、安装方便等优点，可是压缩机运行时剧烈的震动和巨大的噪音使人们不胜其扰。后来，分体式空调出现，这种空调的压缩机与送风机是分离的，压缩机在室外，送风机在室内，这样就把噪音和震动隔离在了室外，室内安静了很多，大大地提高了空调的性能。

还有一些情况，由于面对的问题比较复杂，或者问题的根源潜藏得比较深，或者问题所涉及的矛盾比较多，那么就需要层层剥离外围的障碍或次要矛盾，逐渐地接近问题的内核或主要矛盾，然后彻底地解决问题。这种方法也是分解法。

第五节　中药两制——还原法

前面我们介绍的诸多创新方法主要面对的是现有事物，不论是奥斯本的表格还是组合与分解，抑或智力激励，大都着眼于对现有的产品和思路进行改进。而有的时候，抛开眼前事物或者透过眼前事物的现象，抓住其本质，从内而外对事物进行改进，也能够产生不错的效果。这就是还原法。

还原法是指在进行创新活动时，不以现有的事物为起点，而是追溯其本源，把创新的起点回归到该事物的原价值，这样创新者可以克服习惯性的思维。这种方法如果应用成功往往能够大幅度地提高创新效率与创新水平。

在中华文明传承的千百年中，中医药经历了不断地发展演进，拯救了无数人的生命，成为国粹之一。中医药理论体系植根于我国的传统哲学思想，是朴素的唯物论、自发的辩证法，它在世界观和方法论方面与西医理论是完全不同的。

拿中药来说，它具有性味归经、升降沉浮、君臣佐使、加工炮制、制剂工艺、配伍禁忌等等加工和使用原则。在功效上，有解表、清热、凉血、补养、安神、理气、化痰、平肝、息风、活血、化瘀等类型。在形制上包括中药材、中药饮片、中药提取物、中成药等四大部分。传统的中草药一般是指中药材、中药饮片和中成药，而应用于临床的则是中药饮片和中成药。中药饮片是由中药材加工炮制而成的；中成药是以中药饮片为原料，经制剂加工制成各种不同剂型的中药制品，但是其丸、散、膏、丹的形制使患者在服用或使用时不甚方便。比如，藿香正气水是一种治疗中暑的特效药，但是以酒作为溶剂的这种药物，味道实在是让人难以忍受。于是现在很多企业开发出了藿香正气胶囊、藿香正气散、藿香正气丸、藿香正气片等替代品，提高服用的舒适度。可是，还是有人不满足，于是更加深入地研究中药的加工工艺。

不论是中药还是西药其目的都是治疗。而要达到治疗的效果，药物的有效成分是最重要的。那么，如果我们能够把中药中的有效成分提取出来，制成针剂、胶囊剂、气雾剂、复合剂等等，这样就可以大大改善中药服用困难的缺点。比如现在就有很多制药厂采用了萃取、无水制药等工艺，改进中药的加工。这种思路已经引起了世界医药领域的注意，现在一些中药提取物单体——如青蒿素、麻黄素等，其疗效已经被证明是卓尔不凡的。

我们再回顾一下中药加工技术改进的思路，那就是不论是中药还是西药，其本质是有效成分在起作用，如果能够提取出其中的有效成分，就能够治疗疾病。因此，对于中药也可以采用类似于西药的提取、加工工艺。这就是还原法的基本思路。

当然，我们在这里有必要说明一个问题，那就是我们前面曾经提到过的，中医药理论是建立在我国传统文化基础上的，其世界观和方法论是基于我国的传统哲学的，因此，与西医不属于同一个理论体系。这样的话，用西医理论的世界观和方法论来研究中医、改造中医是否恰当，这还是学术界争论的热点，现在关于中医是否科学的争论就体现了这一点。且有中医药学者认为，中药品种的不同组合（即配伍）、加工炮制中间所发生的化学反应不计其数，是西医理论建立的任何模型都无法模拟的，很难说哪一种或哪几种物质是有效成分，所以不能用西医理论的方法论来改造中医药。

我们无意加入这场争论，只是用中药加工工艺的改变来说明还原法的应用，同时我们也指出中药的特殊性，至于对中药加工工艺的改进是否符合中医药的理论体系就不是我们讨论的范围了。

还原法的重要意义在于，时代是不断进步的，所以每一个时代的人都会不可避免地受到时代的限制。而过去留下的思维方式和各种事物在我们眼里往往会被认为是理所当然的，会不自觉地受其限制，而忘记了这些思维方式和事物当初产生时的目的。如果我们能够还原事物的本来面目或其根本目的，那么也就摆脱了现有事物对我们的影响，就很有可能创造出新的产品。或者，我们说，创新可以分为首创型创新和改进型创新。首创型的创新往往很难，数量自然也很少；而改进型创新因为有一定的基础，所以相对容易，数量也较多。当然不能因此而否认改进型创新的作用和重要意义，而还原法却往往能够产生首创型创新。

我们知道锚对于船舶非常重要，没有锚，船舶就无法稳定地停留在水中。可是随着船舶排水量越来越大，为了保证锚的作用正常地发挥，人们想方设法增加锚的重量，不断地改进锚地的设施，使锚能够更好地挂住锚地。可是这样一来，锚的重量越来越重，影响了货物的装载量，而且使用起来很不方便。于是有人便考察了锚的发展历程。最初的锚就是“绳子+重物（即石块）”；然后改进为“绳子+石块+木爪”，也就是在悬挂重物的同时，改进形状；再后来演变成“铁链+铁锚”。看起来，锚的材质和形状并非一成不变，而隐藏在其中的不变的东西是锚的功能——使船舶稳定的停在固定的水域。只要能够满足这一要求即可，而不必考虑锚的材质、形状，甚至重量。

于是有人发明了一种冷冻锚。这种冷冻锚是在一块与铁链相连的大约2平方米的铁板上安装冷却和加热装置，把铁板投入水底以后给铁板通电开始制冷，使铁板与水底冷冻在一起，一分钟后冷冻能力为100吨，十分钟后达到1000吨，这样大的泊力是传统的锚难以达到的。当需要起锚时，给发热装置通电，铁板很快即可解冻并与水底分离。这种锚使用方便、重量轻、体积小，成为具有革命性的新型锚泊工具。

在这里，新型锚泊工具的发明就利用了还原法，找到了“锚”这种工具存在的原因和理由，以此为创新的出发点，而不是以现有的锚为出发点，从而产生了效果很好的创新成果。

第六节 火箭的制造——分析法

在本节之初，我们要指出的是，这里的分析法与第三章第六节中提到的逻辑思维的分析法是不同的，这里的分析法是指分解法的一种复杂运用。

1. 形态分析法

分解法还可以应用于复杂的系统工程。在现代社会，一方面人们不断地制造出结构复杂的建筑、设备等，而另一方面又由于分工不断细化，使这些建筑和设备的建设与加工出现了先建设、加工部件，然后安装组合，最后进行调试的现象。其实，人们在制作简单的物品时也遵循着这样的模式。但是在大型的建筑物或设备的制造过程中，分工是一个层层细化的过程，每一个环节或层次出问题都会使最终成品的性能大受影响。反过来说，如果对每一个环节或层次均进行优化，那么最终成品的性能也就很有可能非常优越。

在第二次世界大战后期，法西斯德国研制出了新型的武器，其中包括带有脉冲发动机的 F－1 型巡航导弹和 F－2 型火箭，并且将其作为核心机密而采取了最严格的保密措施。为了不在战争中落后，美国也集中了一批优秀的科学家进行火箭的研制，一位名叫兹维基（Fritz Zwicky，1898～1974）的科学家也参与其中。兹维基在研制过程中分析了火箭的各主要组成要素及其可能具有的各种形态。他认为，任何火箭都必须具备六大基本要素：发动机工作环境、燃料注入方式、燃料与助燃剂的物理状态、推进器类型、点火方式与装置、做功的连续性。这六种基本要素各有若干种不同的形态。比如，发动机的工作环境可能是真空、大气、水、氢；燃料注入方式有静止（即零移动）、线性移动、振动、回转等 4 种；燃料和助燃剂的物理状态有气态、液态、固态等 3 种；推进器的类型则有内藏、外置甚至无推进装置等 3 种；点火类型则有自动点火、外点火等 2 种；做功则有连续做功、间断做功等 2 种。这样，经过排列组合，共有 500 余种火箭方案。只要对这些方案进行分析和筛选，就可以找到最佳方案。

运用这种方法，兹维基教授在一个星期内就获得了 576 种不同

> 形态分析法所使用的基本原则仍旧是分解法的原则，只是这种分解的目的是为了使最终整体的性能得到最大限度的优化。

的火箭构造方案，而这其中就包含着德国人紧守秘密的 F－1 型和 F－2 型的方案。经过认真筛选后，美国也成功制造出了火箭，在军备竞赛中赶上了德国。

在这个项目完成以后，兹维基教授把他使用的方法命名为“形态分析法”，并发表出来。我们可以看到，形态分析法所使用的基本原则仍旧是分解法的原则，只是这种分解的目的是为了使最终整体的性能得到最大限度的优化。

这种方法的使用基本流程有：

（1）定义对象　这是形态分析法的起点。在使用这种方法时，必须要了解最终整体的功能属性，这是整个研究的难点。拿火箭来说，不能简单地把火箭的功能确定为“能飞”，而是要确定要求火箭以什么样的速度飞，能飞到什么高度，打算以怎样的轨迹飞，怎样着陆等等，并由此确定应该运用怎样的科学理论来实现这些功能。

（2）因素分析　在确定了研究对象的功能后，就要开始进行因素分析了。因素分析是指确定对象的主要组成部分，也就是基本因素或构成要素。在确定这些基本因素或构成要素时，要把握三个要求：一是各部分可以有联系，但不能互相涵盖或重叠，否则会造成各部分的数量大幅度增长，为后面的评选工作带来困难；二是各组成部分在本质上为整体所不可缺少；三是各部分的列举是全面的，没有遗漏，如果有遗漏，就会导致整体的性能不稳定，或者即使整体的性能稳定，也有可能与一些更有价值的创新方案擦肩而过。所以，我们可以看出，要想很好地做到这一点，就必须对还未成型的整体进行前瞻式的设想和构思，只有这样才能大致了解整体由哪些部分组成，而其中哪些部分又是能够起到决定性作用的。

（3）形态分析　形态分析是按照创新对象对其各组成部分所要求的功能属性，列出各部分可能的全部形态或技术手段。这个步骤也要注意全面性，所以要收集大量的情报资料、检索大量的文献。

（4）方案列举　经过了上述工作以后，就可以列举各部分的所有方案了。在列出各部分的方案以后，再排列组合，形成整体的若干方案。一般来说，由于各部分的方案较多，在经过排列组合以后，整体的方案往往数量巨大，所以可以借助计算机来进行方案的列举与组合。

（5）方案筛选　由于资源的有限性，诸多方案不可能一一实现，所以需要从这些方案中筛选出最佳的方案。在选择时，一般要把握新颖、先进、实用三个原则，最后利用技术经济学的理论进行成本-效果、成本-效益、成本-效用的分析，好中选优。

下面我们用一个洗衣机的例子来说明一下形态分析的应用。

首先，定义创造对象。洗衣机是我们熟悉的日常家用电器，所以定义创造对象的难度就更大。一般来说，现代洗衣机不仅仅是洗净衣服，还要求操作简单，功能齐全。

然后，对洗衣机进行因素分析，即确定完成洗净衣物所必备的基本因素。对洗衣机这类工业产品来说，最好是用功能来代替因素，以利于形象思考。先确定洗衣机的总体功能，再进行功能分解，就可得到若干分功能，这些分功能就是洗衣机的基本因素。如果我们定义洗衣机的总功能是“洗净衣物”，那么以此为目的去寻找其手段，便可得到“盛装衣物”，“洗涤去污”和“控制时间”等三项分功能。

接着，对各分功能进行形态分析，即确定实现这些功能要求的各种技术手段或功能载体。为此，发明创造者要进行信息检索，网罗各种技术手段或方法。对一些新方法还可以进行实验或试验，以了解其应用的适用性和可靠性。在上述三种分功能中，“洗涤去污”，是最核心的一项，确定其功能载体时，要针对“分离”二字广思、深思和精思，从机、电、热等技术领域去寻找具有此功能的技术手段。

经过因素与形态分析，即可建立如下的洗衣机形态分析表（表5-2）。

表5-2 洗衣机形态分析表

功能	技术手段			
	1	2	3	4
A 盛装衣服	铝桶（A1）	塑料桶（A2）	玻璃钢桶（A3）	
B 洗涤去污	机械摩擦（B1）	电磁振荡（B2）	超声波（B3）	热胀分离（B4）
C 控制时间	人工手控（C1）	机械控制（C2）	电脑自控（C4）	

利用此表，可以进行各功能之间的形态要素的排列组合，从理论上说，能够得到3×3×3=27种方案。

在对 27 种组合的分析中，我们可以发现组合方案 A1 – B1 – C2 属于普通的波轮式洗衣机。这种洗衣机的工作原理是靠电动机驱动 V 带传动装置，使波轮旋转，产生水与衣物的机械式摩擦，配合洗涤剂的作用而使衣物与污垢分离。洗涤的时间由机械定时器控制。它的缺点是衣物磨损严重，耗电量大，洗涤效率低，易发生故障。有没有不用波轮的新型洗衣机呢？经过分析，便可发现组合方案 A1 – B2 – C3、A1 – B3 – C2 和 A2 – B4 – C1 等都属于非机械磨擦式的洗衣机方案。下面对这三种方案作简要的分析。

由 A1 – B2 – C3 构成的洗衣机可以说是一种电磁振荡式自动洗衣机。它没有波轮，也不用电动机，而是利用电磁振荡可以分离物料的原理来洗涤去污。据国外科研人员试验，按此开发的洗衣机具有洗净度高，不易损害衣物的优点。此外，如果把桶内水排干，还可直接甩干衣物，具有一机两用的特点。

由 A1 – B3 – C2 构成的洗衣机，应该叫做超声波洗衣机。它也没有波轮和电动机。设计这种洗衣机的技术关键是要产生 20000 赫兹以上的超声波。这种超声波能产生很强的水压，使衣物纤维振动，使洗涤剂乳化，从而使污垢与衣物分离，达到洗涤去污的作用。在结构上，这种洗衣机离不开气泵、风量调节、送风管道、空气分散器等基本部件。由技术分析和试验可知，超声波洗衣机也具有磨损轻、洗净度高、无噪音、节水、节电等优点。

由 A2 – B4 – C1 构成的洗衣机，利用热水使纤维膨胀，在桶内水流作用下造成脏物脱离的原理设计，是一种简易的小型手摇洗衣机。它主要由旋转桶、支架组成，工作时要往桶内灌装热水和洗涤剂，用手旋转洗衣桶。市面上曾出现过这种热压式洗衣机，虽然结构简单且价格低廉，但因技术始终停留在手动阶段，很快就被市场淘汰。

对于其他的组合方案，在此就不一一分析了。

应用形态分析进行新品策划，具有系统求解的特点。只要能把现有科技成果提供的技术手段全部罗列，就可以把现存的可能方案“一网打尽”，这是形态分析方法的突出优点，但同时也为此法的应用带来了操作上的困难，突出表现从如何在数目庞大的组合中筛选出可行的新品方案。如果选择不当，就可能使组合过程的辛苦付之东流。

因此，在运用形态分析的过程中要注意把好技术要素分析和技术手段确定这两道关。比如在对洗衣机的技术要素进行分析时，应着重从其应具备的基本功能入手，对次要的辅助功能暂可忽视。在寻找实现功能要求的技术手段时，要按照先进、可行的原则进行考虑，不必将那些根本不可能采用的技术手段填入形态分析表中，以避免组合表过于庞大。当然，一旦形态分析法能结合电子计算机的应用，从庞大的组合表中进行最佳方案的探索也是办得到的。

2. 价值分析法

严格地说，价值分析不属于创新活动，或者说这种方法主要应用于方案的筛选过程而不用于方案的提出过程。所以一般来说，这种方法与我们前面所提到的创新思维、创新能力和创新技法等没有很强的共同点，其应用的理论基础和方法论原则基本上涉及管理和财务两个方面，与本书的关系不大，所以在此只作简要的介绍。

一般价值分析法多采用成本分析法、成本－效益分析法、成本－效果分析法、成本－效用分析法等等。

所谓成本分析法就是考察各方案实施成本的大小，从而选择方案。一般有最小成本法，最小边际成本法。如果存在预算约束，多采用最小成本法，也就是选择总成本最小的那个方案；如果不存在预算约束，那么就选择边际成本最小的那个方案。所谓边际成本，就是每增加（或减少）一个单位的产出所需增加（或减少）的投入。

成本－效益分析法是最常用的价值分析方法。效益是指通过某一方案的实施而带来的以货币为表现形式的收益，这种以货币表现的收益可以是直接的货币收益，也可以是把非货币的效果或效用换算成货币价值的收益。成本－效益分析法的优点在于成本和收益均以货币表现，故各方案的优势与劣势一览无遗，其缺点是一些效果或效用难以货币化，所以一些外部性较强的方案较难在方案的比较中占上风。外部性，通俗地讲，就是某种行为对他人的影响。比如，某小造纸厂的生产行为为自己带来了经济利益，可是对环境造成了污染，那么这就是产生了负面的外部性；而某医院定期举办的义诊活动，可能会使医院的经济利益短期蒙受一定损失，但会产生较大的正面外部性。当前，我们特别要注意经济发展与环境保护之间的关系，有些方案可能产生的直接货币收益不算太多，但该方案对环境污染很少，甚至没有，但由于我们现在难以用货币来衡量环境破坏的代价，所以这样的方案很可能在竞争中败下阵来。

成本－效益分析一般包括投入产出比分析、净现值法、内部收益率法等等。这些方法涉及财务知识较多，在这里就不做过多的介绍了。

成本－效果分析法。这里的效果是指通过某个方案的实施，使一些客观的指标发生了变化，这些变化就是效果。例如，某项卫生政策实施以后，降低了某种疾病的发病率，那么某种疾病发病率的降低就是该项卫生政策实施的效果。所以，成本－效果分析法的使用原则是：在成本相同时，选择效果最佳的方案；在效果相同时，选择成本最小的方案。在使用成本－效果分析法时，主要的问题在于效果指标的确定，既要科学，也要全面。比如，现在有部分地方官员，为了突出政绩，总是通过各种经济指标来宣传地方的经济增长如何得好，但是刻意把环境指标隐藏起来，或者要上马某个项目，只预测、评估各种经济指标而回避环境评估，这些是非常危险的。所以，指标要全面考虑，而不能出于某些原因被隐瞒或忽略。

成本－效用分析法。效用是用来衡量消费者从一组商品和服务之中获得的幸福或者满足的尺度，所以这个概念更注重人们的主观感受，虽然就个体而言效用的衡量比较难以量化，但是对于一个群体来说，还是可以有统计意义上的量化的。与成本－效果分析类似，成本－效用分析主要是考察当成本相同时，采纳效用好的方案；效用相同时，采纳成本小的方案。

第七节　肉汤与伤口——类比创新

1. 基本类比方法

在消毒外科学诞生以前，虽然医生也对病人进行手术，但是，死亡率却非常高。即使是手术进行得很顺利的患者，也经常会莫名其妙地发烧、伤口红肿，最后痛苦地死去。当时，医生们不知道手术后为什么会有这种现象，也不知道如何防止这种现象的发生。英国的一位名叫李斯特（Joseph Lister，1827～1912）的医生也为手术病人的高死亡率而发愁。他是个出色的外科医生，但他实施手术的患者的死亡率也有八成左右，这是一个很高的数字。他不明白，是什么原因夺走了这些病人的生命。

有一次，李斯特在医院里看到一本法国的医学杂志中有一篇法国生物学家巴斯德（L. Pasteur，1822～1895）撰写的文章。文章的主要内容是作者研究微生物的存在和生命起源的观点。作者认为，生命不能无中生有，生命来自生命，即使是似乎莫名其妙产生的生命，也并非无中生有，而是生命孢子传播后产生的。这种观点现在看来存在一定不合理的因素，但在当时的确是存在进步意义的。为了说明观点，巴斯德做了一个实验：

他在两个玻璃瓶中都放了肉汤，一个是开放式的，也就是与空气相接触；另一个是封闭的，即被封装在玻璃瓶中，之后对其进行加热煮沸的处理。过了几天，开放式的肉汤腐败了，散发出难闻的气味；而另一个封闭的肉汤则仍然是可以食用的，没有腐败。但是，如果把封闭的瓶口打碎，让空气进入，不久这份肉汤也变质了。巴斯德是这样来解释这种现象的；封闭在密封玻璃瓶中的煮沸后的肉汤没有腐败，是因为高温杀死了汤中的微生物，而密封的容器防止了外部微生物孢子的进入，所以封闭的肉汤可以较长时间保持不腐败的状态；而开放式的肉汤，不论是煮沸的还是未煮沸的，均由于与外界接触，能够接触到外部微生物的孢子，从而发生腐败。

李斯特读了这篇文章以后，他虽未对生命起源的问题发生兴趣，可他关注这篇文章表达的另外一层意思，也就是与外界接触的肉汤会发生腐败现象。他认为肉汤的腐败是因为微生物的缘故，而微生物又是从空气中传播；相应的，经历了手术的患者，其伤口红肿腐烂也是一种腐败现象，那么也应该是微生物粘上了伤口。那么如果也能像那瓶封闭状态的肉汤一样，把伤口与空气隔离开来，那么是不是也能够大大降低腐败的可能性呢？

李斯特开始了尝试。在其后的手术中，他和医生护士在手术前认真洗手，手术室及手术的器械也用碳酸消毒。手术后，必须用消毒过的纱布保护伤口。经过这种处理改进手术后，效果果然不同。经过实践，外科手术因伤口感染而死亡的比例由八成减少到两成。

在常人眼中，肉汤的腐烂与伤口的感染是两回事，可是李斯特的眼睛却穿透两种不同的现象而看到了其中包含的共同本质。从别人的研究成果中得到启示，把别人的研究成果移植到自己的园地里来，让它在自己的领域中开花结果，这就是李斯特成功的原因。

> 类比法是建立在类比联想思维基础上的一种创新技法，具体是指人们在创新活动中，把创新对象与熟悉的对象进行分析比较，从中推出这两个对象在某些方面的相同或相似之处，进而产生新设想或新成果的方法。

这种找到不同事物之间的共同点的方法就是类比法。类比是把具有一定相似性的两个不同的事物进行比较；类比法是建立在类比联想思维基础上的一种创新技法，具体是指人们在创新活动中，把创新对象与熟悉的对象进行分析比较，从中推出这两个对象在某些方面的相同或相似之处，进而产生新设想或新成果的方法。

应该说，我们中国人一直以来都不缺乏类比思维，只不过似乎这种类比思维被更多地应用于文学艺术的创作。像喻、兴都是文学家笔下信手拈来的修辞手法："月光如流水一般静静地泻在这一片叶子和花上……"这是喻；"关关雎鸠，在河之洲，窈窕淑女，君子好逑……"这是兴。

当然，这并不表示我们中国人在科学技术领域没有类比思维，只是比起我国文学的辉煌成就来说，科技领域的类比思维的影响相对小一些。曾几何时，西方地质理论认为，石油只能形成于海相地层之中，而陆相地层中不可能形成石油。西方科学家以此理论为依据认为陆相地层占绝大多数的中国注定是贫油国。而我国的著名地质学家李四光则不同意这种观点，他经过详细地考察、慎重地研究，认为，陆相地层同样可以发育蕴藏量巨大的油田。他用类比的手法生动地演示了他的陆相成油理论，一块湿毛巾，如果平放着只能流出少量的水珠，可是如果我们拧动毛巾，就会有水流出来，特别是拧动毛巾时形成的褶皱部分，出水量更多。后来，在新疆的克拉玛依和东北的大庆发现了大型油田，证明了李四光的理论。

我们通常对类比的理解是异中求同，也就是从不同的事物中找寻共同点或相似点；但我们也要辩证地运用类比法，也就是同中求异。有的时候，看似相似的事物，其中却有可能蕴含着不同的本质、原理和规律。那么依此推而广之，其他类似的事物会不会也包含着其他的本质、原理和规律呢？这就能推动人们去更加细致、深入地研究所面对的事物，发现更多的规律，创造更多的产品。

从科技创新的角度来说，类比方法主要有4种应用分类。

(1) 直接类比　这种方法就是指把某一种（类）事物的现象或规律直接应用于另一种（类）事物上，从而创造出新事物的类比方法。比如，有一位偷懒的牧羊人，在放羊的时候打盹，羊群越过牧场的铁丝护栏到相邻的菜园里大快朵颐。结果被老板发现，狠狠地训斥了牧羊人。于是牧羊人开始苦苦思索，怎么样避免羊群穿过铁丝护栏呢？他发现，羊群不论怎么乱跑，总是小心翼翼地避开玫瑰花，为什么呢？他经过一段时间的观察，明白了，羊群害怕的并不是玫瑰花，而是玫瑰花茎上的尖刺。于是牧羊人灵机一动："如果在铁丝上安装上刺，是不是也能够挡住羊群呢？"于是他开始了尝试。经过近5天的工作，他把全部铁丝护栏都安装上了铁刺。当他再次放羊的时候，悄悄地躲在一旁观察，羊群在没有人看着它们时又循往例，试图穿过铁丝护栏到相邻的菜园改善生活。可这时的铁丝护栏带有尖刺了，最先靠近的羊被刺痛了，惊叫着躲到一边，再也不敢靠近，而其他的羊见状也不敢贸然行动了——试验成功了。这位牧羊人把这种带刺的铁丝网申请了专利，并得到了批准。显然，这种类比就是直接类比。因为玫瑰花的刺和铁丝网的刺固然在材质和来源上有很大的不同，但其作用和效果都是一样的，所以属于直接类比。

（2）因果类比　顾名思义，这种类比是将此事物所蕴含的因果关系应用于彼事物，从而实现彼事物的创新。

比如，我们知道，馒头、面包之所以松软是因为在其加热以前，面粉中发生了发酵现象，产生了大量的气体，而加热后，气体膨胀，从而在面团内部产生大量的气泡，使面团的体积剧烈增大，从而使成品松软。在馒头、面包中，气泡是因，松软是果，酵母菌实际上起到的是发泡剂的作用。于是有人从馒头、面包的原理出发，在橡胶中加入发泡剂，制成了同样具有气泡结构的橡胶。这种橡胶在放松时吸水性好，可以吸收大量水分；而挤压时，又可以把吸收的水分排出，这种性能使这种橡胶很快大量应用于工业生产和日常生活之中，由于其外观看起来很像海底的一种腔肠动物海绵，因此被称为人造海绵。再比如，向塑料中加入发泡剂，制成了隔热、隔音、轻便的泡沫塑料，这种材料现在广泛地应用于建筑业和包装业中；如果针对水泥也如法炮制，那么得到的就是发泡水泥，那么就会产生同样隔热、隔音、轻便的泡沫水泥。

（3）对称类比　这种类比在物理学领域很常见。我们知道，物理学是借助数学工具建立模型最成功的一门科学，被誉为"最理性的科学"。因此，虽然总的来说物理学仍然是一门实验科学，可是随着其理论逐渐精深，以及其研究对象由宏观向微观和宇观两个方向发展，使得通过数学模型来进行理论研究变得越来越重要，并且与实验呈现相辅相成的局面。特别是现代物理学中，很多时候都是模型的方程组会有若干个解，科学家用物理学理论来解释这些解，也就是解的物理意义。在二十世纪，英国著名物理学家狄拉克（Paul A M Dirac，1902～1984）在描述自由电子运动的方程中，得出了两个解，一正一负但值相同。他发现，负号解可以与电子的行为相对应，那么另外一个解呢？由于两个解除了正负号以外，其他都相同，所以狄拉克想，会不会有一种粒子，除了电荷以外其他性质都与电子一样呢？于是他预言了一种带有一个单位的正电荷，其他性质与带负电的电子完全一样的粒子——正电子的存在。后来，正电子在实验中被发现，成为首次发现的反粒子。所以，对称类比就是利用某些事物具有对称性的特点，通过对某种我们较为熟悉的事物的研究，就可以推知与其对称的另外一些事物的性质。

（4）综合类比　综合类比包含的情况较为复杂，很难对其进行准确的描述。比如，很多新药的研制都是先在动物身上进行试验，观察动物在用药后产生的各种生化反应，在确定药物有效而且副作用在符合要求的可控范围内的情况下，才能进行人体试验。这就是综合类比法。总而言之，就是依据此研究对象与彼研究对象在相互联系的多项指标或整体状况上具有一定程度的可比性或相似性，因而可以在具有可比性的范围内进行类比研究。

除了上述类比方法外，还有拟人类比和象征类比等方法，只是这些方法相对来说在文学、艺术、建筑等领域应用较多，这里就不再赘述了。

2. 类比法的引申

把类比方法的基本原理加以引申，就会有更多的创新方法。这些引申得来的类比方法已经在社会的各个领域进行应用了。

（1）移植法　移植原本是指把植物幼苗移动到其他的地方重新栽植。后来这一概念被运用到其他的领域，例如在医学上把甲有机体的组织或器官转移到乙有机体上，实现组织的再生和功能的重建。在创新活动中，移植则是利用某种原理、技术、方法在某一范围内的通用性或相似性而加以扩展应用。最初这种方法主要应用于同一领域，比如在数学领域中，把代数的研究方法应用于几何，从而创立解析几何。后来人们开始把移植法应用于不同的领域，从而出现了很多交叉学科，比如物理化学、生物化学、经济管理等等学科就是不同领域的科学理论结合以后产生的新学科。除了理论上的移植应用，还有技术手段的移植应用。比如，红外线在物理学领域是一个常见的光学现象，物理理论对红外线的研究已经很成熟，而把红外线应用于物理学的研究以外，运用已有的对红外线的研究成果，结合新领域的需要，就可以产生新的效果，如把红外线应用于医学领域，就可以开发出新的诊断和治疗手段；应用于军事领域，则可以产生新的夜视手段、通讯手段；应用于农业，则可以进行病害观测、植被监测与保护等。

移植法主要可以划分为原理移植、结构移植、方法移植和材料移植等。

1）原理移植：原理移植是指在同一领域的不同研究对象或不同领域之间进行原理的移植而产生新的成果。本节的第一个案例，也就是手术伤口保护的案例就是原理移植，而解析几何的产生也是原理移植的结果。

再比如，语音提示是我们工作和生活中经常使用的。这种提示方法具有表意清晰、不妨碍视觉功能的特点。但是由于以往声音保存媒介的技术限制，使得声音提示的应用具有较大的局限性。传统的声音保存媒介一般采用模拟方式，采用唱盘、磁带等线性保存方式。这种保存方式具有媒介尺寸大，播放具有线形限制，声音段落的选择与切换时间较长、操作复杂、定位不准的缺点。然而随着技术的发展，特别是数字存储设备的出现与发展，上述问题得以一一解决。于是语音提示开始被广泛的应用，从传递祝福的语音贺卡，到公交车上的电子报站器，到建筑物中的逃生警示器等，声音提示几乎处处可见。甚至有人在药瓶上也安装了类似装置，提醒患者按时服药。

2）结构移植：在原理移植以外，结构的移植也是一种常用的类比方法。结构的类似往往能够产生相似的功能，从而引导人们开发新的产品。

我们知道，人们走在路上如果不留心踩到一块香蕉皮往往会打一个趔趄，因为脚下的香蕉皮与地面间的摩擦力非常小，所以会改变脚与地面的附着程度，从而打乱人的行走节奏，在惯性作用下产生身体不稳的现象。经过研究，人们发现香蕉皮的内侧具有粘性，能够导致香蕉皮与地面摩擦力减小；此外，香蕉皮本身的结构也具有重要的作用。香蕉皮的结构是层状的，层与层之间的连接并不紧密，因此当有外力作用时，层与层之间往往发生位移，这时候如果人的脚踩上香蕉皮就有可能滑倒，换句话说香蕉皮内部的层状结构使它具备了润滑的功能。于是人们在思考，类似于香蕉皮这样具有层状结构，而且层状结构之间附着力不强的其他物质是否也具有润滑作用呢？

人们开始从已经在实际中应用的润滑剂中进行寻找。后来，人们发现石墨就具有层状结构，而石墨恰恰是为数不多的能够起到润滑作用的固态物质。于是在这种思路引导下，人们开始寻找带有层状结构的物质。后来，人们又发现了一种新的固态润滑剂——二硫化铝。二硫化铝与石墨类似，具有极薄的层状结构，其层状结构的厚度仅0.1微米，是香蕉皮层厚的二百万分之一。这种物质的熔点高达1800℃，它在400℃的情况下仍能够保持良好的工作状态，而常用的黄油在150℃的时候就已经溶化为液体，起不到很好的润滑作用了。于是人们把二硫化铝开发成了一种耐高温的润滑剂。

3）方法移植：方法移植的应用现在已经越来越普遍了。顾名思义，方法移植就是把面向甲事物的研究方法应用于乙事物的研究中，从而产生新成果的过程。

方法移植可以产生新的工艺，例如，传统的电镀法是在金属物件的表面，利用电解的方法覆盖上一层由另外一种金属构成的薄膜，这样可以增进美观，也可以起到防锈蚀等保护功能。后来，人们把这种方法应用于塑料用品，给塑料物品也覆盖上一层金属膜，从而生产出“金属其外、塑料其中”的新产品。

方法移植还可以产生新的学科，比如，把自然科学的定量分析法应用于经济学研究中，就可以产生经济学的一个分支学科——经济计量学；用物理学理论来解释物质化学性质的学科就叫做物理化学；把管理学与社会学研究方法引入卫生领域，就产生了社会卫生事业管理学等等。

4）材料移植：利用某种材料代替原有材料，保证基本功能的存续或扩展就是材料移植的方法。

医学上利用动物器官移植于人体治疗疾病就是材料移植应用的例子。

如果说上面那种材料移植的技术难度高、风险大的话，日常生活中还有很多简单的材料移植的应用。过去，人们在制作夜光表时，大多采用向基料中添加少量的放射性元素形成混合物，再把混合物粘贴在表盘和表针上，利用放射性元素释放能量的原理来达到“夜光”的目的。但是这种方法对人体有很大的放射性危害。后来，人们发现亚硫酸锌具有当环境光强大的时候可以吸收光能，而当环境光强较小的时候释放光能的作用，于是就把亚硫酸锌代替放射性元素添加到基料当中粘贴于表盘上，也能达到同样的夜光效果。不久这种对人体无害的夜光技术得以广泛应用。不过，由于亚硫酸锌容易被氧化，所以这种夜光剂容易“老化”，人们又开始思考新的夜光剂来替代亚硫酸锌。

（2）仿生学 仿生学是类比法的重要内容。人是生活在自然界的生物，而自然界中的各种各样的生物在长年的自然选择过程中呈现出千姿百态的生活习性、活动方式、结构功能。这些丰富的生物除了为人类的生产和生活提供了丰富的物质资源以外，还可以为人类的创新活动提供良好的创意和借鉴。如果我们在创新活动中运用了生物系统的结构功能原理、运动方式规律等，那么这种应用就属于仿生学的范畴。运用仿生学既可以根据现有的问题，主动地去寻找生物界中有哪些与此相类似的现象或实物，对其进行研究，然后把研究的成果应用于解决现有问题；还可以从生物界了解到某一类奇异现象后，研究人类生产和生活中的各种问题，从中找到生物界的那些奇异现象的原理中可以应用的那些问题，然后加以解决。

比如，动物的眼睛多种多样，光是这眼睛就能启发人类开发出许多新的产品。蜜蜂的眼睛具有特殊的结构，能够看到太阳偏振光的振动方向，蜜蜂利用这个功能来随时确定太阳的方位，从而确定自身的运动方向，准确地找到蜜源或回巢。人们按照蜜蜂复眼的结构特点和工作原理，制成了根据偏振光导航的航海仪器“偏光天文罗盘”，利用这种罗盘，即使阴云密布、黎明或傍晚看不到太阳的时候，也不会迷失方向。特别是在不能使用磁罗盘的南北极高纬度地区，这种偏光罗盘更具有优越性。

蜜蜂的眼睛还有一个特点，其复眼的角膜具有奇特的成像特点。由于其角膜是由许多六角形的微型角膜组合而成，每一个微型角膜均可单独成像。所以即使其眼前只有一个目标，它的角膜上也可以看到多个像。人们从中得到启发，模仿昆虫的复眼结构，制成了新型的光学元件“复眼透镜”，安装上这种透镜的相机一次就能拍摄出千百张相同的照片。这项发明在印刷制版和大量复制集成电路中的显微电路中得以广泛的应用。

再比如我们熟知的电子蛙眼，就是利用蛙眼对运动物体敏感而对静止物体不敏感的特性而发明的。这种电子蛙眼应用于雷达以后，提高了雷达的抗干扰能力，准确地识别目标、锁定目标。

3. 类比法的局限

任何事物与方法在具有优势的同时也具有局限性，类比法也不例外。有时候，运用类比法得出的结论是不可靠的。这是因为：

（1）类比的客观基础限制了其可靠性　事物之间不仅仅具有同一性，更多的是差异性。同一性为类比法成功应用提供了可能性；而差异性则会阻碍类比法的成功运用。

表 5－3　甲乙事物异同点对比

事物	特点	特点	特点	特点	特点
甲	A	B	C	D	E
乙	A	B	C	d	e

比如上表，甲、乙两事物具有的 A、B、C 特点是同一性的体现，而 D（d）、E（e）特点则是差异性的体现。如果我们已知道甲、乙两事物共同具有的 A、B 特点，运用类比法得到了甲、乙两事物都具有 C 特点，这就是类比法得出正确结论的应用；而如果得出了甲、乙两事物具有共同的 D、E 特点，那么就是错误的了，因为甲、乙两事物恰恰在 D、E 两个方面具有差异性。

（2）类比法在逻辑依据上并不充分　如同我们前面所说的，类比法的基础是研究对象之间的相似性，但是相似并不意味着相同，某一方面的相同不意味着其他一切方面都相同，所以运用类比法时，前提与结论之间并不存在严格的保证关系，所以这种类比法的推理只是一种或然推理，而不是必然推理。即使我们运用类比法得出了正确的结论，这个过程也不能作为逻辑证明。所以，对于类比法得到的结论，还要继续研究，从理论上给出合乎逻辑的论证，从实践上进一步检验。

所以，在使用类比法的时候，要有丰富而广博的知识。因为知识越丰富、越广博，就越能够恰当地选择类比对象。如果知识面狭小，生硬地、牵强地运用类比法，就会得到错误甚至是荒谬可笑的结论。比如，我国古代有人提出，因为天圆地方，所以人就是头圆足方；天有日月，人有二目；地有草木，人有毛发等等。

在运用类比法时，还要注意以正确的哲学思想作为指导。类比法运用的可靠程度取决于相比较的事物之间相关的程度，相关程度越高，类比结论就越可靠。但是，这种相关程度应该是本质上的相关，而不是现象的相关；应该是内在的相关，而不是表面的相关。当然，事物的表面现象是其内在本质的体现，所以要自觉地掌握和运用辩证唯物主义的哲学观和唯物辩证法的方法论，掌握同一性与差异性、本质与现象等的辩证关系，这样才能够正确地运用类比法，并得出正确的结论。

到这里，我们对创新技法的介绍就要告一个段落了。其实从我们的介绍中可以看出，这些方法实际上还是基于突破传统思维的创新思维。所以，我们不能单纯地为方法而方法，因为方法是一种程式，如果把着眼点落在方法上的话，同样会影响创新能力的发挥与活动的进行。所以对方法的掌握要建立在对思维方式的更新上，这样才能达到事半功倍的效果，才能具有点石成金的能力。

第六章 铸就金手指
——成为创新人才

前面我们从思维、能力、技法等几个方面阐述了创新活动对人的要求。在最后，我们来从整体讨论一下，培养好的创新素养需要进行哪些方面的修炼。点石成金是人人所渴望的，然而并非人人都能具备这点石成金的金手指。金手指不是与生俱来的，而是需要培养、修炼的。

第一节 变色龙——适应所处的环境

人不是孤立的，人除了具有自然属性以外，还具有社会属性。人是生活在一定环境中的，这种环境包括自然环境也包括社会人文环境。

1. 自然环境

自然环境是我们人类生存、繁衍、发展的基础环境。人类生存所依赖的物质与能量来源于自然环境，经过人类生产生活而产生的废弃物与不可再利用的耗散能量也被排放到自然环境之中。不同人群所处的地理环境、气候环境、生态环境对人群的生产、生活乃至社会文化、民族性格都有重要的影响。随着人类生活范围的扩大以及对自然界改造的加深，现在自然环境对人类生活的反作用已经日益凸现出来，例如由于二氧化碳排放的大量增加而导致全球气候变暖的现象；含氮废物大量排放而导致河流、湖泊富营养化的现象；过量使用化肥而导致土壤板结的现象；树木被过量砍伐而导致严重水土流失的现象等等。

自然环境主要包含区位环境、地理环境、气候环境、资源环境等。

（1）区位环境　区位环境是指某个地区所处的地理位置以及与周边地区的相互关系。区位环境通过对经济发展、社会进步产生影响，进而对创新活动产生影响。例如，沿海地区和内陆地区的生产方式和产业结构具有很大的区别，因此各地区的创新需求以及因此而产生的创新活动也就有所不同。但有的时候，特殊的地理位置会因与政策结合而对创新活动产生影响。比如，新中国建立以后，我国在战略纵深方面具有重大意义的西北地区建立了以“两弹一星”为代表的航天基地和核工业基地，国家从全国各地选调了大量科学技术人员到西北地区参与这些工作，其中很多人从此扎根西北。在此基础上，甘肃省的兰州市作为西北地区规模较大、交通较为方便的城市，成为很多相关人员居住、生活和工作的地方。作为当时兰州乃至西北地区屈指可数的高等学校兰州大学就成为很多专家与学者工作的地方，这使得兰州大学的物理学学科在全国名列前茅。实际上，如果没有当时国家的战略决策，兰州大学的物理学学科或许不会有现在这样的成就。

（2）地理环境　我们这里所说的地理环境是狭义的地理环境，主要包含地形、地貌以及地质特点。地理环境一般也是通过对人类的经济发展和社会进步产生影响而对创新活动发生影响。在抗日战争初期，随着正面战场上的失败，我国东部地区的大片国土被日寇占领。于是国民政府不得不迁往山高路险、易守难攻的大西南，随之迁徙的还有东部的大量工业企业和高等学府。由于这样的举措，使西南地区在当时形成了以重庆为中心的工业中心和以昆明为中心的学术研究中心。我们可以想见，因地理环境而导致的政策选择使得工业基础和教育基础都很薄弱的西南，在短时间内崛起，成为整个中国进行抗战的大后方。战后，虽然很多工业企业和高等学校回迁原址，但是大量的基础设施仍旧留在了西南，这为今后西南的发展打下了基础。比如重庆至今仍是西南地区最大的工业城市。与此类似的，建国后的三线建设，在西南地区的大山里建立了众多的军工厂，这些军工厂虽然在后来的改革开放中遇到了不少困难，但他们良好的技术装备仍然是西南地区经济发展不可多得的助推器。所以，我们可以说，如果没有抗日战争时期以及三线建设时期的工业与科研的调整，西南地区在这方面的基础会非常薄弱，也就很难说会有怎样的创新了；但是现在有了这些基础——尽管与东部相比，仍显得薄弱与落后——就能够有一个比较良好的起点。

（3）气候环境　气候环境对人们的生产生活具有重大的影响，自然也对人们的创新活动产生影响。比如，在修建包兰铁路时，铁路沿线要穿越大片的沙漠，风沙的侵袭给铁路大动脉的通畅运行造成了重大威胁。于是科技工作者反复试验，终于通过种植大量的格状草栅防风固沙，产生了良好的效果，成为被全世界瞩目的沙漠铁路。再比如，由于特殊的气候地理环境，在青藏高原上修筑铁路面临着巨大困难，比如高寒缺氧会影响施工人员的身体健康与工作效率，也会影响机车的发动机运行，高寒冻土会影响路基的稳定性等等。但是，在各学科科技工作者共同努力下，工人们克服了重重困难，不仅使铁路成功建成通车，而且还产生了近200项科技成果。

（4）资源环境　资源是人类赖以生存和发展的基础。现在我们所说的环境包括了人、财、物、信息等等。我们需要明白，自然资源是所有资源的根本，没有自然资源，其他的资源均无法为人所利用。虽然现代社会的交通日渐发达，人们可以通过各类交通工具实现资源的远距离运输，但我们不能否认，资源仍然是决定地区经济发展的重要因素。同时资源与自然环境的其他因素相结合可以产生新的生产模式。例如，我国的上海并没有发展钢铁工业的自然资源，但是由于其临海的区位优势，我国在上海建立了临海型的钢铁企业——宝山钢铁公司。通过边界的海上运输通道，通过进口澳大利亚、巴西等国家的铁矿石，进口中东、俄罗斯等国家的石油资源，上海具备了发展钢铁企业的原料来源。

2. 社会环境

社会环境是人与人相互之间发生联系和交互作用而形成的外在环境。随着社会不断进步、社会分工的发展以及城市化进程的深化，人们距离自然环境越来越远，而与社会环境的联系越来越紧密。我们无意评价自然环境与社会环境孰好孰坏，但是我们必须承认，社会环境相较自然环境而言，更为复杂更为不可测，其规律被更复杂的现象所掩盖。所以，对于现代人来说，受社会环境的影响更多一些，而且人们需要长时间地为适应社会而努力，甚至终其一生。

社会环境大致可以分为体制环境、市场环境、人文环境等。

（1）体制环境　体制环境是社会环境中最重要的环境之一。体制环境包括制度环境、政策环境、法制环境等等。总的来说，体制环境就是经由带有强制性的制度设计而对人们的生产、生活产生影响的外在环境。由于制度环境带有强制性，所以在进行创新活动时必须在体制允许的范围内，否则将会受到制裁。

（2）市场环境　环顾当今世界，绝大多数国家与地区实行了市场经济体制，只有很少的国家采用的是计划经济体制。应该说，市场经济体制由于其具有调控资源流动的“看不见的手”的功能，能够促进经济的较高效率的运行，同时可以减小政府规模，提高政府工作效率。因此，在进行创新活动中要着眼于市场的需要，因为只有为市场所承认、接纳的创新成果才能实现其价值。在这里要注意，满足市场需求并不仅仅意味着现在市场需要什么就去努力创新什么，这只是适应市场需求的一个方面；更为重要的是要以敏锐的洞察力找到市场潜在的需求，围绕着潜在需求进行创新。这样的创新成果虽然其创新过程困难更大，而且创新成功后需要一定的推广时间，但是由于具备自主知识产权，具有一定程度上的技术垄断性，这样就可以带来高额的垄断利润。

（3）人文环境　人文环境包含的内容很多，而且对创新活动的影响是巨大的。比如，一个社会的文化传统就会在很大程度上影响环境。一直以来，很多学者都在讨论“李约瑟难题”，也就是虽然中国在历史上的很长时间都处于科学技术上的领先地位，但为什么近现代科学却没有在中国产生。很多学者从不同的方面对该难题进行了探讨，其中很多人认为，我国历史上虽然科学技术长期处于领先地位，但这些科学技术都是以实用技术为表现形态的。而西方社会虽然很长时间内在科技发展上落后，但是他们的理性思维的传统、重视逻辑思维的运用等等特点使他们把日常总结出来的经验上升到抽象理论的高度。通过这种抽象，使得更具一般性的科学理论不断发展，这样就能更好的指导实践。这一传统发展到现在，我们注意到，西方国家非常重视基础理论研究，而在我国，基础理论的研究仍然处于投入不足，成果偏少的境地。

此外，像伦理环境、教育环境等人文环境也会对创新活动产生影响。

3. 具体环境

具体环境包括成长环境、学习环境与工作环境等，它是自然环境与社会环境的综合，这种环境虽然范围不大，但却对创新者的思维方式的形成、知识技能的学习与积累、业务工作的展开具有决定性的影响。具体环境是自然环境的地域化和社会环境的具体化的结合，因此，每个人所处的具体环境是不完全相同的。此外，不论具体环境多么开放，总会具有一定的边界，这种边界不论有形还是无形，换句话说，每一个具体环境都有自己的特点。

在具体环境中开展创新活动，除了本书前面几章内容所阐述的要点之外，还要注意，在此环境中可能司空见惯的事物或想法，在彼环境中很可能是具有新颖性的。所以，我们要学会自己学习、工作环境以外的其他环境中所具备的，而我们所处环境所没有的事物或想法。经过评估后能够应用于我们的环境的也是创新。

例如，国外特别是西方发达国家从 20 世纪 70 年代中期就已经开始设计、实施基本药物制度，而在此前已经实现了处方药与非处方药的区别管理。而我国虽然从上世纪 80 年代开始探索基本药物制度，但是始终未能形成成熟的基本药物制度。随着医疗卫生体制改革的深入，我国医疗界开始意识到建立基本药物制度是实现卫生服务费用的降低、卫生资源利用率提高的重要手段，而该制度在我国仍属于新生的事物，存在着很大的创新空间。现在基本药物制度的制定、实施与完善的工作已经有条不紊地展开。与此类似的，我国已经建立了处方药与非处方药区别管理的制度，但药物遴选以及流通、购买、不良反应报告等方面的相关制度尚待完善。

第二节 成功的木桶——培育良好的人格

在本书之初，我们指出，在创新活动中，人是主体要素。然而，我们发现并非所有具有高智商、强能力的人都能成为优秀的创新者。这是因为，智商和能力是创新活动的必要条件而非充分条件，只有智商、能力与良好人格的合理匹配才能构成完整的创新素质。

有一个通俗的“木桶理论”生动地说明了各种素质相互匹配的重要性。该理论的大意是，一只由若干条木板箍合而成的木桶，它所能盛装的水量并不取决于其最长木板的长度，而取决于其最短木板的长度。如果把一个人所能取得的成就比作木桶所盛装的水，而把人的各种素质比作组成桶的各条木板，那么一个人所能取得的成就就取决于一个人最薄弱的那方面的素质。在我国经济社会发展中，我们一直非常注重德、智、体等方面的培养，而对心理素质的培养以及人格的塑造相对滞后，这造成了相当大的一批人存在着人格方面的不足。所以，人格的完善已经成为社会各界关注的话题。

人格，即个性，是指一个人的整体精神面貌，是具有一定倾向性的心理特征的综合，既饱含性格、能力、气质，也包含其作为一个社会的人所承担义务、拥有权利的主体性资格。现在，大家都承认不同的人格对人的行为举止是有影响的，积极的人格有利于创新能力的发挥，而消极的人格可能成为创新活动的束缚。

人格主要是通过人际关系来体现的，所以好的人格也更多的是人际关系需要的。其实，如果我们只单纯是个体的人，那么是不是具备良好的人格就无所谓了。可事实并非如此，这个世界上真正能够做到离群索居、不问世事的人有多少呢？而且，我们的自我意识只有同其他人接触、互动才能够形成、强化、固定，所以人格与人际关系是一种相互影响、互相促进的关系。

从主观上来说，我们大都希望能够培育良好的人格，建立良好的人际关系，尤其是现代社会，人际关系越好、越广泛，意味着可以利用的资源就越多，对于个人的发展就越有利。不过，虽然大家都知道要搞好人际关系、塑造良好人格这样简单的道理，可是实际实施起来，却困难多多；现实往往很残酷，似乎每个人都在为处理好人际关系而伤脑筋。

尤其是青年，更希望与别人友好相处，获得他人的信任、理解和友谊。然而良好的人际关系的产生取决于交往双方，即一个人不但接受他人，同时还能为他人所接受，相互间的关系才会不断发展。如果大家觉得与某人交往并非是一件顺利的事情，或者对他没有好感，即使他乐于同别人交往，但人们未必接受他。

不过，在这里，我们所提的人格不仅仅局限在人际关系中的人格。由于创新活动的特点和要求不同，我们不妨引用一些学者对创新工作者人格特质的研究结果。

通过对以创新活动为主要业务活动的人群进行研究，美国加州大学伯克利分校的巴伦教授总结了科学家所具有的 10 种共同特征：

◇ 具有高度的自我意志力以及稳定的情绪；

◇ 对独立与自治的渴望强烈，能够以自我满足为目标进行自我指导；

◇ 良好的冲动控制能力；

◇ 具有超越的能力；

◇ 喜欢抽象思考，具有求知与赞美的欲望；

◇ 具有怀疑精神；

◇ 具有独立意识，在自己的思考中可以排除群众压力（但这并不意味着其社会行为亦如此）；具有良好的感应力和洞察力；

◇ 相对来说，人际关系较为疏远，态度较为超然，在处理物质（或抽象）问题和人际关系中，比较偏好选择处理物质（或抽象）问题；

◇ 在自己的领域内，在自己力所能及的范围内，具有一定的“赌博”倾向，即敢于对未知的未来进行尝试；

◇ 一方面偏好秩序、方法、正确；但另一方面也善于面对矛盾、例外和混乱。

不过，由于创新者各自的业务领域不同，面对的研究对象所蕴含的内在规律不同，因此不同领域的创新者所具备的人格特点也有所不同。有人通过对科学家的性格特点和行为方式进行进一步分析后抽象出了八种人格类型。

1. 热忱型　这种人在自己的研究领域具有勇往直前、不屈不挠的精神，一般具有较好的数学知识和技巧，善于逻辑思维，好奇心强烈，多从事自然科学或工程技术领域的研究。但是这类人不太善于与他人相处。

2. 主动者　这种人对于所研究的问题反应迅速，思维敏捷，有条理、注重效率，并且比较乐意选拔人才，是一个很好与之合作相处的人；较少焦虑、神经质。但有时，旁观者会认为，他具有较大的野心。这种人如果做管理工作，一般善于制度创新、慧眼识才；如果做自然科学或工程技术研究，则较善于担任团队负责人。

3. 诊断者　这种人不是夸夸其谈的纸上谈兵者，而是好的评价员，能够快速而正确地诊断一个计划中的优势与劣势，并且具有解决研究难题的技巧。在方法上，没有强烈的偏好与偏见，并且能够尽量避免严词指责他人。这种人留给别人的印象往往比较好，因为别人会认为，他们既具有坚强与自信的态度，而且不自私，也不自恋。

4. 学者　有别于平时我们所使用的“学者”一词。我们这里所说的“学者”较为侧重于“学”，即这类人记忆力特别强，喜欢从“微言”中寻找“大义”；他们知识渊博，勤勉精细，但相对其掌握的知识而言，其创新能力稍有不足。

5. 巧匠　巧匠更多地是从实用技术角度来评价的。这类人与学者类似的是，巧匠也具有勤勉精细的特点，在自己的领域内技术纯熟，在操作中能够做到巧妙、精细，其创新活动一般多体现在细节、形制、工艺上；尤其善于进行重整工作；但其经验总结往往由于学识上的限制难以上升到理论高度，或难以形成理论体系。

6. 审美者　这类人比较喜欢使用分析思考的方法，而且在自己的创新活动中有比较独特的原则，即比较偏好从和谐、对称、秩序等角度来指导和评价自己的工作。在旁人的眼中，这种人很聪明，有强烈的直觉意识，能够自动自发，但是看起来不那么可靠，不甚成熟，有的时候缺少忍耐性，容易失去兴趣，对于责任与义务漠不关心，有的时候审美者指导和评价工作的原则往往不能为旁人所理解和信服。

7. 讲究方法者　这种人对于方法论非常重视，对于数理分析、观念化的问题感兴趣。他们喜欢与他人讨论，寄望于在讨论中丰富自己的创新、传播自己的创新。

8. 独行侠　这种人与热忱型的人有些许类似，对于自己领域内的问题有强烈的好奇心，不善于与人打交道。不过，有所不同的是，他似乎不像热忱者那样勇往直前。他不是像热忱者那样克服所遇到的重重困难，而是尽量回避那些困难，特别是一些行政和管理上的繁文缛节，并且有时显得精力不足。

应该承认，每个人都是与众不同的，我们不可能要求所有人均具备完美的人格，这不现实、也不科学，我们只能说，每个人应该尽可能客观、科学地认识自己，找到自己性格中光明的一面和灰暗的一面，在日后的工作和生活中扬长避短，概而论之，如果能够达到如下几条，你的人格基本上就是令人羡慕的了：

第一，在对待现实的态度或处理社会关系上，表现为对他人和对集体的真诚热情、友善、富于同情心，乐于助人和交往，关心和积极参加集体活动；对待自己严格要求，有进取精神，自励而不自大，自谦而不自卑；对待学习、工作和事业，表现得勤奋认真。

第二，在理智上，表现为感知敏锐，具有丰富的想像力，在思维上有较强的逻辑性，尤其是富有创新意识和创造能力。

第三，在情绪上，表现为善于控制和支配自己的情绪，保持乐观开朗，振奋豁达的心境，情绪稳定而平衡，与人相处时能给人带来欢乐的笑声，令人精神舒畅。

第四，在意志上，表现出目标明确，行为自觉，善于自制，勇敢果断，坚韧不拔，积极主动等一系列积极品质。

简单与复杂的区别、容易与困难的区别往往可能就在一线之间。上面的四条，读来轻松、简单，可是我们实际中向这个方向努力时可能要付出不小的代价。认识是复杂的，所处的环境也是变化的，所以我们难以提出一条放之四海而皆准的培育良好人格的最佳途径或方法，只能说条条道路通罗马，大家用自己的方法朝向同一个目标前进，尽可能地使自己在生活和工作中处变不惊、游刃有余。

第三节　已知与未知的圆
——掌握并运用丰富的知识

在《圣经》中，人类的原罪始于亚当与夏娃在蛇的诱惑下偷吃了生命之树上的智慧果，从而遭到神的惩罚，不仅亚当与夏娃无法长生，并且成为日后人类所经历灾难的源头。我们无从知晓亚当与夏娃在得知偷吃智慧果的后果以后作何感想，是捶胸顿足的悔恨还是矢志不渝的坚持。但是，假如我们的确是亚当与夏娃的后代，我们着实应该感谢他们的作为。何以见得？

我们可以把亚当与夏娃的故事看成是人类进步的一种神话化的描绘。在偷吃智慧果以前，人是蒙昧的，是茹毛饮血的，甚至可以说是不自知的，只是靠着生物的本能延续着群落的存在。这时的人虽然就个体而言并不像亚当、夏娃那样长生，可是由于不可能对死亡有思考和认识，自然也就没有对生存的渴望和对死亡的恐惧，所以无所谓是否存在真正的长生。

或许在某一段时间，人类自身发生了一次巨大的变革，或许是学会使用的工具、或许是学会使用了火、或许是其他的什么东西；或许人类开始对自己以及周围的东西进行思考，总之人类开始主动地运用大脑记忆一些东西、思考一些东西、创造一些东西甚至传授一些东西。这就是人类“偷吃”智慧果的过程。从此，人类获得了智慧，当然也清晰地意识到自己是不能长生的。

不过，也许从另外一个角度来讲，人类并非不能长生。其他生物一代又一代重复着同样的生活，除非他们自身的繁殖出现了变异，而大自然对这些变异进行选择，从而使后代产生或大或小的变化并积累下来，于是产生了所谓的“进化”，可这种进化是被动的、无意识的。然而，人类却不同。人类拥有强烈的教育意识和强大的教育能力，上一代甚至上几代可以把自己掌握的知识、经验、技巧传授给下一代；此地的人可以把自己的知识、经验、技巧传播给彼地的人，从而使人类的文明得以传承、文化可以播洒，最终达到人类灵魂的延绵与长生，也就是说，“偷吃”智慧果后的人类实现了另外一种意义上的长生。

连接人类个体的短暂与整体的长生之间是什么？是知识。英国哲学家弗朗西斯·培根（Francis Bacon，1561～1626）有一句名言：“知识就是力量”。其实，知识不仅是力量，知识更是维系人类灵魂的根本。

上面的论述是否过于玄幻？不过大家从小到大都应该被教育过要好好学习。我们所经历的十多年的学习过程实际上是一个逐渐拥有灵魂的过程——逐渐拥有人类灵魂的过程。显然，如果我们掌握古希腊哲学家、数学家芝诺："如果用小圆代表你们学到的知识，用大圆代表我学到的知识，那么大圆的面积是多一点，但两圆之外的空白都是我们的无知面。圆越大其圆周接触的无知面就越多。"

的知识越多，我们所拥有的灵魂就越完整；我们就有更大的可能创造出新的知识；我们能够为后代所做的传承工作也就能够更丰富。

古希腊哲学家、数学家芝诺："如果用小圆代表你们学到的知识，用大圆代表我学到的知识，那么大圆的面积是多一点，但两圆之外的空白都是我们的无知面。圆越大其圆周接触的无知面就越多。"

这不是谦虚，而是事实。那为什么我们还要不断地追求掌握更多的知识呢？因为，尽管我们画的圆越大，面对的未知就越多，但是我们已知的领地不也越来越大么，换句话说，随着知识的增加，我们可以自由活动的空间也就越来越大。

在科技进步日新月异的今天，我们对芝诺的比喻还可以有更深一步的解读。当圆还比较小的时候，我们可以在这块小小的自留地上精耕细作，照顾到每一个角落；而现在，这个圆圈起来的已经是一望无尽的田野了，一个人不可能照顾整片土地了，所以需要大家各自分领一块土地，进行开垦。所以，在古代我们的世界会有那么多百科全书式的大师；而近代以后，就只有领域内的专家而没有百科全书式的大师了。

不过，虽然当今社会不要求产生百科全书式的大师，但我们决不可把坐井观天视为理所当然。在开垦自己眼前的荒地时，要留意其他人的进度，尽量做到借鉴与均衡，而且看看他人天地中的风景不也是一种享受吗？

我们作为人类的一员，我们自己和人类整体都在已知与未知之间徘徊，但我们在逐渐扩大已知，同时也接触到更多的未知。扩大已知的过程就是创新的过程，接触更多的未知就是需要我们继续创新的过程。在这里，知识仍然起到了纽带的作用。

所以，我们应该尽可能地画一个大圆，也就是说，要掌握并运用尽可能丰富的知识。

在我国实行改革开放以前，由于体制原因，人们的自我发展空间相对较小，不论是对人员流动的限制，还是对人们就学、工作等方面的限制，都往往使人们被束缚于固定的地域、行业甚至单位。随着我国改革开放程度的加深，人员的流动、就学、从业等都有了较以往极为扩大的自由度，所以人们可以有更广阔的空间来实现自己的价值。但是从另外一个角度来讲，我们需要掌握的东西越来越多了，这也无形中给我们造成了不小的压力。不过我们每个人都有很深的潜力可供挖掘，同时也必须承认每个人都具有自己的个性与特点，在一定程度上每个人天生的禀赋是不同的。因此，不同的人适合于不同的工作，适合于在不同的环境中工作与生活。因此，人们要尽早地准确认识自身所具有的不同于其他人的特点，一旦清晰地认识了自己，就要为自己选择未来的发展方向，并尽可能地选择自己工作的环境。

我们承认，在当前的情况下人的自我发展尚未达到完全的自由，人们也不可能完全自由地选择自己的发展方向和工作环境，但是现在对人的发展方向和流动的限制已经在相当程度上有了很大地缓解，因此人们有了较大的可能选择适合于自己的环境。当然，如果由于客观条件的限制，不可能随心所欲的进行环境选择时，就要做超越自我。

我们前面提到了，每个人都有很大的潜力可供挖掘，这种潜力既包括智力上的开发也包括精力上的开发。这种对潜力的开发就是自我超越。

实现自我超越需要有坚韧的意志和顽强的毅力。我们不难理解，如果我们学习或工作的领域不是自己所擅长的或自己感兴趣的，那么学习或工作的动力就会降低，效率也会降低，这样会影响学习和工作的成果，而成果的不尽如人意会减低人们的愉悦程度，从而进一步影响学习和工作的效果，这样就形成了一种恶性循环。这样，坚韧的意志和顽强的毅力就成为诸多不利因素中少有的个人自身能够控制的积极因素。因此，要尽可能地发挥这宝贵的积极因素，克服环境的不利。

有了坚韧的意志和顽强的毅力，接下来就要积累较为丰富的知识、娴熟的操作技能、扎实的综合素质。这个话题似乎有些老生常谈了，但大家想一想，在社会分工细化深入、知识更新不断加速的情况下，创新活动对创新者有这样的要求是不言而喻的。

当然，我们所说的知识与能力的积累并不意味着在每个方面都成为专家，实际上这是不可能的，现代社会已经不可能产生百科全书式的人物了，那么广阔的知识面怎么样来理解呢？

1. 对于工具性的学科，可以掌握有所为有所不为的原则。例如计算机，大多数的人只要掌握常用的应用软件以及本专业（行业）常用的应用软件即可。例如英语，大多数的人掌握一定的阅读和写作能力即可。而数学，对于我们大多数人而言，相对于计算机和英语而言，显然不必要掌握太多的数学方面的知识；数学对我们来说更重要的是一种逻辑思维方式，而我们至少从小学一直到高中，数学都是必修课，我们已经接受了很长时间的逻辑思维训练，虽然这种训练的效果有待商榷，但我们没有必要通过每个人都学习高等数学的方式来训练我们的逻辑思维方式；当然对于需要借助数学来学习工作的人来说，掌握数学肯定是必不可少的。

2. 对于软性的知识和能力，例如文学、美学、管理学、政治学、经济学等，要了解其大要，也即主要观点和基本方法论，这样有助于多学科思维的相互启发，从而促进我们的创新活动。本书在前面已经通过很多案例反复地强调了多学科的观点与方法相结合对于创新活动巨大的推动力，所以对于社会人文知识的掌握是相当重要的。

当前，虽然国家采取了很多措施来纠正以往形成的“重理轻文”的观念，但是不容否认的是，社会人文科学知识的缺乏仍然是我国人民很大的一个劣势。如果这种劣势得不到纠正，那么就难以谈到国民综合素质的提高，自然对于创新活动的开展会有阻力。

3. 重视实践。我们知道，任何理论知识均来源于实践，并且需要实践来验证；任何技能都需要在实践中掌握和灵活运用，所以我们要格外重视实践活动。前一段时间，社会对于学生的“高分低能”现象非常诟病。所谓高分低能是指学生对课内知识的学习以死记硬背为主，但是这些知识无法与客观实际相联系，学生也没有在实践中灵活掌握和应用这些知识的意识与机会。现在，各类学校已经在这方面进行了很多有益的尝试，国家也把增强学生的动手能力和实际应用能力作为培养人才的重要手段进行强制性的要求，使得“高分低能”的现象在某种程度上有了改观。

各位读者，到这里，我们这本书对创新思维的阐述即将告一段落。但是请注意，创新是灵活的，对本书所阐述内容的任何程式化的应用都不是我们所希望看到的。我们所希望的是掌握创新活动的原则与方法，并在实际的学习与工作中灵活地掌握。古语云：“学而不思则罔，思而不学则殆。”学习知识固然重要，但对知识的思考与内化也同样的重要。我们希望各位读者从这本书中能得到一些有益的启发。另外，关于创新活动，不同领域的侧重点有所不同，大家还可以从其他的相关书籍中获得更多的相关知识。

参 考 文 献

1. 肖云龙．创造学．长沙：湖南大学出版社，2004.
2. 刘昌明，赵传栋．创新学教程．上海：复旦大学出版社，2006.
3. 姚凤云，苑成存等．创造学理论与实践．北京：清华大学出版社，2006.
4. 王复亮．创新教育学概论．北京：中国经济出版社，2006.
5. 秦惠基．医学创新由来．北京：人民军医出版社，2006.
6. 常存库．揭开生命与疾病奥秘的钥匙．北京：中国协和医科大学出版社.
7. 芩宇飞，刘利生．诺贝尔获奖人物全传．长春：吉林摄影出版社，2005.
8. 张庆柱，张均田．书写世界现代医学史的巨人们——历届诺贝尔生理学或医学奖获得者的传奇业绩和人生．北京：中国协和医科大学出版社，2006.
9. 张存悌等．品读名医．北京：人民卫生出版社，2006.
10. ［挪］乔斯坦·贾德著，萧宝森译．苏菲的世界．北京：作家出版社，2002.
11. ［美］比尔·布莱德著；严维明，陈邕译．万物简史．南宁：接力出版社，2005.
12. ［美］阿·热著，荀坤等译．可怕的对称．长沙：湖南科学技术出版社，1997.
13. 刘新社．药事管理学．北京：人民卫生出版社，2003.
14. 王全楚，王龙顺．博士论坛——医学创新与哲学思维．西安：第四军医大学出版社，2004.
15. 薛继军等．大医精诚．北京：商务印书馆，2005.
16. 廉永杰等．创新教育及比较研究．北京：科学出版社，2006.
17. ［美］S·钱德拉塞卡著；杨建邺，王晓明等译．莎士比亚、牛顿和贝多芬．长沙：湖南科学技术出版社，1996.
18. 胡光等编．自然辩证法教学案例．北京：中国人民大学出版社，2006.
19. 杨福家著．原子物理学．北京：高等教育出版社，1985.
20. 易明著．光学．北京：高等教育出版社，1999.
21. 贾起民，郑永令，陈暨腰著．电磁学．北京：高等教育出版社，1985.

后　记

本书源于集体的灵感与智慧。北京中医药大学学工部和首都医科大学学工部有缘一起编写了本书，一个共同的信念就是培养当代大学生的创新精神与创新思维。创新是人类与生俱来的属性，但它需要人们在具体的实践中不断去开发和升华，需要人们在自身的行为中把它贯彻于每一个细节。从研究具体的创新技法开始，探讨创新能力的培养模式和培养途径。本书通过对大量实例的分析，研究和讨论了如何在实践中加强大学生的创新思维和创新能力的培养，努力为培养创新人才开辟一个精彩的领域。

北京中医药大学学工部和首都医科大学学工部共同拟定了编写大纲，并为本书的修改和统稿作了大量的工作。本书的撰写主要由赵小虎同志完成，许中华同志负责统稿与修改工作。北京中医药大学王梅红、杜伟、邬继红、冯伟、欧阳方等同志，以及首都医科大学的王明滨和李连杰同志分别负责第一章到第六章的校对工作。这两所高校的部分大学生对本书的编写工作给予了大力的支持，在此，对他们表示衷心的感谢。

因时间、水平所限，本书中一定存在某些疏漏或问题，欢迎广大读者批评指正。

编　者

2008 年 8 月